飞机管道振动与
密封性能分析及控制技术

陈　果　赵正大　寸文渊　夏芝玮
金　根　赵紫豪　张　旭　侯民利　著

北京航空航天大学出版社

内 容 简 介

本书建立了飞机管道振动与密封性能分析及控制技术的理论体系和框架,介绍了飞机管道系统的振动与密封机理及其相应控制技术。本书内容全面、翔实,强调理论并突出应用。

本书主要对复杂管道系统动力学建模与分析、管路连接件密封性能分析、管道疲劳性能分析、管道减振技术、管道装配应力检测等相关技术进行了详细地阐述。在应用方面,介绍了多个实际飞机液压和燃油管路系统的振动和密封性能分析案例。本书所研究的飞机管道振动与密封性能分析及控制技术,对于提高飞机管路系统可靠性具有重要的理论意义及工程实用意义。

本书可以作为航空器设计、维修相关专业的研究生和技术人员的参考书。

图书在版编目(CIP)数据

飞机管道振动与密封性能分析及控制技术 / 陈果等

著. -- 北京 : 北京航空航天大学出版社,2025.1.

ISBN 978 - 7 - 5124 - 4548 - 2

Ⅰ. V221

中国国家版本馆 CIP 数据核字第 2024B7R417 号

飞机管道振动与密封性能分析及控制技术

陈 果 赵正大 寸文渊 夏芝玮

金 根 赵紫豪 张 旭 侯民利

著

策划编辑 董 瑞 责任编辑 董 瑞

*

北京航空航天大学出版社出版发行

北京市海淀区学院路 37 号(邮编 100191) http://www.buaapress.com.cn

发行部电话:(010)82317024 传真:(010)82328026

读者信箱: goodtextbook@126.com 邮购电话:(010)82316936

北京九州迅驰传媒文化有限公司印装 各地书店经销

*

开本:787×1 092 1/16 印张:15.75 字数:408 千字

2025 年 1 月第 1 版 2025 年 1 月第 1 次印刷

ISBN 978 - 7 - 5124 - 4548 - 2 定价:128.00 元

前　　言

　　管路断裂和泄漏问题严重影响飞机的运行可靠性。管路泄漏和断裂故障涉及的因素非常多,包括材料、制造、装配、温度以及环境振动等,发动机舱的管路系统发生的泄漏和断裂故障最多,显然振动是导致管路系统故障的重要原因,另外,管道安装偏差导致的安装应力也使管道疲劳强度降低、密封面应力不均匀,从而诱发疲劳断裂和密封失效。因此,管道的断裂、泄漏、碰摩均与发动机的振动环境和装配应力密切相关。认识到这些工程问题后,作者以工程实际问题为牵引,与飞机设计制造单位进行合作,在该领域开展了十余年的研究工作。

　　在管路系统振动建模方面,首先,在前人研究的基础上,建立了空间载流管道的有限元模型;然后,利用 C 语言自主开发了管道有限元动力学分析软件 PLVAS;最后,进行模型验证。当时我用自编的管道有限元动力学分析软件 PLVAS 计算了管道流固耦合下的流体流速对管道固有频率的影响规律,并与 ANSYS 软件的计算结果进行了比较,其结果达到了惊人的相似,而且自编的软件 PLVAS 计算效率远高于 ANSYS 软件。另外,我对某液压动力源的某段空间管道进行了模态试验,将模态试验结果与该段管道的仿真模态进行了比较,二者也有很高的相似度,该研究结果发表于 2013 年的《航空学报》。之后,通过与商用软件 CATIA 接口,课题组实现了大型管网结构的自动导入和有限元模型的自动建立,并与 MATLAB 进行接口实现了大型矩阵的动力学计算,解决了大型管网系统的动力学建模与分析,大大扩充了 PLVAS 软件的适应性和计算能力。该软件于 2015 年取得了软件著作权,并在管道振动故障分析研究中发挥了重要作用。

　　在管道密封性能研究方面,扩口管路连接件是液压系统里使用最早、应用最为广泛的刚性导管连接件,可以适用于各种流体介质,主要是由管接头、扩口管、平管嘴及外套螺母组成。课题组针对扩口管道,建立了复杂的管接头、扩口管、平管嘴、外套螺母等结构的实体有限元模型,在对管路连接件建模及仿真分析过程中,充分考虑了接触、几何及材料非线性等问题,利用 ANSYS 软件进行了密封性能仿真分析,研究了扩口管在不同拧紧力矩、摩擦系数以及装配偏差下的泄漏机理,并通过试验结果对仿真结论进行了验证。有限元仿真分析的结果充分验证和补充了国军标对管接头拧紧力矩和装配偏差的控制标准,对于控制管道密封性能具有重要意义。

　　在管道系统减振研究方面,工程实践表明发动机舱中的管道故障最多,证明了振动是管道断裂和泄漏的重要原因。由于发动机的振动激发了管道系统产生强迫振动,因此,如果管道系统设计不合理,必将诱发其产生共振,从而导致过大的脉动应力,出现疲劳断裂。同时,过大的振动也将导致管道连接件的接触应力下降,及系统密封失效,从而产生泄漏故障。因此降低管道振动将大大提高复杂振动环境下的管道可靠性。除了常规的改变管道支撑结构的方法以外,课题组针对管道减振技术,先后研究了管道吸振器、管道颗粒减振器,以及管道减振涂层三种技术。其中,吸振器的原理是让其吸收来自管道的振动以达到减振的目的,颗粒减振器是利用颗粒碰撞耗能的原理减小管道的振动,减振涂层的原理是利用涂层材料的阻尼特性来实现管道减振。课题组对三种管道减振技术均进行了机理分析和详细的试验验证,结果充分表明了其减振效果的显著性。由于吸振器和颗粒减振器均需要在飞机管道中引入多余物,有增加飞机故障的风险,而减振涂层相比之下对飞机管道结构原有的状态影响最小,因此其应用前景更为广阔。目前,关于减振涂层材料研究的相关工作仍在深入开展中。

在管道装配应力检测方面,工程实践表明,装配偏差是影响管道泄漏和断裂的重要因素。由于管道在制造和装配过程中不可避免会产生各种偏差,从而产生装配应力,过大的装配应力将导致管道疲劳强度的损失,同时也将影响密封面的接触应力降低,从而导致管道的泄漏和疲劳断裂。然而,管道的安装应力难于实现现场的在线检测和诊断,目前尚无商业化的便携式在线无损检测仪器和手段,无法定量评估导管的安装质量。由此可见,实现管道安装应力的在线、便携,以及无损检测,定量评估管道安装应力,对于保障管道使用的可靠性具有重要意义。课题组在基于装配应力导致结构模态频率和振型变化的理论基础上,研究了一种通过锤击法测试管道结构的频率响应函数,比较正常装配和异常装配下频率响应函数的差异来实现定量评估管道安装质量的方法。该方法的优势在于能够实现管道在线、便携式无损检测,通过大量的模拟试验台管道和实际飞机管道的测试和试验,表明了方法的正确性及有效性。但是该方法仍然是一种间接测量方法,不能得到真实的管道安装应力值。目前,课题组正在研究另外一种新型的基于图像识别的安装应力检测方法。

课题组在管道振动和密封性能分析与控制技术的研究过程中,得到了来自与飞机设计和制造相关企业和研究所的项目资助,在此表示衷心感谢!其中包括,成都飞机工业(集团)有限责任公司项目:4 项;成都飞机设计研究所项目:2 项;西安飞机工业(集团)有限责任公司项目:1 项。

在项目研究过程中,得到了许多行业专家和领导的支持、关心和帮助,在此表示诚挚的谢意。这些行业专家和领导引领课题组进入了这个领域,真正实现了“产—学—研”的融合,将科学研究工作与工程实际进行了结合,实现了科学研究从实际中来,到实际中去的研究途径。这些行业专家和领导主要包括:成都飞机工业(集团)有限责任公司的郑其辉、陈雪梅、罗云、蒲柳、赵正大、侯民利、包智勇、寸文渊、金根等,成都飞机设计研究所的黄佑、廖桔、单单、朱林峰、彭飞良等,西安飞机工业(集团)有限责任公司的夏芝玮等,沈阳飞机工业(集团)有限责任公司的顾新等,感谢你们的支持、指点和帮助。

在飞机管路系统振动与密封性能分析和控制技术相关课题研究中,特别感谢历届研究生所做的创新性工作,本书吸纳了他们很多重要研究成果,其中包括 2009 级的杨飞益、2010 级的王晶、2011 级的程小勇、2013 级的周笛、2015 级的刘彬彬、2016 级的於为刚、2017 级的张旭、2018 级的张杰毅、2019 级的赵紫豪、2020 级的赵旭升、2021 级的钱进、2019 级的金根等同学。在此谨向他们表示衷心的感谢!

最后,特别感谢赵紫豪、张旭、钱进三位同学在本书撰写过程中所做的辛勤劳动。

本书仅仅涉及飞机管道振动与密封性能分析与控制技术的冰山一角,很多技术和方法仍在不断发展之中。由于水平有限和认知偏差,许多地方难免出现疏漏和错误,恳请读者批评指正!

陈 果

2024 年 8 月于南京

目　　录

第 1 章
绪 论

1.1 研究背景及意义

飞机管道系统是飞机系统的重要组成部分,主要用于输送燃油、滑油、空气和液压油等介质。

根据管道系统的工况,其振源主要包括发动机的振动、流体的压力脉动和管道冲击压力。发动机的振动受到设计、加工和生产制造的限制,主要由发动机制造商控制。根据统计结果,在数量上由压力脉动引起的振动故障占90%以上,压力脉动不均匀度越大,由压力脉动引起的激振力越大。管道弯头和管形不合理将引起压力脉动下的共振,从而引起的管道振动也就很大。当管道受到冲击压力时,会使飞机液压管道产生很大的附加载荷,这些载荷都会使管道产生故障。飞机管道由振动引起的故障主要有两类:一类是振动疲劳,一类是振动磨损。飞机管道的振动疲劳是由于管路承受一定的振动应力,形成局部永久性累积损伤,然后经一定循环次数从裂纹扩展到断裂;管路的振动磨损则是因管路振动引起管路与管路连接、固定处配合面产生相对位移而形成的摩擦表面损伤,或是因管路振动位移过大,而与相邻物体(如机匣、相邻管路等)产生反复碰撞摩擦而形成的表面损伤,严重时可在管路表面形成明显的磨损凹坑而导致管路损坏。

在国外,美国空军统计数据表明,在飞机元件产生的总故障中,气压、液压和燃油方面故障占总故障的50%~60%;根据苏联对几个种类飞机故障统计的数据,液压、燃油、润滑油和气压方面的故障也达到50%以上。在国外,有关文献记载,由于飞机导管和管接头产生故障导致某型歼击机失事的次数达到总失事数的60%。

在国内新机研制过程中,导管断裂及管接头漏油故障十分频繁。某机试飞,在进行地面试车时,不到20 min,发动机突然起火,烧毁了整架飞机。事后补做的试验证明,在额定转速的80%时,液压油导管自振频率与泵的压力脉动频率合拍,发生共振断裂,液压油喷射到发动机热端部件着火而引起该事故。另据有关部门介绍,在我国正在使用的现役飞机中,导管失效的故障也占总故障的52%。

目前,根据某使用单位统计数据显示,所有使用故障中,设计制造类故障占总故障的11.19%,是某型飞机的第二大故障主体。在制造类故障中,导管问题是故障的主体,占制造类问题的71%。随着飞机使用量的逐年增加,导管问题呈大幅度上升的态势。2007—2010年,某使用单位更换导管造成的经济损失约为200万元。导管问题已变成使用中出现的最严重的技术问题。液压导管故障占全部导管故障的82.3%,随着其他系统导管的逐年稳定,这一比例还在不断上升。

如图 1-1 所示,导管的故障次数呈倍数增加模式上升。2009 年达到高峰,有 609 起,随后 2010 年有所调整,没有让导管故障继续恶化,减少了一些故障,但是要比 2008 年故障发生的次数高。

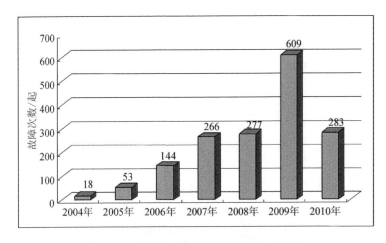

图 1-1 按照年份统计导管故障分布情况

导管故障按飞机批次统计分布情况如图 1-2 所示,其中 A 批、C 批、F 批(双座)导管故障占总故障的 70% 以上。

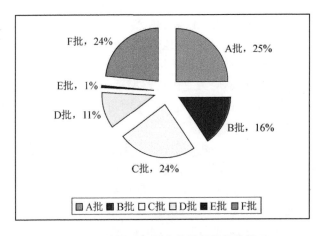

图 1-2 按照飞机批次统计导管故障情况

根据各批次导管故障分布情况,考虑到飞机装备事件和数量的因素,计算出各批次飞机年平均单机导管故障情况,如图 1-3 所示。从统计图中分析,C 批飞机年平均单机导管故障数最高,说明 C 批飞机的导管在生产及安装过程中,存在一定的质量问题。D 批飞机导管经过优化改进后,导管故障次数有所下降。

将管道问题按故障性质分为渗漏、磨碰、破裂、变形和其他 5 种类型进行统计,其分布情况如图 1-4 所示。导管渗漏问题占导管故障的 73.94%,涉及面广,液压管道渗漏最多。导管磨碰问题占导管故障的 9.82%,主要集中在 C 批、F 批、A 批飞机上;D 批以后导管磨碰问题

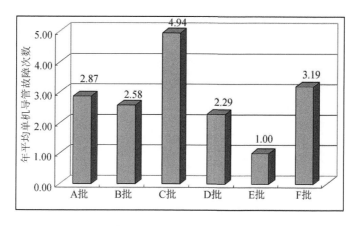

图 1 - 3 按照飞机批次统计导管故障分布情况

明显减少,说明在 D 批飞机中针对导管磨碰问题进行的优化效果显著。导管变形问题相对较少,只占总故障的 4.79%。导管破裂问题占导管故障的 7.51%。

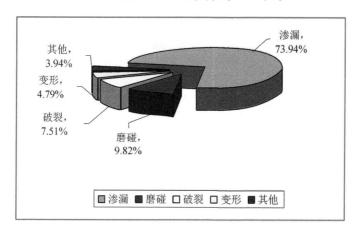

图 1 - 4 按照故障性质统计导管故障情况

  按故障出现的舱位统计,发动机舱出现故障占总数的 50%,其次是主轮舱占 12.8%。这两个部位最大的特点就是工作环境恶劣,振动较大。因此,导管工作环境的振动情况是导致导管故障的又一大因素。

  对导管制造过程中出现的故障进行统计,发现故障主要集中在液压系统导管中,导管材料缺陷、尺寸超差、平口表面损伤、环槽超深、管套裂纹为主要原因,如图 1 - 5 所示。

  由此可见,导管结构的完整性对整个飞机、发动机结构的完整性和可靠性非常重要,若出现故障,将影响整个飞机的安全运行。因此,有必要深入研究管道振动环境、管路密封性能、疲劳断裂机理,以及初始安装应力对管道密封性能和疲劳寿命的影响规律,并在此基础上有针对性地进行安装应力检测研究,提出飞机液压管道的振动和泄漏的抑制技术,从而保障整个管道系统的可靠性和安全性。

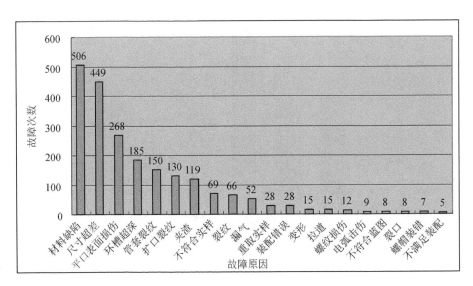

图1-5　导管制造过程中的故障统计情况

1.2　国内外研究现状

1.2.1　关于管道振动设计的国内外相关标准

飞机管道振动是近年来国内外航空工业界极为重视的工程实际问题。在国外,航空科研工作者及有关部门早已对振动问题进行了研究。为了对结构的质量实行全面的控制,保证设计、生产、维修和使用顺利进行,达到耐久性、高可靠性、可维修性和经济性的目的,他们针对导管提出了各种设计、试验和考核的要求,并将这些要求列在各种标准、规范、设计准则和结构完整性大纲中。

美军标《发动机结构完整大纲》(MIL-STD-1783)指出:导管必须满足其标准中结构完整的要求,应制订和完成静态机械阻抗试验计划和试验,应进行外部部件的共振试验,对于发动机外部调节器和管路,应在飞行和地面包线范围内的所有转速和推力状态(包括稳态和瞬态)下设有破坏性振动。

美军标《涡轮和涡扇发动机通用规范》(MIL-E-5007D)更明确指出:应在发动机上进行振动和应力试验,外部的部件,如燃油调节装置、燃油泵、阀和管路等,应在适当部位安装,有关文件中规定的加速度计等振动设备,应在发动机各种状态下进行振动和应力测量。在试验中对每个安装在发动机上和外部附件上的加速度计应取得全部的均方根值和加速度图谱。若使用部门认为振动应力和载荷测量值在允许的设计限制内,则认为该试验满意地完成了。

由中国航空综合技术研究所提出的《飞机液压管路系统设计、安装要求》(GJB 3054—1997)规定了飞机液压系统和气动系统的管路系统设计和安装的通用技术要求。在规定液压系统的设计及安装标准中详细地介绍了管道和管接头选用原则,吸油管道和回油管道设计原则,不同材料管道上施加卡箍的方式和导管应力的相关规定等,这些规定能够为管道的动力学设计提供依据,具有指导意义。相关要求如表1-1所列。

表 1 - 1　GJB 3054—1997 部分内容

类　　型			内容和原则
管道与接头选用原则			(1) 导管选用原则:满足强度条件,且质量轻;有良好的防腐蚀性能;导管组件具有良好的密封性、抗振性和耐疲劳性;导管应有良好扩和预装工艺特性;与使用环境相适应。 (2) 接头选用原则:材料与导管材料和工作介质相容;与工作压力相适应,既有足够的强度又使系统重量最轻;考虑加工工艺性;接头和导管组件具有良好的气密性、抗振性、耐疲劳性、维修性和可靠性
管道设计原则 (吸油管路)			(1) 低温工作:从油箱到油泵的吸油管路设计,应使飞机在最大升限以内尽可能以最大流量工作时,油泵进口处的油液仍然有足够的流量和压力,此时要求油液温度不低于−29 ℃。 (2) 瞬态响应:要正确选定油泵的吸油管径,这样能保证在正常工作条件下不产生气穴现象。 (3) 小尺寸管道:在液压系统中一般不采用外径小于 6 mm 的导管。 (4) 导管壁厚:任何材料和规格的导管,其壁厚一般不应小于 0.5 mm
管道施加卡箍原则	直管路		标准中分别以钛合金、钢和铝合金材料为例,介绍了 16 种外径不同的管道在一般振动环境内和严酷振动环境内直管道上卡箍间隔的最佳距离
	弯管路		卡箍应尽量靠近弯管处,减小伸出的悬臂,但不应卡在管的弯曲段
	接头		当两个卡箍间装有直通接头和三通接头时,卡箍间距应减小 20%。直径不同的导管并排安装在一起时,其支承间距由最小导管直径确定
导管应力	静态压力		静态压力为系统稳态工作压力,直导管可视为圆柱形压力容器,静态压力引起的直管道应力可按照常规方法计算,标准中针对薄壁管道和厚壁管道介绍了轴向压力和周向压力的计算方法
	动态压力	冲击压力	当压力传到导管转弯处就产生一个侧向力,使管道弯曲,并使导管承受弯曲应力,弯曲成 U 形和 Z 形的导管受到的影响较大
		脉动压力	油泵或马达等附件会产生高频压力脉动。对 21 MPa 的系统进行大量实验表明:当压力脉动幅值大于 4.2 MPa 时,泵供压管路很容易破坏;当脉动幅值小于 1.0 MPa 时,是无故障长寿命系统;当压力脉动峰峰值在 1.0~4.2 MPa 时,损害程度是很复杂的问题,有可能在工作相当长的时间之后才会暴露
		基础振动	发动机启动后由于发动机推力,在发动机和结构之间会产生相对位移。因此,发动机和飞机结构之间连接的导管也要承受相当大载荷

在《导管弯曲半径》(HB 4-55—2002)中,详细介绍了钢和铝两种材料的弯曲半径计算方法和最小弯曲半径,该标准能够为导管设计和弯曲成形提供指导。

《金属材料疲劳试验数据统计方案与分析方法》(GB/T 24176—2009)介绍了疲劳试验设计和结果数据的统计分析方法,目的是在很高的置信度和试样数下测定金属材料的疲劳性能。本标准提供了一种在不同应力水平下,利用线性关系在合适的坐标下估计材料疲劳寿命的方法,本方法对应变函数的寿命特性分析也有效。本标准仅限于由于单一疲劳失效机理而展现出的均匀特性材料疲劳数据的分析。特别地应包括给定应力下的疲劳寿命和给定疲劳寿命下的疲劳强度。

1.2.2 管道振动抑制技术研究现状

在对管道的振动进行控制的时候,被动控制的方式被广泛使用。被动控制的主要方法有:合理地设计管道,控制管道的固有频率,避免共振;在液压系统管道与基础之间安装阻尼器,减小外界激励对管道系统的影响,使液压管道系统处于稳定状态;采用挠性接头连接管道和弯头,降低应力波在管壁内的传递,减小管道系统承受的应力;管道加工时使用吸振材料来增强管壁对声波的吸收;在液压系统管道中装置脉动压力衰减器,增加管道转弯角度和弯曲半径,并减少弯头数目,降低管道内流体的压力脉动。

目前,对管道的振动抑制主要在设计阶段、配管阶段和管道定型阶段进行,每个阶段对应的方式不同,如表 1-2 所列。

表 1-2 不同阶段对管道振动的抑制方法

阶 段	方 法
设计阶段	在条件允许的情况下尽量少使用弯头,也应尽量避免弯曲角度大的弯头,以减小流体对管道的冲击作用
配管阶段	应该对管道的刚度进行计算,在不同的方案中选取最优方案,合理布置管道空间结构以及管道支撑结构的位置,尽量增大管道系统的刚度,减小管道系统基频共振的可能性
管道定型阶段	可以在管道的适当位置安装固定支撑来增加管道系统的刚性,从而增大其固有频率,使固有频率避开其激振频率从而避免共振的发生,或增加减振器、阻尼器等

周云等在管道的不同位置施加约束,通过 ANSYS 软件仿真,得出管道上施加卡箍的最佳位置。施加卡箍后,管道的振动应力明显减小。

Fang 等研究了竖直充液管道的支撑设置和阻尼之间的关系。研究结果表明,两段充液管道中的铰链支撑与库仑阻尼之间关系密切;在管道外表面添加阻尼材料对管道的隔声效果十分明显。

G. H. Koo 等对管道不同激励形式下的振动进行了研究,得出了管道系统处于周期激励作用下时,对其支撑进行优化设计来降低管道系统振动的方法。通过实验验证,该方法在一定范围内能够有效地控制管道振动。

Chiba 和 Kobayashi 总结了管道系统中常用的阻尼器:电流变阻尼器、黏弹性阻尼器(VED)和弹塑性阻尼器(EPD)。这些阻尼器均能够有效降低流体脉动压力,抑制管道振动。北京化工大学姜洋等发明了一种液体管道阻尼减振器,该装置在不停机的状态下对管道进行减振改造,并取得了良好的减振效果。该液体管道阻尼减振器的特点是:① 能够在不影响生产线运作的情况下进行安装,也不需要改变原有管道及支撑结构;② 体积小,安装和运输方便,性能稳定;③ 相对于企业中常用的弹簧支架或者是固定约束,它为柔性支撑,不会在管道上增加附加应力。Cao 等应用模态应变能的方法对开孔的自由阻尼管道进行有限元建模,进行谐响应分析,与未开孔自由阻尼的管道处理结果进行对比分析,得到结果如下:处于低频范围内,通过开孔自由阻尼对管道结构的减振效果较好。这一结论既为相似的工程问题提供了一个依据,也为自由阻尼的设计提供了一个新的思路。郑久建设计出管道减振器和液压式阻尼器,该装置应用在较大质量的管件时必须采用独立支承。

谢坡岸等针对往复式水泵管路振动特性,运用挠性接管能减小管路机械振动的传递,蓄能器能较好地衰减管路流体脉动压力的特点,将二者的减振原理相结合,研制新型的管路消振器。对往复式水泵管路振动反复进行试验研究,管路的减振效果十分明显。

Zhao-Dong Xu 等人在 2019 年发表的《新型大型管道结构多维隔振减振装置的实验与理论研究》一文中,提出了一种多维减振装置(MVIMD),用于减缓大型管道结构在外部激励、流体脉动和水锤作用下的多维振动。该装置通过隔振和减振两方面同时控制管道的振动,其核心结构包括黏弹性轴承、黏弹性阻尼器和 U 形弹簧。黏弹性材料的高能量耗散能力使得装置在水平和垂直振动方向上均具有显著的能量耗散能力。为研究该装置在不同频率和振幅下的机械性能,作者进行了相关表征测试。此外,针对复杂的黏弹性非线性特性,提出了基于等效标准固体模型的数学模型,考虑了频率和位移幅值的影响。实验数据与数值结果的对比表明,所提出的模型能够精确描述 MVIMD 的性能。马爱梅等通过有限元对弯曲管道进行仿真分析,得出减小管道冲击压力的方法:① 在关闭或者是打开阀门时应缓慢进行操作,尽量延长阀门打开或关闭的时间,因为液击压力随着阀门关闭时间的增大而减小;② 在可以满足工艺要求的基础上尽量减小管道长度,如果是开式管道,则可以在吸液管道中安装水锤消除器,若为闭式管道,则在该管道上安装带有止逆阀的旁通路。陈章位等总结出在管道上易出现振动的位置可以放置缓冲器来减小流体脉动。经常被使用的缓冲器包括单容缓冲器及 π 形缓冲器。单容缓冲器一般用于减小经过缓冲器前面流体的脉动,π 形缓冲器主要用于缓解经过缓冲器后面的流体脉动,根据需要选择。

管道被动控制的方式很多,将这些被动控制技术用于抑制管道振动时,会增加管道系统的复杂性,也会使管道系统的体积增加,因此,在对管道系统进行振动抑制时,主动控制将成为新的研究领域。李运华等研究得出了泵的管路负载的液压系统主动控制方式。以压力脉动产生的驻波为研究对象,首先建立系统数值模型,设计充液管道的控制系统来提高管道系统主动控制阻尼,以此改善驻波对系统动态特性的影响。Lin 等设计的控制系统对输液管道系统进行振动控制,主要应用有限元法和独立模态空间控制技术。

但飞机管道系统由于其特殊性,目前采用的振动抑制技术仍是优化管型和施加卡箍。优化管型主要应用在最初的设计阶段。大多数情况只能凭借经验设计管道而没有一套成熟的设计规范,这使得如果在实际飞行中发现振动过大,需要消耗极大的人力物力来重新设计生产。而施加卡箍是当前管道系统振动抑制技术中运用最广泛的方式,但是这不可避免地造成了管道系统重量的增加,从而导致经济性降低。更重要的是,在某些狭窄空间中都难以找到适合的卡箍位置,且由于受安装因素或外界环境振动的影响,管道系统中卡箍松动的可能性较大。因此亟须寻求另外的减振方法。

材料阻尼技术是近几十年来发展的新技术,不仅是控制结构共振最有效的方法,同时也是解决减振问题的重要手段,对于解决工程中的振动问题十分有效。随着阻尼技术的日渐发展与阻尼材料的大量应用,阻尼材料与人们的日常生活早已息息相关。而由于黏弹性阻尼材料即高分子阻尼材料具有显著的黏弹性,且内耗大,能够实现较高阻尼,并且高分子材料具有良好的加工性,因此是目前应用较为广泛的一类阻尼材料。通过在固有阻尼值较小的金属材料表面加上一层黏弹性阻尼材料,可将金属材料的阻尼性能提升至原有的 200～1 000 倍,极大地提高了金属材料的阻尼特性。其中水性阻尼材料是一种以聚合物为基质具有抑制振动能力的功能材料,并且在汽车、机车车辆等交通工具及工程机械、精密仪器设备上的使用已经相当广泛。

高云卿等使用了多种无机材料作为填料,通过研究发现,具有层状结构的材料作为填料时对水性阻尼涂料的阻尼性能和隔声性能有较大改善。胡钊等通过对比在涂料中添加重质碳酸钙、云母粉、玻璃微珠、白炭黑等填料,进一步发现以云母粉作为填料的水性阻尼涂料具有较好的阻尼性能,而以白炭黑作为填料的水性阻尼涂料则具备较优的隔声性能。而张冬菊将鳞片石墨、玻璃纤维及氢氧化铝三种填料进行复配,采用自由振动衰减法与半功率带宽法评价材料阻尼性能,发现复配涂料较单一填料能明显提高材料的性能。贺才春将普通阻尼涂料和高性能水性阻尼涂料喷涂于铁路客舱车体金属壳体的整个内表面,发现在未改变车体结构的情况下,采用水性阻尼涂料的降噪效果最为明显。Alex T. Koshy 等和 Abhinav Alv 等均就水性阻尼材料的功能性填料对阻尼性能的影响进行了研究。

近年来,水性阻尼材料逐渐应用到航空领域,但对其研究仍处于基础阶段,真实应用较少。高培鑫、汪博等主要对复杂管道系统进行了较为深入的研究,旨在对复杂管道系统设计及振动控制提供理论支持和技术指导,并指出国内外关于管道的被动减振技术仍有待进一步研究,其中涂层减振是管道被动减振的重要方法。目前,国外许多学者发现在管体外部粘贴黏性阻尼可有效地抑制管道的振动。

1.2.3　管路连接件与密封性研究现状

管路连接件密封性的好坏直接影响飞机飞行安全,目前关于管路连接件密封性的研究主要分为两个部分,一是密封机理的研究,二是密封性影响因素。

1. 静态密封机理

静态密封是通过相邻的密封副材料的相互挤压从而阻止内部介质发生泄漏,常见的弹性体密封(如橡胶密封圈)通过本身的变形来补偿结构间隙,从而阻止被密封介质的泄漏,而扩口管路连接件密封不同于弹性体密封,其属于金属-金属密封机理范畴。典型的金属-金属密封接触面形貌如图1-6所示,该表面通常由车削加工而成,从宏

图1-6　金属-金属密封接触面形貌

观层面上看表面是“光滑”的,但从微观层面上看表面具有像波浪一样的螺旋槽结构,其中凹槽的底部可以称为波谷,顶部可以称为波峰,从而看起来表面“凹凸不平”,同时表面上螺旋槽样微观结构的统计学特征被称为表面粗糙度。当两个金属表面接触时,最先接触到的是波峰部位,此时波谷之间组成的螺旋槽形成泄漏通道,当内部充入一定压力的液体时会沿周向前进,而当遇到径向上足够大的开口时会进入下一个周向泄漏通道,当接触压力较小时,泄漏通道较多,则容易泄漏。根据经典机械密封理论,当接触部位的应力较大时,波峰和波谷发生塑性变形,填补泄漏通道,阻止内部液体的泄漏,最终达到密封效果。

2. 密封性影响因素

目前关于管路连接件密封性影响因素的研究主要分为4个部分。

(1)结构尺寸对密封性影响

对于管路连接件不同的结构尺寸,为满足其密封性需求,所需的保证密封性的基本参数是不同的。目前我国扩口式导管大部分采用国内的航空管材,而国内的导管在结构尺寸上往往只对导管的外径和壁厚公差要求严格,而不注重导管内径及公差要求。对于薄壁扩口管而言,

喇叭口由冷挤压成形,当壁厚过小伴随锥面角度的误差时,容易导致泄漏产生。接触表面粗糙度对密封性能起到了不可忽略的作用。根据航准《扩口式管接头的螺纹部分》(HB 4-3—2002)和《导管扩口》(HB 4-52—2002)的规定,扩口管和管接头接触部位的表面粗糙度应控制在 $0.8~\mu m$ 以内,并且扩口接触表面不应有任何划痕或裂纹的存在,内锥面向管体圆柱面过渡应光滑无环形波纹。陈迪对传统74°导管扩口的角度及厚度对导管密封性的影响进行研究,发现当接头锥面角度在 $66°\sim78°$ 时能满足密封性、可靠性,而当扩口角度大于78°时,导管扩口的边缘壁厚过小不能满足密封性需求。王小刚等人专门针对锥头—锥孔的管路密封结构进行分析,研究了不同锥面的锥角差对密封性的影响规律,得到锥角差取 $3°\sim7°$ 时结构的密封性最好的结论。冉光斌等针对锥角及锥角差大小对双锥形管路连接件密封性能的影响进行研究,得出双锥形管接头的锥角宜在 $30°\sim75°$ 内选取、双锥形管接头与密封座的锥角差宜在 $2°\sim6°$ 内选取的结论。吕堃博通过不正常装配过程对管路密封性能进行了分析,接触表面应力分布不均匀导致密封界面出现滑动,密封性能显著减小。陈芝来通过对扩口、无扩口以及梁式管路连接件的仿真结果的观察,分析它们的优缺点,并且为梁式管路装配提供技术参考,制定合理的装配规范。张杰毅和张旭等通过分析不同装配偏差下的管路密封性能,引入密封评判指标,得到装配偏差控制标准,并通过实验进行验证,对现有标准提出了合理改进。李钧甫等通过对扩口管路连接件进行无偏差以及带角度偏差的仿真分析,发现带角度偏差时扩口管接触表面内部压力不均,导致内外部之间出现连通区域,密封性能遭到破坏。为保证管路连接件密封性能,应对其结构进行优化改进。

(2) 表面粗糙度对密封性影响

扩口管路连接件中对密封性影响最大的就是扩口内锥面和管接头外锥面的表面粗糙度,不同的加工工艺会导致表面粗糙度不同。根据航标《扩口管路连接件通用规范》(HB 4-1—2002)中的有关规定,第一系列45♯钢的管接头表面需要进行镀锌钝化处理,第二系列管接头表面需要进行镀锌、化学氧化、磷酸盐处理和憎水处理,1Cr18Ni9Ti 材料表面需要进行钝化处理,《导管扩口》(HB 4-52—2002)与《扩口式管接头的螺纹部分》(HB 4-3—2002)对扩口管和管接头锥面粗糙度提出了要求,同时扩口管上不允许有纵向划伤、环形划伤、擦伤、压伤和裂纹。Waddad 等人用抛物线表达形式对具有粗糙表面的多尺度模型进行描述并分析了粗糙表面之间的摩擦接触特性。Wenk 利用具有粗糙表面的三维多尺度模型分析了径向唇式密封结构的接触和变形特性。Zhang 利用 ANSYS 建立密封面的三维多体接触有限元,仿真计算了粗糙表面之间的泄漏通道和泄漏率。闫洋洋基于连接件粗糙表面的实测数据,建立具有粗糙表面的密封区域多尺度模型,仿真分析了接头拧紧过程中管路密封状态及密封特性,同时将仿真分析的结论与试验结果进行对比获得了合理的拧紧力矩。Perez 等提出了一种将车削加工螺旋槽与表面粗糙度结合的密封性泄漏模型,利用数值分析的方法确定了接触面积百分比与泄漏率的关系。王霄等和梁春采用形貌测量仪得到真实表面形貌数据,对数据进行插值处理后利用 CATIA 逆向建模得到粗糙表面接触模型,分析在弹性阶段和切向模量较大情况下的弹塑性阶段的接触过程中,真实接触面积与法向压力载荷之间呈近似线性函数关系。杨慧新同样通过表面轮廓测量设备获取真实表面形貌数据,在有限元软件 ANSYS 使用命令流建立粗糙表面接触模型,姜英杰等对真实形貌数据进行去噪后建立三维实体模型,进行有限元仿真后得到接触表面真实接触面积随压力载荷变化关系,并且发现在相同压力下载荷铣削表面比磨削表面真实接触面积要小。与使用真实形貌数据建立粗糙接触表面有限元模型不同,马彬鈡等通过生成随机高斯表面来对接触表面进行模拟,采用 ABAQUS 软件对接触模型进行仿真,并且得到真实接触面积与接触表面平均接触应力之间的关系。周朝朋等同样通过生成符合高斯分布的随机数据点来进行粗糙表面模拟,将数据直接导入 ANSYS 软件建立有限元模型,通过仿真以及曲线拟合得到法向接触力、真实接触面积随表面压入深度之间的三次函数关系。

(3) 装配工艺对密封性影响

目前,管路连接件装配工艺对密封性的影响较小,航标《扩口管路连接件通用规范》(HB 4-1—2002)中规定了不同管径、材料、系列管路连接件的最小拧紧力矩、最大拧紧力矩和过紧拧紧力矩的要求,但这些力矩范围大都依靠工程经验得来,缺乏仿真分析及试验验证。同时在管道装配过程中,加工误差、固定支承定位不准确产生的误差等导致的装配偏差对密封性也会造成影响。周鑫等人针对装配误差等因素对卫星推进系统中关键的球面密封结构的密封性进行研究,通过接触非线性分析及泄漏试验研究得到封面上接触位置和面积随着对中角度的变化规律,并最终给出满足密封性所允许的对中角度范围。

(4) 外部环境对密封性影响

管路连接件在实际工况中所处的外部环境如振动、高温、脉冲流体等因素,对自身的密封性能也会存在一定影响。Nan 等通过研究振动环境下的管路密封性能发现,使用金属垫圈可以对密封试验的振幅、频率等进行有效控制,据此对密封性能试验提出具体改进措施。熊影辉通过扩口管路连接件在外部振动条件下,其螺母处螺栓预紧力的衰退规律,研究得出当装配偏差小于一定范围时振动工况对螺栓预紧力几乎不产生影响,在实际工程应用中可以允许加工过程存在一定偏差,从而降低管路加工成本。闫洋洋等针对高压流体、脉冲流体、流体温度以及外部振动环境下的管路连接件的密封特性进行分析,得到不同压力条件下高压、脉动、温度、振动条件下对管接头密封性能影响,并且获得了合理的力矩装配范围。郭雪杰以扩口式管路为研究对象,分析了在高温和振动条件下密封衰退机理,当温度升高或振幅加大时,均会导致螺栓紧固力下降,从而导致密封性能衰退。许孝林则通过无扩口式管接头进行二维简化有限元分析,对管接头处形成的装配缝隙进行流固耦合分析,发现其对密封性能不构成影响;按照标准规定施加振动载荷同样没有使得密封性能衰退。王振兴等基于刚体假设分析了拉伸载荷作用下无扩口式管接头的密封机理,并通过有限元软件 ANSYS 建立了相应的多体接触弹性模型,同时对模型进行了验证。刘洋针对燃油管路胶管卡箍密封结构,通过谐响应分析得到胶管卡箍密封结构在 0~180 Hz 频段中的密封危险频次,并分析了其在密封危险频次时两个密封环面对应上下左右 8 个关键点的相对位移;建立胶管卡箍精细有限元模型,以之前的相对位移为模型边界条件,分析得到振动激励对胶管卡箍密封性能的影响:在危险频次振动载荷作用下,密封环面的接触压力要低于装配工况下的密封环面接触压力。

1.2.4　管路疲劳性能研究现状

疲劳概念自 19 世纪提出以来,受到了广泛关注。所谓疲劳,是指在某点或者某些点承受扰动应力,且在足够多的循环扰动作用之后,形成裂纹或者完全断裂的材料中发生的局部、永久结构变化的发展过程。据统计,工程实际中发生的疲劳断裂破坏占力学破坏的 50%～90%,是机械、结构失效的最常见形式。目前国内外学者针对管道振动疲劳理论的研究主要包括基于 Miner 线性累积损伤理论和材料的 S-N 曲线估算结构疲劳寿命的方法、名义应力法、损伤力学的方法及以 Coffin - Manson 公式为基础的局部应力应变法。权凌霄等利用 Abaqus 软件对某国产飞机机翼上一段典型液压管路进行随机振动分析,获取随机振动载荷下的应力响应功率谱密度函数,结合 S - N 曲线对危险部位进行疲劳寿命的预估,为航空液压管路设计提供了参考。姜子晗等基于 S - N 曲线及结构动力学理论,对带装配偏差的导管随机振动疲劳寿命进行预估,得到装配偏差不得大于 0.73 mm 的结论。朱磊首先利用 nCode Design Life 软件的对充液管道进行疲劳寿命的估算,并具体分析了随机载荷频率范围、峭度值以及管道结构的阻尼比、管道壁厚对充液管道疲劳寿命的影响,然后通过搭建复杂随机振动载荷下管道疲劳系统,根据实验结果提出一种基于局部应力应变的管道振动疲劳寿命预测方法。谢素明等基于名义应力法对矩形管接头进行应力因子分析,结果表明当应力因子大于 0.9 时,结构容易失效。张森等基于损伤力学的理论针对管路连接件一类的轴对称实体构件提出一种疲劳寿命计算的新方法,通过构建损伤演化方程,利用损伤力学守恒积分原理得到裂纹萌生的级数解,再根据试验结果拟合方程中的参数,最后通过输入不同预紧力及脉冲载荷即可得到裂纹萌生及扩展寿命。朱峰等通过拉伸试验得到材料强度极限及弹性模量,建立基于多种修正系数改进 Coffin - Manson 公式的裂纹萌生寿命预测模型,对导管弯曲疲劳裂纹萌生寿命进行预测,预测结果与试验结果吻合度良好。张乐迪等从动力学角度进行分析得到脉冲压力下的管道位移及时间历程,利用局部应力应变法对航空液压管道的结构裂纹萌生寿命进行估算,并基于断裂力学的方法估算裂纹扩展寿命,为管道设计提供了理论参考。

1.2.5 管道初始安装应力仿真与检测研究现状

目前,管道初始安装应力仿真的传统研究方法主要包括强迫位移法(刚度分配法)、轴对称接触单元法和三维接触单元法,它们的优缺点如表 1 - 3 所列。

表 1 - 3 管道初始安装应力仿真的传统研究方法优缺点

方 法	计算过程	优 点	缺 点
强迫位移法	先对刚度进行分配,结合弹性力学的理论知识,通过偏移量得出有限元模型在 X,Y,Z 三个方向的位移约束,并结合强度理论,得出分析平面的位移和应力分布	适合任何模型	计算时间长,并且需要对模型进行大量的预处理
轴对称接触单元法	主要是应用了结构的对称性,分析模型的一部分,通常取 1/2 模型进行分析,在接触表面建立接触单元,定义接触面和目标面,使用强度理论得出模型的应力和振动位移的分布图	计算相对简单,计算时间比强迫位移法要短。精度较高	对模型的结构要求较高
三维接触单元	通常选取模型的 1/4 来进行研究,定义接触单元,找出接触面和目标平面,通过强度理论计算模型的振动应力和振动位移的分布	计算时间短	对结构的对称性有较高的要求

随着仿真技术的发展,针对一些结构比较特殊的模型,一些研究人员将上述方法加以改进,并根据模型特点提出更加有针对性的仿真方法。

赵华以各种柱筒和轴为研究对象,采用虚拟接触载荷法模拟分析因强烈接触而产生的过盈配合现象,提出了具体的计算方法与分析程序,比较详细地研究了圆柱筒、凹形柱筒、凸形柱筒和实心轴间因过盈配合产生的应力分布情况,以及配合面精度对接触应力分布的影响。根据研究结果,在三种柱筒配合面边缘都有不少应力集中现象。陈连等提出与经典力学方法相比,用有限元方法可以有效地分析复杂形状轮毂不同变形情况下的各种问题,从而提高轮毂过盈配合设计的可靠性。在变形量较小时,弹塑性有限元都能模拟结构的应力分布,确切地反映轮毂配合间的接触面应力集中现象等。但是,当因变形较大而产生塑性变形时,通过弹塑性的模拟分析能够更加真实地反映出有关轮产生的塑性变形。因而,相比之下,弹塑性有限元模拟更加真实。Frederic L 等用有限元 ANSYS 软件对曲轴模型进行了有限元分析,得出了转子与曲轴在不同变形状态下应力分布的规律。结论表明,最小变形量时转子与曲轴接触面不滑动,最大变形量时材料不失效,说明该系列产品满足设计要求。魏延刚等针对盘和转子中轴的连接进行研究,使用商用软件 ANSYS 对轴从盘里拔出情况下盘轴连接处的应力进行计算,得出结构体接触面上的应力云图。通过理论分析与应力云图进行对比,得出相关结论,能够为工业上关于过盈配合和组装提供依据。王君等应用能量法详细地分析了猪尾管的安装应力,并通过电算绘制了安装应力计算云图,为施工人员提供参考依据。

在安装应力测量方面,主要采用测量应变,通过计算得出应力的方式。

某型发动机燃油管多次发生断裂故障,断裂部位在管接头端焊缝附近时,采用断口分析、管道强度计算、安装应力测量等方法,对燃油管断裂的原因进行分析。结果表明,燃油管安装应力过大是引起断裂的主要原因。因此,模仿实际安装过程,在油管两端均固定的情况下,在管卡处施加力 **F**,方向如图 1-7 所示,使油管产生一定的偏移量,测量每次偏移量所产生的应力值。

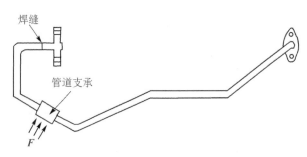

图 1-7 管道安装应力模拟过程

刘晗针对宝山钢铁股份有限公司快速安装高炉炉体的实际工程,在提升重量大、安装时间紧的情况下,为保证施工安全,提高工作效率,以提升框架为研究对象,通过应力应变进行跟踪检测,解决了大型构件检测的关键技术。应变、应力及变形检测原理如图 1-8 所示。

安装应力是构件安装前后,构件应力的变化量属于内应力的一种。内应力是指当没有外力作用时,物体维持内部平衡而存在的应力,又称固有应力、初始应力、残余应力。飞机管道在加工过程中需要进行固溶处理、弯折、接头组装等工序。管道加工过程会使管道产生残余应力,装配过程会产生装配应力。飞机管道的应力水平直接影响飞机管道的机械性能、疲劳强度、抗应力腐蚀能力、尺寸稳定性与使用寿命。如何尽早诊断并延长飞机管道的生命周期是目前工程人员需要解决的一项难题。随着飞机飞行时间的增长,飞机的维护成本逐年上升,航空

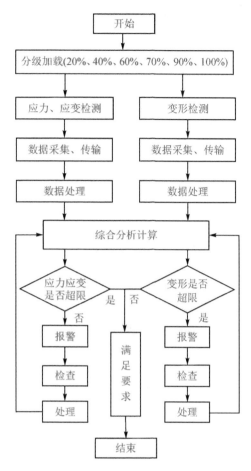

图 1 - 8 炉体框架应变、应力及变形检测原理

部件发生损坏的主要原因是各种微观和宏观机械应力集中,在应力集中区域,疲劳、腐蚀和蠕变过程的发展尤为剧烈。因此,有效地评价应力变形状况,特别是导致损伤的临界应力变形状况,成为评价飞机管道结构强度、可靠性及寿命预测的一个重要依据。

对于上述管道的安装应力检测,要求检测设备可便携、快速检测、对人体无害。为不影响管道使用,尽量不使用耦合剂或附加物。针对以上要求,应力检测方法可分为表 1 - 4 所列的三类方法:不适用的方法,局限适用的方法,适用的方法。

表 1 - 4 应力检测方法针对非铁磁性管道的适用性分类

应力检测方法	是否适用于非铁磁性管道
钻孔切削法、压痕法、纳米压痕法、拉曼光谱分析法、扫描电子声显微镜法、衍射法、全息干涉法、基于铁磁性法、几何云纹法	不适用
应变片法、导电涂层法、曲率法、云纹干涉法	局限适用
超声法、涡流法、数字图像法、锤击模态法	适用

1. 不适用的方法

钻孔切削法通过钻孔释放被测试件的内应力,小孔周围的应变片测量应变变化可由 Kirsch

理论计算,可检测喷砂、焊接、铸造、热处理致使的内应力。钻孔切削法测量精度低,单点检测,为有损检测,不适用。

压痕法根据赫兹接触理论,分析加载卸载曲线,计算残余应力,不同拉压应力下的压痕几何形状及尺寸不同。压痕法一般会残留 1～5 mm 印痕,为有损方法,不适用。

纳米压痕法应用于薄膜测量,如金属镀层、陶瓷等,压痕一般为几微米,使用原子力显微镜测量压痕,被测件表面要求足够光滑,需要原子力显微镜测量,该设备难以便携化。

拉曼光谱分析法。分析被测物受激发后发出的拉曼光谱,依据分子结构振动频率与所受应力的相关性,分析内应力,可用于分析陶瓷或较珍贵微量的样品。拉曼光谱分析法为无损检测,精度低,一般在吉帕级别,光谱仪器无法便携,不适用。

扫描电子声显微镜法在常规扫描电子显微镜基础上加上声信号的采集,可用于微尺度的检测以及材料深层扫描。扫描电子声显微镜法精度低,电子显微镜难便携,不适用。

衍射法主要包括 X 射线衍射、γ 射线衍射和中子衍射,通过测量衍射角度,依据布拉格方程得到晶面间距变化,从而计算出应力值。射线对人体有害,衍射设备难便携且较贵,中子射线设备尤其昂贵,不适用。

全息干涉法属于光测应力,依据光的干涉原理,通过相控技术,测量形变量的精度可达 1/100 波长,精度较高。全息干涉法测量期间要求被测物无刚体位移,但管道装配前后存在刚体位移,因此不适用。

基于铁磁性法主要应用应力的磁弹性效应和巴克豪森噪声效应原理,通过测量被测件的磁导率,电涡流热升温量,低频磁化过程中的巴克豪森噪声,反推构件内应力。管道材质为非铁磁性材料,故基于铁磁性法不适用。

几何云纹法的原理是依据光栅几何干涉原理,分析被测物体表面较大变形量,计算出应变。由于受限于衍射效应及加工工艺,光栅密度一般在 50 lines/mm 左右,对应的可测量形变为 0.02 mm,在 10 mm 尺度上可测量的最小应变为 0.002 ε,铝合金应力为 140 MPa,不锈钢应力为 400 MPa,精度较低,故几何云纹法不适用。

2. 局限适用的方法

应变片法根据应变片内金属丝在测量方向上的受拉(压)阻值会随之改变的原理测量应力、应变,应变片能够测量应变片粘贴后被测试件的应变变化,适用于安装应力的测量,且精度较高,应用于飞机管道有一定局限性,只能测量应变片方向的应变,即单点单向测量。应变片需要粘贴在被测件表面,存在测量附加物。

导电涂层法为应变片的升级方法,应变片只能测量应变片方向的应变,若在管道上涂上导电且有一定压阻系数的材料,通过测量不同方向不同位置的阻值,即可反推出应力应变。使用阻值较大的涂层可提高探针法的精度,即提高应力应变测量精度。局限性原因是需要在被测件上制备涂层,存在测量附加物。

曲率法的原理是通过测量反射光线的角度得到曲率,再通过曲率变化计算应力应变。该方法需要被测件表面为镜面,能够反射入射光,对被测件表面粗糙度要求较高,若应用在管道上,需要对管道进行抛光及镀层处理,有一定局限性。

云纹干涉法与几何云纹法原理相似,不同的是应用相干激光干涉的栅格代替实体栅格,每毫米内栅格数可达数千,可测量 1/100 波长,变形精度较高。需要在被测物表面制备栅格,即需要附加物,有一定局限性。

3. 适用的方法

超声法的表面波测量应力法依据表面波速度受传播方向应力影响,计算两个探头间表面波的波速即可得到应力大小。受限于采集设备的带宽,可分辨脉冲时间差一般为 1 nm,两探头间距为 5 cm 时可保证测量精度,即空间分辨率至少为 5 cm。超声法可测量管道的应力、应变,适用于大管径。部分带防锈油漆的管道的可行性有待论证。

涡流法依据被测物体的压阻效应,用电涡流测量被测物的电导率,反演应力、应变。由应力导致的电导率变化一般小于 1%,使用桥式电涡流可测量探头微小的变化量,经过初步试验以及仿真估计该方法可达到 50 MPa 精度以及小分辨率。由于试验探头较大,预计大管径管道可实现高精度测量。

数字图像法使用高倍率显微相机拍摄图像,处理后计算出应变,目前多用于高温被测件的形变非接触测量。若使用 1 倍放大倍率的成像镜头,CMOS 芯片像素尺寸为 2.5 μm 的感光元件,1 cm 尺度的应变分辨率理论上限为 0.000 25 ε。若使用高倍率显微镜,在 1 cm 间距上成像测量变形量,可实现高精度测量。对于显微相机的小型化,有成熟的产品可供选择,只要在管道安装前后测量两次即可,所以该方法为较为可行的方法。

锤击模态法是利用锤击法对管道进行模态试验,以得到安装应力对管道固有特性的影响规律;在此基础上,提出了基于一类支持向量机(support vector machine, SVM)的管道安装应力智能检测技术,对管道材质无要求,在批量生产和装配的管道上更为适用。

综上所述,针对残余应力的检测有诸多方法可用,但这些方法有各种限制和缺陷,不适用于飞机管道的安装应力检测。飞机管道安装应力的检测要求精度高,检测过程为无损,且不能改变飞机内部环境即不能有附加物或者残留物,需要检测设备小型化、检测过程智能化。综合来看,钻孔切削法、压痕法、纳米压痕法、拉曼光谱分析法、扫描电子声显微镜法、衍射法、全息干涉法、基于铁磁性法、几何云纹法这几种方法不可用于飞机管道安装;应变片法、导电涂层法、曲率法、云纹干涉法这几种方法有一定局限性,要根据需要调整检测方法,应用这些方法所需的条件也较为苛刻;超声法、涡流法、数字图像法、锤击模态法较符合飞机管道安装应力检测。超声法检测应力时,监测区域越大精度越高,小尺寸管道的精度与较小的检测范围难以平衡;涡流法精度难以提高;数字图像法的精度可以提高,难点在于设备如何小型化;锤击模态法可用于任何材质的批量装配的管道。

1.3 本书的主要研究内容

本书以实际飞机管道为研究对象,对管道的动力学设计和装配应力进行研究,主要章节安排如下。

第 1 章:介绍管道振动和应力控制技术研究的目的、意义及国内外研究现状,包括管道振动设计的国内外相关标准、管道振动抑制技术研究、管道密封性能、管道疲劳分析以及管道安装应力研究的现状。

第 2 章:建立复杂管道流固耦合动力学模型,采用梁单元对管道进行有限元建模,介绍管道激励力模型、管道模态分析计算方法和管道的响应计算方法。在此基础之上,开发管道振动分析软件 PLVAS,利用商用 ANSYS 软件验证软件的正确性,同时,针对液压试验台上的典型管道,从试验和仿真的角度对软件 PLVAS 进行验证。

　　第3章:介绍扩口管路连接件的主要结构组成和工作状态,在此基础上进行摩擦副摩擦系数测定试验,参考普通螺栓扭拉关系,利用ANSYS软件对管路连接件中的扭拉关系理论公式进行仿真验证。最后,进行装配状态对管路密封性能的影响研究,通过管路连接件密封性能试验和密封带宽测定试验,验证仿真方法和结论,并得到装配偏差控制范围,为管道实际装配过程的质量控制提供重要参考。

　　第4章:采用静力学和动力学联合仿真分析的方式,研究安装应力对结构强度的影响,确定在共振环境下带装配偏差的管路连接件危险点位置,基于S-N曲线对管路连接件疲劳寿命进行估算,并进行管道共振疲劳试验,验证疲劳仿真结果的正确性。

　　第5章:为解决一直困扰着飞机设计人员的管道振动问题,提出了动力吸振器、颗粒减振器及减振涂层三种减振方式。对这三种减振方式进行详细的介绍,并通过试验的方式对其有效性和工程实用性进行验证。

　　第6章:构建管道安装应力检测试验台,研究装配应力对管道固有特性的影响规律。结果表明:不同装配应力下的频响函数存在明显差异,主要表现在共振峰峰值大小和位置的变化。在此基础上,提出了SVM和向量的角度相似法两种不同的检测方法,开发管道安装应力检测系统,并利用管道安装应力模拟试验台进行方法验证。

参考文献

[1] 党锡淇,黄幼玲.工程中的管道振动问题[J].力学与实践,1993,15(4):9-16.

[2] 美国.发动机结构完整大纲:MIL-STD-1783[S].航空发动机规范办公室,1988.

[3] 美国.涡轮和涡扇发动机通用规范:MIL-E-5007D[S].航空标准化编辑组,1976.

[4] 中国航空工业总公司三〇一研究所.飞机液压管路系统设计、安装要求:GJB 3054—1997[S].北京:国防科学技术工业委员会,1997.

[5] 中国航空工业第一集团公司.导管弯曲半径:HB 4-55—2002[S].北京:国防科学技术工业委员会,2002.

[6] 中国钢铁工业协会.金属材料疲劳试验数据统计方案与分析方法:GB/T 24176—2009/ISO 12107:2003[S].北京:中华人民共和国国家质量监督检验检疫总局,中国国家标准化管理委员会,2009.

[7] 赵子琴,李树勋,徐登伟,等.管道振动的减振方案及工程应用[J].管道技术与设备,2011(3):54-55.

[8] 宋晓辉.往复压缩机管条振动分析及减振措施[D].北京:北京化工大学,2010.

[9] 龙晶.化工管线振动有限元分析与减振措施[D].大庆:大庆石油学院,2008.

[10] 伊建玉,杨维群,袁庆禄,等.压缩机气体管道的振动原因及消振方法[J].压缩机技术,2002,9(4):38-39.

[11] 周云,刘季.管道振动及其减振技术[J].哈尔滨建筑工程学院学报,1994,27(5):108-114.

[12] FANG J, LYONS G J. Structural damping of tensioned pipes with reference to cables[J]. Journal of Sound and Vibration,1996,193(4):891-907.

[13] KOO G H,PARK Y S. Vibration reduction by using periodic supports in a piping system[J]. Journal of Sound and Vibration,1998,210(1):53-68.

[14] CHIBA T, KOBAYASHI H. Response characteristics of piping system support by visco-elastic and elasto-plastic dampers[J]. Journal of Pressure Vessel Technology,1990,112(1):34-38.

[15] 姜洋,何立东,伍伟.丙烷塔空冷器集合管管道阻尼减振技术研究[J].石油化工设备技术,2011,32(2):19-24.

[16] CAO X,MLEJNEK H P. Computational prediction and redesign for viscoelastically damped structures

[J]. Computer Methods in Applied Mechanics and Engineering,1995,125(1):1-16.

[17] 郑久建.粘滞阻尼减震结构分析方法及设计理论研究[D].北京:中国建筑科学研究院,2003.

[18] 谢坡岸,王强.蓄能器对管路流体脉动消减作用的研究[J].噪声与振动控制,2000(4):2-4.

[19] XU Z D,GE T,MIAO A. Experimental and theoretical study on a novel multi-dimensional vibration isolation and mitigation device for large-scale pipeline structure[J]. Mechanical systems and signal processing,2019,129(AUG.15):546-567.

[20] 马爱梅,鹿晓阳,陈红艳.基于流体动力学的弯管应力有限元分析[J].机械设计,2006,23(3):50-52.

[21] 陈章位,于慧君.振动控制技术现状与进展[J].振动与冲击,2009,28(3):73-77,86.

[22] 李运华,焦宗夏,王占林.一种主动液压滤波器的理论分析[J].北京航空航天大学学报,1999,25(2):163-166.

[23] LIN Y H,CHU C L. Active modal control of timoshenko pipes conveying fluid[J]. Journal of the Chinese Institute of Engineers,2001,24(1):65-74.

[24] LIN J Z,ZHAO Y L,ZHU Q Y, et al. Nonlinear characteristic of clamp loosing in aero-engine pipeline system[J]. IEEE Access,2021,9(1):64076-64084.

[25] 李迎春,程蓓,邱明,等.不同石墨烯添加量下 MoS2 基复合涂层的摩擦磨损及耐腐蚀性能[J].中国机械工程,2020,31(20):2437-2444.

[26] 范蓉平,孟光,贺才春,等.粘弹性阻尼材料降低列车车内噪声的试验研究[J].振动与冲击,2008,27(6):123-127,192.

[27] 杨波,姚宇,黄海山,等.水性阻尼涂料在轿车上的应用[J].涂料工业,2015,45(9):69-73.

[28] INOZUME S,AIHARA T. Damping ratio maximization in thickness direction using viscoelastic and structural materials based on constrained layer damping[J]. Engineering Optimization,2021,54(3):539-551.

[29] ZHAO Y T,GUO Y. Preparation and Properties of EAA/C9 resin/natural rubber damping materials [J]. China Plastics Industry,2021,49(5):116-119.

[30] 高云卿,龙孝立.阻尼浆试制试验总结[J].铁道车辆,1973(12):29-34.

[31] 胡钊,类成林,杨涛.填料对水性阻尼涂料性能的影响[J].涂料工业,2012,42(6):52-54,59.

[32] 张冬菊.填料对高分子材料阻尼性能影响研究[D].哈尔滨:哈尔滨工程大学,2015.

[33] 贺才春.阻尼材料在铁路客车噪声控制中的试验研究[J].铁道机车车辆,2008,28(6):36-39.

[34] KOSHY A T,KURIAKOSE B,THOMAS S, et al. Viscoelastic properties of silica-filled natural rubber and ethylene-vinyl acetate copolymer blend[J]. Polymer-Plastics Technology and Engineering,1994,33(2):149-159.

[35] ALVA A,RAJA S. Dynamic characteristics of epoxy hybrid nanocomposites[J]. Journal of Reinforced Plastics and Composites,2011,30(22):1857-1867.

[36] 高培鑫.多源激励下航空液压管路系统振动分析及其约束层阻尼减振技术研究[D].大连:大连理工大学,2017.

[37] 汪博,高培鑫,马辉,等.航空发动机管路系统动力学特性综述[J].航空学报,2022,(5):131-154.

[38] FANG J,LYONS G J. Structural damping of tensioned pipes with reference to cables[J]. Journal of Sound and Vibration,1996,193(4):891-907.

[39] JOHNSON C D,KICNHOLZ D A. Finite element prediction of damping in structures with constrained viscoelastic layers[J]. AIAA Journal,1982,20(9):1284-1290.

[40] LEPOITTEVIN G,KRESS G. Optimization of segmented constrained layer damping with mathematical programming using strain energy analysis and modal data[J]. Materials&Design. 2010,31(1):14-24.

[41] CHIBA T,KOBAYASHI H. Response characteristics of piping system supported by viscoelastic and

elasto-plastic dampers[J]. Journal of Pressure Vessel Technology,1990,112(1):34-38.

[42] 史建成.基于逾渗理论的静密封建模方法与泄漏机理研究[D].北京:北京理工大学,2015.

[43] PéREZ-RàFOLS F, LARSSON R, ALMQVIST A. Modelling of leakage on metal-to-metal seals[J]. Tribology International, 2016,94:421-427.

[44] E·迈尔.机械密封[M].6版.姚兆生,许仲枚,译.北京:化学工业出版社,1981.

[45] 中国航空工业第一集团公司.扩口式管接头的螺纹部分:HB 4-3-2002[S].北京:国防科学技术工业委员会,2002.

[46] 中国航空工业第一集团公司.导管扩口:HB 4-52-2002[S].北京:国防科学技术工业委员会,2002.

[47] 陈迪.航空扩口式管接头力学响应分析及结构优化研究[D].成都:西南交通大学,2021.

[48] 王小刚,张方晓,黄鹏.基于 ANSYS 的管路锥形密封结构参数分析[J].兵工自动化,2009,28(8):25-27.

[49] 王小刚,张方晓,黄鹏.基于 ANSYS 的锥头—锥孔管路锥形密封结构分析[J].机械,2009,36(8):37-40.

[50] 王小刚.管路锥形密封结构的稳健设计[D].绵阳:中国工程物理研究院,2009.

[51] 冉光斌,张方晓.双锥形管接头角度参数对管路密封的影响分析[J].环境技术,2005,23(2):4-6.

[52] 冉光斌.双锥形管接头密封管路联接结构的稳健设计方法[D].绵阳:中国工程物理研究院,2005.

[53] 冉光斌,张方晓.双锥形管接头密封管路联接结构的稳健设计[J].润滑与密封,2008,33(5):88-90.

[54] 吕堃博.发动机管路连接副密封性能可靠性分析[D].沈阳:东北大学,2017.

[55] 陈芝来.航空发动机管路连接件典型结构密封性能研究[D].上海:上海交通大学,2017.

[56] 张杰毅.服役环境下飞机液压管路密封及疲劳特性研究[D].南京:南京航空航天大学,2021.

[57] 张旭.装配状态对管道密封特性影响分析与试验研究[D].南京:南京航空航天大学,2019.

[58] 张旭,夏芝玮,樊新田,等.飞机管路连接件装配偏差对密封性影响的仿真分析与试验验证[J].润滑与密封,2021,46(8):99-107.

[59] 李钧甫,周裕力,蒋智华,等.扩口管路密封失效引起的平管嘴大径外圈锈蚀故障分析[J].润滑与密封,2022,47(6):168-176.

[60] 国防科学技术工业委员会.扩口管路连接件通用规范:HB 4-1-2002[S].北京:国防科学技术工业委员会,2002.

[61] WADDAD Y, MAGNIER V, DUFENOY P, et al. A multiscale method for frictionless contact mechanics of rough surfaces[J]. Tribology International, 2016,96: 109-121.

[62] JONATHAN F W, STEPHENS L S,LATTIMESB, et al. A multi-scale finite element contact model using measured surface roughness for a radial lip seal[J]. Tribology International, 2016,97:288-301.

[63] ZHANG F, LIU J, DING X, et al. An approach to calculate leak channels and leak rates between metallic sealing surfaces[J]. Journal of Tribology,2017,139(1):011708.

[64] 闫洋洋.航空卡套式管接头密封特性与振动失效机理研究[D].大连:大连理工大学,2019.

[65] PEREZ-RAFOLS F, LARSSON R, ALMQVIST A. Modelling of leakage on metal-to-metal seals[J]. Tribology International, 2016, 94:421-427.

[66] 王霄,梁春,刘会霞,等.车削真实粗糙表面的弹塑性接触有限元分析[J].润滑与密封,2008,33(12):72-74,110.

[67] 梁春.基于三维真实粗糙表面的弹塑性接触有限元分析[D].镇江:江苏大学,2009.

[68] 杨慧新.基于真实粗糙表面接触分析的结合部建模方法研究[D].西安:西安理工大学,2017.

[69] 姜英杰,黄伟强,孙志勇,等.零件真实粗糙表面构建及微观接触性能分析[J].机械设计与制造,2018(8):8-10,14.

[70] 马彬铇,颜培,余建杭,等.高压静密封表面微织构设计及其密封性能的有限元分析[J].表面技术,2021,50(8):237-246.

[71] 周朝朋,杨照.基于 ANSYS 随机粗糙表面接触分析[J].农业装备与车辆工程,2022,60(3):92-95.

[72] 周鑫,庞贺伟,闫少光,等.球头-锥面连接结构非线性接触分析[J].航天器环境工程,2005,22(4):211-214.

[73] 周鑫,庞贺伟,刘宏阳.球面密封结构密封状态的力学分析及验证[J].中国空间科学技术,2007,27(2):42-46.

[74] 周鑫,洪晓鹏,张益丹,等.球面密封结构密封性能初步测试[J].航天器环境工程,2006,23(1):56-59.

[75] 周鑫,庞贺伟,刘宏阳.球面密封结构的漏率预估[J].宇航学报,2007,28(3):762-766.

[76] 周鑫,庞贺伟,刘宏阳,等.装配误差对球面密封结构密封状态影响分析[J].航天器工程,2005,14(4):35-39.

[77] NAN B,MAOHIRO U,SATORU K,et al. Experimental studies on vibration testing of pipe joints using metal gaskets[C]//Hangzhou:Proceedings of the 6th WSEAS international conference on instrumentation,2007:204-209.

[78] 熊影辉.特种车辆扩口式管接头密封性能研究[D].北京:北京理工大学,2016.

[79] YAN Y,ZHAI J,GAO P,et al. A multi-scale finite element contact model for seal and assembly of twin ferrule pipeline fittings[C]. Tribology international,2018,125:100-109.

[80] 闫洋洋,庄保顺,高培鑫,等.航空管路接头密封特性及流体温度影响[J].航空动力学报,2019,34(11):2414-2422.

[81] 郭雪杰.扩口式管路接头密封性能研究[D].大连:大连理工大学,2020.

[82] 许孝林.适航载荷下无扩口挤压式管接头密封机理及可靠性研究[D].秦皇岛:燕山大学,2021.

[83] 王振兴,邱明星,王建军.拉伸载荷下管路连接副的密封性分析[J].航空动力学报,2011,26(8):1866-1870.

[84] 刘洋.装甲车辆燃油管路系统振动及密封性能分析[D].北京:北京理工大学,2016.

[85] 陈传尧.疲劳与断裂[M].武汉:华中科技大学出版社,2002.

[86] 权凌霄,赵文俊,于辉,等.随机振动载荷作用下航空液压管路疲劳寿命数值预估[J].液压与气动,2017(6):43-48.

[87] 姜子晗,王卓健,鱼欢,等.随机振动下装配误差对液压导管疲劳寿命影响仿真分析[J].空军工程大学学报(自然科学版),2020,21(2):24-28.

[88] 朱磊.充液管道流固耦合振动分析与疲劳寿命评估技术研究[D].长沙:国防科技大学,2018.

[89] 谢素明,熊子斌,牛春亮.矩形管接头疲劳失效位置预测及应力因子分析[J].大连交通大学学报,2020,41(4):24-28.

[90] 张森,孟庆春,张行.无扩口管路连接件疲劳寿命预估的损伤力学—有限元法[J].航空学报,2009,30(3):435-443.

[91] 张森,邹希,孟庆春,等.谐振载荷作用下工程结构振动疲劳寿命预估的损伤力学—有限元法[J].计算力学学报,2010,27(5):948-952.

[92] 张森,袁锋,孟庆春,等.轴对称构件疲劳损伤演化方程与寿命预估方法的改进[J].应用力学学报,2008,(3):489-493.

[93] 朱峰,杨宏伟,王本劲,等.航空导管弯曲试验的疲劳裂纹萌生寿命[J].力学季刊,2020,41(3):519-527.

[94] 张乐迪,张显余.飞机液压管道动特性研究及疲劳寿命估算[J].航空维修与工程,2015(1):89-91.

[95] ZHAO H,LZ H,KUALLGZ B. The virtual contact loading methed for elastic ccontact Problems[J]. Communication in numerical methods in engineering,1993,9:455-461.

[96] FREDERIC L,AURELIAN V,BERNARD S. Finite element analysis and contact modelling considerations of interference fits for fretting fatigue strength calculations[J]. Simulation modeling practice and theory,2009,17(10):1587-1602.

[97] 戚刚,吴昌华,张南林.增压器涡轮叶片和轮盘组装结构的三维接触精细有限元分析[J].中国造船,

2000,41(3):69-73.

[98] 赵华.螺纹管接头的弹塑性应力分析[J].机械工程学报,1997,33(1):87-92.

[99] 陈连,吴宗泽.圆柱面过盈联接的可靠度优化与可靠性优化设计[J].机械设计与制造,2000(6):5-7.

[100] FREDERIC L,AURELIAN V,BERNARD S. Finite element analysis and contact modelling considerations of interference fits for fretting fatigue strength calculations[J]. Simulation Modeling Practice & Theory, 2009,17(10):1587-1602.

[101] 魏延刚,宋亚昕,李健,等.过盈配合接触边缘效应与应力集中[J].大连铁道学院学报,2003,24(3):4-8.

[102] 王君,朱延飞,王社敏.猪尾管的应力分析及计算[J].甘肃科技学报,2009,21(4):97-99.

[103] 李青,佟文伟,韩振宇,等.某型航空发动机引接管断裂故障分析[J].航空发动机,2012,38(1):60-62.

[104] 刘晗.应变电测技术在状态测试与评估中的应用研究[J].宝钢技术,2004(3):51-55.

[105] 徐滨士.表面残余应力检测技术[M].北京:机械工业出版社,2013.

[106] 王侃,李蓉,何涛,等.钻孔法测量残余应力[J].洛阳工业高等专科学校学报,2005(3):19-20.

[107] 陈怀宁,林泉洪,陈静,等.冲击压痕法测量残余应力中的塑性区问题[J].焊接学报,2001(5):21-23.

[108] 董美伶,金国,王海斗,等.纳米压痕法测量残余应力的研究现状[J].材料导报,2014,28(3):107-113.

[109] 伍林,欧阳兆辉,曹淑超,等.拉曼光谱技术的应用及研究进展[J].光散射学报,2005(2):180-186.

[110] 洪毅,张仲宁,张淑仪,等.利用扫描电子声显微镜研究残余应力分布[J].南京大学学报(自然科学版), 2001(4):508-514.

[111] 马昌训,吴运新,郭俊康.X射线衍射法测量铝合金残余应力及误差分析[J].热加工工艺,2010,39 (24):5-8.

[112] 周灿林,亢一澜.数字全息干涉法用于变形测量[J].光子学报,2004(2):171-173.

[113] 白象忠.磁弹性、热磁弹性理论及其应用[J].力学进展,1996(3):389-406.

[114] 卢诚磊,倪纯珍,陈立功.巴克豪森效应在铁磁材料残余应力测量中的应用[J].无损检测,2005(4):176-178,182.

[115] 周小东.基于脉冲涡流热成像的应力检测技术研究[D].成都:电子科技大学,2016.

[116] 杨福俊,何小元,陈陆捷.现代光测力学与图像处理[M].南京:东南大学出版社,2015.

[117] 尹福炎.电阻应变片与应变传递原理研究[J].衡器,2010,39(2):1-8.

[118] 潘永东,钱梦騄,徐卫疆,等.激光超声检测铝合金材料的残余应力分布[J].声学学报,2004,29(3): 254-257.

[119] 徐强.电涡流法检测应力、应变的基础研究[D].西安:西北工业大学,1991.

[120] 程杰.基于数字图像相关技术的应变测量初步研究[D].成都:电子科技大学,2022.

[121] 於为刚,陈果,寸文渊,等.基于一类支持向量机的管道安装应力智能检测技术[J].管道技术与设备, 2019(2):28-33.

第 **2** 章
复杂管道系统动力学建模与分析

为了分析飞机复杂管路系统的振动机理,发现由于振动而导致的管路系统故障,需要建立合适的振动分析模型。但是目前关于管路系统流固耦合振动的研究工作主要是基于简单的直管,对于复杂的空间载流管道研究较少。然而,实际的管路系统往往是由多根导管组成的复杂管路系统,其模型更为复杂。现有的商用有限元软件可用于分析复杂的管路系统,但是其针对性不强,流固耦合计算效率很低。

鉴于此,本文针对实际的飞机复杂管路系统,基于有限元分析方法,建立了一种复杂空间管道系统流固耦合动力学模型,研究复杂载流管路系统的振动特性,主要包括基于 6 自由度梁单元的有限元动力学矩阵生成、管道特殊连接方式的建模方法、管道应力分析方法以及管道动力学响应分析的数值积分方法等。最后应用管路模态试验对仿真模型进行验证,并针对其他复杂激励下的管道振动响应,与软件 ANSYS 的计算结果进行比较分析。

2.1 复杂管道流固耦合有限元模型

2.1.1 管道系统液-弹耦合模型

管路流固耦合振动及其稳定性分析自 20 世纪 70 年代以来一直是有关学者的研究热点,所采用的分析模型大体可分为两类:一类是"液-弹耦合",其考虑具有定常流速的不可压缩流体与管路弯曲振动的耦合;另一类是"声-弹耦合",其考虑可压缩流体的平面波动与管路结构振动的耦合。本文采用液-弹耦合分析方法建立复杂空间管路系统的耦合动力学模型。

对流体采用无黏、不可压缩的假设,对管路结构采用小变形、无阻尼的假设,分别计算流体和管路结构的动能和势能,并应用哈密顿原理可得如下形式的自由振动方程:

$$\mathrm{EI}\,\frac{\partial^4 w}{\partial z^4} + v^2 m_f \frac{\partial^2 w}{\partial z^2} + 2m_f v \frac{\partial^2 w}{\partial z \partial t} + (m_f + m)\frac{\partial^2 w}{\partial t^2} = 0,$$

$$\mathrm{EI}\,\frac{\partial^3 w}{\partial z^3}\delta w\Big|_0^1 = 0, \quad \mathrm{EI}\,\frac{\partial^2 w}{\partial z^2}\delta w\Big|_0^1 = 0 \tag{2-1}$$

式中,w 为管路弯曲振动位移;v 为流体流速;m_f 为流体线密度;EI 为管路的抗弯刚度;z 为沿管轴线的坐标。与梁的弯曲振动方程相比,方程(2-1)中多了两项,与流体流速成正比的项 $2m_f v \dfrac{\partial^2 w}{\partial z \partial t}$ 和与流体流速平方成正比的项 $v^2 m_f \dfrac{\partial^2 w}{\partial z^2}$,前者是由流体与管路的相对运动引起的哥氏力;后者是由流体在瞬间弯曲管路内流动受到的离心力。

2.1.2　管道系统流固耦合有限元模型

对管路系统进行有限元离散,采用 6 自由度梁单元,同时考虑梁单元的转动惯量和剪切变形,可以得到复杂管道系统的有限元模型:

$$M\ddot{X} + G\dot{X} + [K + (-K_v)]X = 0 \qquad (2-2)$$

式中,M 为按梁单元质量矩阵组装而成的系统总质量矩阵;K 为按梁单元刚度矩阵组装而成的系统总刚度矩阵;G 为由流速引起的陀螺效应矩阵;K_v 为由流速引起的系统刚度改变矩阵;X 为系统的广义位移向量。

1. 局部坐标下的单元矩阵

如图 2-1 所示建立坐标系,其中 XYZ 为局部坐标系,X 为管道轴向。变形状态下,任意截面相对固定坐标系的位置按以下方法确定:横截面沿 X 向位移 u,沿 Y 向位移 v,沿 Z 向位移 w,绕 X 向旋转 ϕ,绕 Y 向转角 ψ,绕 Z 向转角 θ。总体坐标系为 $X'Y'Z'$。管道轴向与总体坐标 X' 轴、Y' 轴、Z' 轴的夹角分别为 α、β、γ。

单元由节点 i 和节点 j 组成,节点 i 的坐标为 $\{a_i\} = \{u_i, v_i, w_i, \phi_i, \psi_i, \theta_i\}^{\mathrm{T}}$,节点 j 的坐标为 $\{a_j\} = \{u_j, v_j, w_j, \phi_j, \psi_j, \theta_j\}^{\mathrm{T}}$。

图 2-1　管单元的局部坐标与系统的整体坐标

设单元弹性模量为 E,剪切模量为 G,泊松比为 μ,内径为 d,外径为 D,长度为 L,则可以得到梁单元相关特征量。

截面惯性矩
$$I = \frac{\pi}{64}(D^4 - d^4)$$

截面极惯性矩
$$J = 2I = \frac{\pi}{32}(D^4 - d^4)$$

横截面面积
$$A = \frac{\pi}{4}(D^2 - d^2)$$

有效抗剪面积
$$A_s = \frac{A}{\dfrac{10}{9}\left(1 + \dfrac{1.6D \times d}{D^2 + d^2}\right)}$$

或
$$A_s = \frac{A}{\dfrac{7+6\mu}{6(1+\mu)}\left[1 + \dfrac{20+12\mu}{7+6\mu}\left(\dfrac{D \times d}{D^2 + d^2}\right)^2\right]}$$

剪切变形系数
$$\varphi_s = \frac{12EI}{GA_sL^2}$$

质量单元矩阵为
$$M_T^e = \frac{\rho L}{(1 + \varphi_s)^2} \times$$

$$\begin{bmatrix}
M_{Z1} & & & & & & & & & & \\
0 & M_{T1} & & & & & & & & & \\
0 & 0 & M_{T1} & & & & & & & & \\
0 & 0 & 0 & M_{Z2} & & & & & & & \\
0 & 0 & -M_{T4} & 0 & M_{T2} & & & & & & \\
0 & M_{T4} & 0 & 0 & 0 & M_{T2} & & & & & \\
M_{Z3} & 0 & 0 & 0 & 0 & 0 & M_{Z1} & & & & \\
0 & M_{T3} & 0 & 0 & 0 & M_{T5} & 0 & M_{T1} & & & \\
0 & 0 & M_{T3} & 0 & -M_{T5} & 0 & 0 & 0 & M_{T1} & & \\
0 & 0 & 0 & M_{Z4} & 0 & 0 & 0 & 0 & 0 & M_{Z2} & \\
0 & 0 & M_{T5} & 0 & M_{T6} & 0 & 0 & 0 & M_{T4} & 0 & M_{T2} \\
0 & -M_{T5} & 0 & 0 & 0 & M_{T6} & 0 & -M_{T4} & 0 & 0 & 0 & M_{T2}
\end{bmatrix}$$

$$(2-3)$$

式中，$M_{Z1}=\dfrac{1}{3}(1+\varphi_s)^2$，$M_{Z2}=\dfrac{J}{3A}(1+\varphi_s)^2$，$M_{Z3}=\dfrac{1}{6}(1+\varphi_s)^2$，$M_{Z4}=\dfrac{J}{6A}(1+\varphi_s)^2$，$M_{T1}=\dfrac{13}{15}+\dfrac{7}{10}\varphi_s+\dfrac{1}{3}\varphi_s^2$，$M_{T2}=\left(\dfrac{1}{105}+\dfrac{1}{60}\varphi_s+\dfrac{1}{120}\varphi_s^2\right)L^2$，$M_{T3}=\dfrac{9}{70}+\dfrac{3}{10}\varphi_s+\dfrac{1}{6}\varphi_s^2$，$M_{T4}=\left(\dfrac{11}{210}+\dfrac{11}{120}\varphi_s+\dfrac{1}{24}\varphi_s^2\right)L$，$M_{T5}=\left(\dfrac{13}{420}+\dfrac{3}{40}\varphi_s+\dfrac{1}{24}\varphi_s^2\right)L$，$M_{T6}=-\left(\dfrac{1}{140}+\dfrac{1}{60}\varphi_s+\dfrac{1}{120}\varphi_s^2\right)L^2$。

$$\boldsymbol{K}_e^B=\dfrac{EI}{L^3}\times$$

$$\begin{bmatrix}
K_{Z1} & & & & & & & & & & \\
0 & K_{B1} & & & & & & & & & \\
0 & 0 & K_{B1} & & & & & & & & \\
0 & 0 & 0 & K_{Z2} & & & & & & & \\
0 & 0 & -K_{B4} & 0 & K_{B2} & & & & & & \\
0 & K_{B4} & 0 & 0 & 0 & K_{B2} & & & & & \\
-K_{Z1} & 0 & 0 & 0 & 0 & 0 & K_{Z1} & & & & \\
0 & -K_{B1} & 0 & 0 & 0 & -K_{B4} & 0 & K_{B1} & & & \\
0 & 0 & -K_{B1} & 0 & K_{B4} & 0 & 0 & 0 & K_{B1} & & \\
0 & 0 & 0 & -K_{Z2} & 0 & 0 & 0 & 0 & 0 & K_{Z2} & \\
0 & 0 & -K_{B4} & 0 & K_{B3} & 0 & 0 & 0 & K_{B4} & 0 & K_{B2} \\
0 & K_{B4} & 0 & 0 & 0 & K_{B3} & 0 & -K_{B4} & 0 & 0 & 0 & K_{B2}
\end{bmatrix}$$

$$(2-4)$$

式中，$K_{Z1}=\dfrac{AL^2}{I}$，$K_{Z2}=\dfrac{GJL^2}{EI}$，$K_{B1}=\dfrac{12}{1+\varphi_s}$，$K_{B2}=\left(\dfrac{4+\varphi_s}{1+\varphi_s}\right)L^2$，$K_{B3}=\left(\dfrac{2-\varphi_s}{1+\varphi_s}\right)L^2$，$K_{B4}=\left(\dfrac{6}{1+\varphi_s}\right)L$。

按有限元方法离散的管路系统，其有限元公式为

$$\boldsymbol{M}\ddot{\boldsymbol{X}} + \boldsymbol{G}\dot{\boldsymbol{X}} + [\boldsymbol{K} + (-\boldsymbol{K}_v)]\boldsymbol{X} = 0 \qquad (2-5)$$

式中，$\boldsymbol{M}$ 为按梁单元质量矩阵组装而成的系统总质量矩阵；$\boldsymbol{K}$ 为按梁单元刚度矩阵组装而成的系统总刚度矩阵；$\boldsymbol{G}$ 为流速引起的陀螺效应矩阵；$\boldsymbol{K}_v$ 为流速引起的系统刚度改变矩阵。设 V 为流速，ρ_f 为流体线密度，单元矩阵 $\boldsymbol{G}^e$ 为

$$\boldsymbol{G}^e = \rho_f A_f V \begin{bmatrix} \boldsymbol{G}_{ii} & \boldsymbol{G}_{ij} \\ \boldsymbol{G}_{ji} & \boldsymbol{G}_{jj} \end{bmatrix} \qquad (2-6)$$

式中，$\boldsymbol{G}_{ij} = -\boldsymbol{G}_{ji}^{\mathrm{T}}$。

$$\boldsymbol{G}_{ii} = \begin{bmatrix} 0 & & & & & \\ 0 & 0 & & \text{反对称} & & \\ 0 & 0 & & 0 & & \\ 0 & 0 & & 0 & 0 & \\ 0 & 0 & \dfrac{l}{(1+\varphi_s)^2}\left(\dfrac{1}{5}+\dfrac{11}{30}\varphi_s+\dfrac{\varphi_s^2}{6}\right) & 0 & 0 \\ 0 & -\dfrac{1}{(1+\varphi_s)^2}\left(\dfrac{1}{5}+\dfrac{11}{30}\varphi_s+\dfrac{\varphi_s^2}{6}\right) & 0 & 0 & 0 & 0 \end{bmatrix}$$

$$(2-7)$$

$$\boldsymbol{G}_{ji} = \begin{bmatrix} -1 & 0 & 0 & 0 & 0 & 0 \\ 0 & \Omega_7 & 0 & 0 & 0 & -\Omega_8 \\ 0 & 0 & \Omega_7 & 0 & \Omega_8 & 0 \\ 0 & 0 & 0 & 0 & 0 & 0 \\ 0 & 0 & -\Omega_9 & 0 & \Omega_{10} & 0 \\ 0 & \Omega_9 & 0 & 0 & 0 & \Omega_{10} \end{bmatrix} \qquad (2-8)$$

式中，$\Omega_7 = -\dfrac{1}{(1+\varphi_s)^2}(1+\varphi_s+\varphi_s^2)$，$\Omega_8 = \dfrac{l}{(1+\varphi_s)^2}\left(\dfrac{1}{5}+\dfrac{7}{60}\varphi_s+\dfrac{5}{12}\varphi_s^2\right)$，$\Omega_9 = \dfrac{l}{(1+\varphi_s)^2}$ $\left(\dfrac{1}{5}+\dfrac{37}{30}\varphi_s+\dfrac{1}{6}\varphi_s^2\right)$，$\Omega_{10} = \dfrac{l^2}{(1+\varphi_s)^2}\left(\dfrac{1}{30}+\dfrac{\varphi_s}{30}\right)$。

$$\boldsymbol{G}_{jj} = \begin{bmatrix} 0 & & & & & \\ 0 & 0 & & \text{反对称} & & \\ 0 & 0 & & 0 & & \\ 0 & 0 & & 0 & 0 & \\ 0 & 0 & \dfrac{1}{(1+\varphi_s)^2}\left(\dfrac{1}{5}+\dfrac{11}{30}\varphi_s+\dfrac{\varphi_s^2}{6}\right) & 0 & 0 \\ 0 & -\dfrac{1}{(1+\varphi_s)^2}\left(\dfrac{1}{5}+\dfrac{11}{30}\varphi_s+\dfrac{\varphi_s^2}{6}\right) & 0 & 0 & 0 & 0 \end{bmatrix}$$

$$(2-9)$$

$$-\boldsymbol{K}_v^e = -\rho_f A_f V^2 \begin{bmatrix} \boldsymbol{K}_{vii} & \boldsymbol{K}_{vij} \\ \boldsymbol{K}_{vji} & \boldsymbol{K}_{vjj} \end{bmatrix} \qquad (2-10)$$

式中，$\boldsymbol{K}_{vij} = \boldsymbol{K}_{vji}^{\mathrm{T}}$。

$$\boldsymbol{K}_{vii} = \begin{bmatrix} \dfrac{1}{l} & & & & & \\[3mm] 0 & \dfrac{\frac{6}{5}+2\varphi_s+\varphi_s^2}{(1+\varphi_s)^2 l} & & & \text{对称} & \\[4mm] 0 & 0 & \dfrac{\frac{6}{5}+2\varphi_s+\varphi_s^2}{(1+\varphi_s)^2 l} & & & \\[4mm] 0 & 0 & 0 & 0 & & \\[2mm] 0 & 0 & 0 & -\dfrac{1}{10(1+\varphi_s)^2} & \dfrac{l\left(\frac{2}{15}+\frac{\varphi_s}{6}+\frac{\varphi_s^2}{12}\right)}{(1+\varphi_s)^2} & \\[4mm] 0 & 0 & \dfrac{1}{10(1+\varphi_s)^2} & 0 & 0 & \dfrac{l\left(\frac{2}{15}+\frac{\varphi_s}{6}+\frac{\varphi_s^2}{12}\right)}{(1+\varphi_s)^2} \end{bmatrix}$$

$$(2-11)$$

$$\boldsymbol{K}_{vji} = \begin{bmatrix} -\dfrac{1}{l} & 0 & 0 & 0 & 0 & 0 \\[3mm] 0 & -\dfrac{\frac{6}{5}+2\varphi_s+\varphi_s^2}{(1+\varphi_s)^2 l} & 0 & 0 & 0 & -\dfrac{1}{10(1+\varphi_s)^2} \\[4mm] 0 & 0 & -\dfrac{\frac{6}{5}+2\varphi_s+\varphi_s^2}{(1+\varphi_s)^2 l} & 0 & \dfrac{1}{10(1+\varphi_s)^2} & 0 \\[4mm] 0 & 0 & 0 & 0 & 0 & 0 \\[2mm] 0 & 0 & 0 & -\dfrac{1}{10(1+\varphi_s)^2} & -\dfrac{l\left(\frac{1}{30}+\frac{\varphi_s}{6}+\frac{\varphi_s^2}{12}\right)}{(1+\varphi_s)^2} & 0 \\[4mm] 0 & \dfrac{1}{10(1+\varphi_s)^2} & 0 & 0 & 0 & -\dfrac{l\left(\frac{1}{30}+\frac{\varphi_s}{6}+\frac{\varphi_s^2}{12}\right)}{(1+\varphi_s)^2} \end{bmatrix}$$

$$(2-12)$$

$$\boldsymbol{K}_{vjj} = \begin{bmatrix} \dfrac{1}{l} & & & & & \\[3mm] 0 & \dfrac{\frac{6}{5}+2\varphi_s+\varphi_s^2}{(1+\varphi_s)^2 l} & & & \text{对称} & \\[4mm] 0 & 0 & \dfrac{\frac{6}{5}+2\varphi_s+\varphi_s^2}{(1+\varphi_s)^2 l} & & & \\[4mm] 0 & 0 & 0 & 0 & & \\[2mm] 0 & 0 & \dfrac{1}{10(1+\varphi_s)^2} & 0 & \dfrac{l\left(\frac{2}{15}+\frac{\varphi_s}{6}+\frac{\varphi_s^2}{12}\right)}{(1+\varphi_s)^2} & \\[4mm] 0 & -\dfrac{1}{10(1+\varphi_s)^2} & 0 & 0 & 0 & \dfrac{l\left(\frac{2}{15}+\frac{\varphi_s}{6}+\frac{\varphi_s^2}{12}\right)}{(1+\varphi_s)^2} \end{bmatrix}$$

$$(2-13)$$

以上各式中 φ_s 为截面剪切系数。

2. 坐标变换

以上建立了局部坐标系下的单元质量矩阵和单元刚度矩阵,管道单元的截面惯性主轴方向为局部坐标 x 轴方向。对于空间管道而言,由于管道单元的走向不同,每个管单元采用的局部坐标系的方向也不相同,因此在进行结构整体分析时,须把局部坐标系中的单元刚度矩阵和单元质量矩阵变换成总体坐标系的单元刚度矩阵和单元质量矩阵,以便建立整个管系的总刚度和总质量矩阵。空间管单元在总体坐标系中的单元刚度矩阵和单元质量矩阵为

$$K' = T^{\mathrm{T}} K T, \quad M' = T^{\mathrm{T}} M T \tag{2-14}$$

其中,变换矩阵 T 为

$$T = \begin{bmatrix} \boldsymbol{\lambda} & 0 & 0 & 0 \\ 0 & \boldsymbol{\lambda} & 0 & 0 \\ 0 & 0 & \boldsymbol{\lambda} & 0 \\ 0 & 0 & 0 & \boldsymbol{\lambda} \end{bmatrix} \tag{2-15}$$

其中,$\boldsymbol{\lambda}$ 为方向余弦矩阵

$$\boldsymbol{\lambda} = \begin{bmatrix} l_1 & m_1 & n_1 \\ l_2 & m_2 & n_2 \\ l_3 & m_3 & n_3 \end{bmatrix} \tag{2-16}$$

这里,l_1,m_1,n_1 分别为局部坐标 x 轴与整体坐标 x' 轴,y' 轴,z' 轴夹角余弦值;l_2,m_2,n_2 分别为局部坐标 y 轴与整体坐标 x' 轴,y' 轴,z' 轴夹角余弦值;l_3,m_3,n_3 分别为局部坐标 z 轴与整体坐标 x' 轴,y' 轴,z' 轴夹角余弦值。

若一直管单元节点 i 和 j 相对于整体坐标系的坐标分别为 (x_i,y_i,z_i) 和 (x_j,y_j,z_j),则单元长度可表示为

$$l = \sqrt{(x_i - x_j)^2 + (y_i - y_j)^2 + (z_i - z_j)^2} \tag{2-17}$$

管的局部坐标 x 轴与整体坐标 x' 轴,y' 轴,z' 轴的夹角余弦为

$$l_1 = \cos \alpha = \frac{x_j - x_i}{l}, \quad m_1 = \cos \beta = \frac{y_j - y_i}{l}, \quad n_1 = \cos \gamma = \frac{z_j - z_i}{l} \tag{2-18}$$

但是仅仅有两个端点的坐标还不能完全确定管在空间的位置,因为相同的节点 i,j 的直管,其截面形心主轴仍可有不同的方向。为确定管在空间的确切位置,还需要在管轴线外再取一点 k,以确定其形心主轴的方向。如果管上找不到合适的点,可用一个假想的点代替。可以设点 k 相对整体坐标系的坐标为 (x_k,y_k,z_k)。

设 $\boldsymbol{V}_1 = [l_1,m_1,n_1]^{\mathrm{T}}$,表示沿直管局部坐标 x 轴的单位向量,设 $\boldsymbol{V}_k = [0,1,0]^{\mathrm{T}}$,表示假想点 k 的单位向量,则沿直管局部坐标 z 向的单位向量为

$$\boldsymbol{V}_3 = [l_3,m_3,n_3]^{\mathrm{T}} = \frac{\boldsymbol{V}_1 \times \boldsymbol{V}_k}{|\boldsymbol{V}_1 \times \boldsymbol{V}_k|} \tag{2-19}$$

两个向量的叉积由行列式给出

$$|u \times v| = \begin{vmatrix} i & j & k \\ u_x & u_y & u_z \\ v_x & v_y & v_z \end{vmatrix} = \begin{vmatrix} u_y v_z - v_y u_z \\ u_z v_x - u_x v_z \\ u_x v_y - v_x u_y \end{vmatrix}$$

最后,沿直管局部坐标 y 向的单位向量为

$$V_2 = [l_2, m_2, n_2]^\mathrm{T} = \frac{V_3 \times V_1}{|V_3 \times V_1|} \qquad (2-20)$$

令 $h = \sqrt{\cos^2\alpha + \cos^2\gamma}$，可以得到方向余弦矩阵

$$\lambda = \begin{bmatrix} \cos\alpha & \cos\beta & \cos\gamma \\[6pt] \dfrac{-\cos\alpha\cos\beta}{h} & h & \dfrac{-\cos\lambda\cos\beta}{h} \\[6pt] \dfrac{-\cos\gamma}{h} & 0 & \dfrac{\cos\alpha}{h} \end{bmatrix} \qquad (2-21)$$

当 $h = 0$ 时，$\lambda = \begin{bmatrix} 0 & 1 & 0 \\ -1 & 0 & 0 \\ 0 & 0 & 1 \end{bmatrix}$。

3. 阻尼矩阵的计算

本文将整体坐标下的阻尼矩阵 C' 假设为比例阻尼，即 $C' = \alpha_0 M' + \alpha_1 K'$，其中，$\alpha_0$，$\alpha_1$ 为常数，可以得到第 i 阶阻尼比为

$$\xi_i = \frac{1}{2}\left(\frac{\alpha_0}{\omega_i} + \alpha_1\omega_i\right) \qquad (2-22)$$

显然，通过模态实验可得到转子任意两阶固有频率和阻尼比，即可解出 α_0，α_1，并进而得到系统比例阻尼系数矩阵 C'。

2.1.3　管道系统特殊连接方式建模

1. 由多根管道组成的管系建模

实际工程应用中，往往是由多根管道组成的管系结构。对这种结构的管系进行管系建模的关键是如何由单根管道的有限元模型得到整个管系的有限元模型。在得到管系有限元模型后，其求解方法就完全相同了。

首先进行子管道建模，其基本步骤如下。

① 采用空间梁单元，每个节点自由度数为 6，各单元顺序连接。

② 首先建立单管道模型；其次输入管道模型的控制点，或直接从数据文件导入，如为弯管，需要用几段直管代替；再次输入管道弹性模量、泊松比、内外径、管道密度、流体密度、流速、比例阻尼系数等信息后，可以自动进行管道单元划分；最后将节点和单元信息保存于数据库中。

③ 可以对单元信息进行修改。

然后进行管系建模，基本步骤如下。

① 考虑多根管道由管接头连接的形式。

② 不失一般性，假设最多 5 根管道相连于同 1 点。

③ 由梁单元建立每根相连节点的子管道有限元模型，每个节点为 6 个自由度。

④ 将子管道的动力矩阵根据连接情况组装为整体管系的动力矩阵，其具体步骤如下。

设管系的节点 i_1 对应于子管道 1 的 j_1、子管道 2 的 k_1、子管道 3 的 l_1、子管道 4 的 m_1、子管道 5 的 n_1，如表 2-1 所列。

表 2-1　管系节点对应的子管道

管系节点	子管道 1	子管道 2	子管道 3	子管道 4	子管道 5
...	...	...	...	...	...
i_1	j_1	k_1	l_1	m_1	n_1
i_2	j_2	k_2	l_2	m_2	n_2

设管系的节点数为 N，子管道 1 为 N_1，子管道 2 为 N_2，子管道 3 为 N_3，子管道 4 为 N_4，子管道 5 为 N_5，则有 N 大于 N_1, N_2, N_3, N_4, N_5。进行矩阵组装，首先需要将各子矩阵进行扩阶，以子管道 1 为例，设扩阶前为刚度矩阵为 K，其大小为 $N_1 \times N_1$；扩阶后为 K_1，其大小为 $N \times N$。扩阶示意图如图 2-2 所示，即

$$K_1[i_1][i_1] = K[j_1][j_1], \quad K_1[i_1][i_2] = K[j_1][j_2]$$
$$K_1[i_2][i_1] = K[j_2][j_1], \quad K_1[i_2][i_2] = K[j_2][j_2]$$

以此类推，设子管道 1 与总管系有 C 个节点相对应，其对应总管系的节点为 $i[k]$，$k=1,2,\cdots,C$；对应于总管系的节点为 $j[m]$，$m=1,2,\cdots,C$，则

$$K_1[i[k]][i[m]] = K[j[k]][j[m]], \quad k=1,2,\cdots,C, m=1,2,\cdots,C$$

其中，每个元素均为 6×6 的子矩阵。

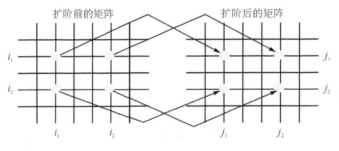

图 2-2　矩阵扩阶示意图

同理，子管道 $2,3,4,5$ 扩阶后得到的刚度矩阵为 K_2, K_3, K_4, K_5，则随后组装得到的总管系的刚度矩阵为

$$K_T = K_1 + K_2 + K_3 + K_4 + K_5 \tag{2-23}$$

同理可以得到总管系的质量矩阵 M_T 和阻尼矩阵 C_T。

2. 两根管道由弹簧连接的管系建模

设管系的节点数为 N，在没有连接两根管道前，总管系的刚度矩阵为 $[K_{T0}]$。两个子管道用弹簧连接的节点在整个管系节点号分别为 i 和 j，设 6 个自由度上的连接刚度分别为 k_x，$k_y, k_z, k_{\theta x}, k_{\theta y}, k_{\theta z}$。则两根管道连接后，所增加的刚度矩阵为 $[K_{PP}]$ 为

$$[K_{PP}] = \begin{bmatrix} \cdots & \cdots & \cdots & \cdots & \cdots \\ \cdots & [K_{ii}] & \cdots & [K_{ij}] & \cdots \\ \cdots & \cdots & \cdots & \cdots & \cdots \\ \cdots & [K_{ji}] & \cdots & [K_{jj}] & \cdots \\ \cdots & \cdots & \cdots & \cdots & \cdots \end{bmatrix}_{6N \times 6N} \tag{2-24}$$

其中，$[K_{ii}]$、$[K_{ij}]$、$[K_{ji}]$、$[K_{jj}]$ 均为 6×6 的矩阵，即

$$[\boldsymbol{K}_{ii}] = \begin{bmatrix} k_x & 0 & 0 & 0 & 0 & 0 \\ 0 & k_y & 0 & 0 & 0 & 0 \\ 0 & 0 & k_z & 0 & 0 & 0 \\ 0 & 0 & 0 & k_{\theta x} & 0 & 0 \\ 0 & 0 & 0 & 0 & k_{\theta y} & 0 \\ 0 & 0 & 0 & 0 & 0 & k_{\theta z} \end{bmatrix};$$

$$[\boldsymbol{K}_{ij}] = \begin{bmatrix} -k_x & 0 & 0 & 0 & 0 & 0 \\ 0 & -k_y & 0 & 0 & 0 & 0 \\ 0 & 0 & -k_z & 0 & 0 & 0 \\ 0 & 0 & 0 & -k_{\theta x} & 0 & 0 \\ 0 & 0 & 0 & 0 & -k_{\theta y} & 0 \\ 0 & 0 & 0 & 0 & 0 & -k_{\theta z} \end{bmatrix}$$

$$[\boldsymbol{K}_{ji}] = \begin{bmatrix} -k_x & 0 & 0 & 0 & 0 & 0 \\ 0 & -k_y & 0 & 0 & 0 & 0 \\ 0 & 0 & -k_z & 0 & 0 & 0 \\ 0 & 0 & 0 & -k_{\theta x} & 0 & 0 \\ 0 & 0 & 0 & 0 & -k_{\theta y} & 0 \\ 0 & 0 & 0 & 0 & 0 & -k_{\theta z} \end{bmatrix};$$

$$[\boldsymbol{K}_{jj}] = \begin{bmatrix} k_x & 0 & 0 & 0 & 0 & 0 \\ 0 & k_y & 0 & 0 & 0 & 0 \\ 0 & 0 & k_z & 0 & 0 & 0 \\ 0 & 0 & 0 & k_{\theta x} & 0 & 0 \\ 0 & 0 & 0 & 0 & k_{\theta y} & 0 \\ 0 & 0 & 0 & 0 & 0 & k_{\theta z} \end{bmatrix}$$

最终的管系总矩阵为

$$[\boldsymbol{K}_T] = [\boldsymbol{K}_{T0}] + [\boldsymbol{K}_{PP}] \tag{2-25}$$

2.1.4　管道系统流固耦合有限元模型求解

复杂空间管道系统流固耦合动力学求解流程如图 2-3 所示。

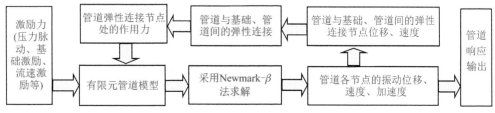

图 2-3　复杂空间管道系统流固耦合动力学求解流程

本文采用 Newmark-β 法,通过直接数值积分来求取有限元复杂空间管道流固耦合系统动力响应。对于系统的动力学方程可表示成如下统一形式:

$$[\boldsymbol{M}]\{\boldsymbol{A}\}+[\boldsymbol{C}]\{\boldsymbol{V}\}+[\boldsymbol{K}]\{\boldsymbol{X}\}=\{\boldsymbol{P}\} \tag{2-26}$$

式中,$[\boldsymbol{M}]$、$[\boldsymbol{C}]$、$[\boldsymbol{K}]$为系统惯量、阻尼、刚度矩阵;$\{\boldsymbol{X}\}$为系统的广义位移向量;$\{\boldsymbol{V}\}$为系统的广义速度向量;$\{\boldsymbol{A}\}$为系统的广义加速度向量;$\{\boldsymbol{P}\}$为系统的广义载荷向量。

Newmark-β 法的假定为

$$\begin{cases} \{\boldsymbol{X}\}_{n+1}=\{\boldsymbol{X}\}_n+\{\boldsymbol{V}\}_n\Delta t+\left(\dfrac{1}{2}-\alpha\right)\{\boldsymbol{A}\}_n\Delta t^2+\alpha\{\boldsymbol{A}\}_{n+1}\Delta t^2 \\[2mm] \{\boldsymbol{V}\}_{n+1}=\{\boldsymbol{V}\}_n+\{1-\beta\}\{\boldsymbol{A}\}_n\Delta t+\beta\{\boldsymbol{A}\}_n\Delta t \end{cases} \tag{2-27}$$

式中,α,β 为控制参数,通常 $\alpha=0.25$,$\beta=0.5$。

Newmark-β 法的求解决步骤如下:

(1)初始计算

① 形成刚度矩阵 $[\boldsymbol{K}]$、质量矩阵 $[\boldsymbol{M}]$ 及阻尼矩阵 $[\boldsymbol{C}]$。

② 获得初始值 $\{\boldsymbol{X}_0\}$,$\{\boldsymbol{V}_0\}$,$\{\boldsymbol{A}_0\}$。

③ 选择步长 Δt、参数 α,β,计算常数

$$a_0=\frac{1}{\alpha\Delta t^2}, \quad a_1=\frac{\beta}{\alpha\Delta t}, \quad a_2=\frac{1}{\alpha\Delta t}, \quad a_3=\frac{1}{2\alpha}-1,$$
$$a_4=\frac{\beta}{\alpha}-1, \quad a_5=\frac{\Delta t}{2}\left(\frac{\beta}{\alpha}-2\right), \quad a_6=\Delta t(1-\beta), \quad a_7=\beta\Delta t \tag{2-28}$$

④ 形成有效刚度矩阵 $[\tilde{\boldsymbol{K}}]=[\boldsymbol{K}]+a_0[\boldsymbol{M}]+a_1[\boldsymbol{C}]$。

⑤ 求逆矩阵 $[\tilde{\boldsymbol{K}}]^{-1}$。

(2)对于每个时间步长计算

① $n+1$ 时刻的载荷向量:

$$\{\tilde{\boldsymbol{P}}_{n+1}\}=\{\boldsymbol{P}_n\}+[\boldsymbol{M}](a_0\{\boldsymbol{X}_n\}+a_2\{\boldsymbol{V}_n\}+a_3\{\boldsymbol{A}_n\})+$$
$$[\boldsymbol{C}](a_1\{\boldsymbol{X}_n\}+a_4\{\boldsymbol{V}_n\}+a_5\{\boldsymbol{A}_n\}) \tag{2-29}$$

② 求 $n+1$ 时刻的位移、速度及加速度:

$$\{\boldsymbol{X}_{n+1}\}=[\tilde{\boldsymbol{K}}]^{-1}\{\tilde{\boldsymbol{P}}_{n+1}\} \tag{2-30}$$

$$\{\boldsymbol{A}_{n+1}\}=a_0(\{\boldsymbol{X}_{n+1}\}-\boldsymbol{X}_n\})-a_2\{\boldsymbol{V}_n\}-a_3\{\boldsymbol{A}_n\} \tag{2-31}$$

$$\{\boldsymbol{V}_{n+1}\}=\{\boldsymbol{V}_n\}+a_6\{\boldsymbol{A}_n\}+a_7\{\boldsymbol{A}_{n+1}\} \tag{2-32}$$

2.1.5　管道应力分析

1. 计算方法

如图 2-1 所示,在直管单元的局部坐标系中,单元由节点 i 和节点 j 组成,节点 i 的坐标为 $\boldsymbol{a}_i=\{u_i,v_i,w_i,\phi_i,\psi_i,\theta_i\}^{\mathrm{T}}$,节点 j 的坐标为 $\boldsymbol{a}_j=\{u_j,v_j,w_j,\phi_j,\psi_j,\theta_j\}^{\mathrm{T}}$。设

$$\boldsymbol{a}^e=\begin{Bmatrix} \boldsymbol{a}_i \\ \boldsymbol{a}_j \end{Bmatrix} \tag{2-33}$$

单元内的位移为

$$\begin{cases} u=N_1u_i+N_4u_j \\ v=N_2v_i+N_3\theta_i+N_5v_j+N_6\theta_i \\ w=N_2w_i-N_3\psi_i+N_5w_j-N_6\psi_j \\ \phi=N_1\phi_i+N_4\phi_j \end{cases} \tag{2-34}$$

则

$$\boldsymbol{u}^e = \{u \quad v \quad w \quad \phi\}^{\mathrm{T}} = \boldsymbol{N}_i \boldsymbol{a}_i + \boldsymbol{N}_j \boldsymbol{a}_j = [\boldsymbol{N}_i \quad \boldsymbol{N}_j] \begin{Bmatrix} \boldsymbol{a}_i \\ \boldsymbol{a}_j \end{Bmatrix} = \boldsymbol{N} \boldsymbol{a}^e \qquad (2-35)$$

其中，

$$\boldsymbol{N}_i = \begin{bmatrix} N_1 & 0 & 0 & 0 & 0 & 0 \\ 0 & N_2 & 0 & 0 & 0 & N_3 \\ 0 & 0 & N_2 & 0 & -N_3 & 0 \\ 0 & 0 & 0 & N_1 & 0 & 0 \end{bmatrix}, \quad \boldsymbol{N}_j = \begin{bmatrix} N_4 & 0 & 0 & 0 & 0 & 0 \\ 0 & N_5 & 0 & 0 & 0 & N_6 \\ 0 & 0 & N_5 & 0 & -N_6 & 0 \\ 0 & 0 & 0 & N_4 & 0 & 0 \end{bmatrix}$$

$$N_1 = 1 - \frac{x}{l}, \quad N_2 = 1 - \frac{3}{l^2} x^2 + \frac{2}{l^3} x^3, \quad N_3 = x - \frac{2}{l} x^2 + \frac{1}{l^2} x^3$$

$$N_4 = \frac{x}{l}, \quad N_5 = \frac{3}{l^2} x^2 - \frac{2}{l^3} x^3, \quad N_6 = -\frac{1}{l} x^2 + \frac{1}{l^2} x^3$$

单元内应变为

$$\boldsymbol{\varepsilon} = \left\{ \frac{\mathrm{d}u}{\mathrm{d}x} \quad \frac{\mathrm{d}^2 v}{\mathrm{d}x^2} \quad \frac{\mathrm{d}^2 w}{\mathrm{d}x^2} \quad \frac{\mathrm{d}\phi}{\mathrm{d}x} \right\}^{\mathrm{T}} = \boldsymbol{L}\{\boldsymbol{u}^e\} = \boldsymbol{L}\{u \quad v \quad w \quad \phi\}^{\mathrm{T}} = [\boldsymbol{B}_i \quad \boldsymbol{B}_j] \boldsymbol{a}^e = \boldsymbol{B} \boldsymbol{a}^e$$

$$(2-36)$$

其中

$$\boldsymbol{L} = \begin{bmatrix} \dfrac{\mathrm{d}}{\mathrm{d}x} & 0 & 0 & 0 \\ 0 & \dfrac{\mathrm{d}}{\mathrm{d}x^2} & 0 & 0 \\ 0 & 0 & \dfrac{\mathrm{d}}{\mathrm{d}x^2} & 0 \\ 0 & 0 & 0 & \dfrac{\mathrm{d}}{\mathrm{d}x} \end{bmatrix}, \quad \boldsymbol{B}_i = \boldsymbol{L}\boldsymbol{N}_i = \begin{bmatrix} a_i & 0 & 0 & 0 & 0 & 0 \\ 0 & b_i & 0 & 0 & 0 & c_i \\ 0 & 0 & b_i & 0 & -c_i & 0 \\ 0 & 0 & 0 & a_i & 0 & 0 \end{bmatrix}$$

$$\boldsymbol{B}_j = \boldsymbol{L}\boldsymbol{N}_j = \begin{bmatrix} a_j & 0 & 0 & 0 & 0 & 0 \\ 0 & b_j & 0 & 0 & 0 & c_j \\ 0 & 0 & b_j & 0 & -c_j & 0 \\ 0 & 0 & 0 & a_j & 0 & 0 \end{bmatrix}$$

$$a_i = -a_j = -\frac{1}{l}, \quad b_i = -b_j = -\frac{6}{l^2} + \frac{12}{l^3} x$$

$$c_i = -\frac{4}{l} + \frac{6}{l^2} x, \quad c_j = -\frac{2}{l} + \frac{6}{l^2} x$$

令 $\boldsymbol{D} = \begin{bmatrix} EA & 0 & 0 & 0 \\ 0 & EI & 0 & 0 \\ 0 & 0 & EI & 0 \\ 0 & 0 & 0 & GJ \end{bmatrix}$，则各截面内力为

$$\{\boldsymbol{F}^e\} = \{\boldsymbol{N}_x, \boldsymbol{M}_z, \boldsymbol{M}_y, \boldsymbol{T}_x\}^{\mathrm{T}} = [\boldsymbol{D}]\{\boldsymbol{\varepsilon}\} \qquad (2-37)$$

2. 单元各截面的应力求解

单元各截面的应力计算步骤如下。

(1) 得到总体坐标系下单元节点位移向量 $a'^e = \begin{Bmatrix} \bar{a}_i \\ \bar{a}_j \end{Bmatrix}$。

(2) 得到局部坐标系下单元节点位移向量 $a^e = \begin{bmatrix} \lambda & 0 & 0 & 0 \\ 0 & \lambda & 0 & 0 \\ 0 & 0 & \lambda & 0 \\ 0 & 0 & 0 & \lambda \end{bmatrix} a'^e = \begin{Bmatrix} a_i \\ a_j \end{Bmatrix}$。

(3) 得到各截面应变矩阵 $[\boldsymbol{B}]$。

(4) 得到应变 $\{\varepsilon\} = [\boldsymbol{B}]\{a^e\}$。

(5) 得到各截面内力 $\{\boldsymbol{F}^e\} = \{N_x \quad M_z \quad M_y \quad T_x\}^{\mathrm{T}} = [\boldsymbol{D}]\{\varepsilon\}$。

(6) 计算各截面应力。其中 N_x, M_z, M_y, T_x 分别为管道轴向拉力、绕 z 轴的力矩、绕 y 轴的力矩、绕 x 轴的扭矩。由材料力学计算公式不难计算出截面中的应力。

(7) 对于管道,假设其外表面一点的应力状态为平面两向应力状态,即设沿管长方向为 X 向,垂直于管长方向为 Y 向和 Z 向,X 向为管轴向,Y 向为管径向,Z 向为管径向。忽略 Z 向的应力和 YOZ、XOZ 截面的剪应力,则管道在 XOY 截面内为平面三向应力状态,及轴向应力 σ_x、周向应力 σ_y、XY 平面剪应力 τ_{xy}。

① σ_x:包括由于管道内压引起的轴向应力、由于管道弯曲引起的轴向应力、由于轴向力引起的轴向应力。

② σ_y:包括由于管道内压引起的周向应力。

③ τ_{xy}:包括由于管道受到扭转力矩引起的截面剪切应力。

④ 由于管道内压产生的径向应力很小,故可以忽略。

具体求解方法如下。

针对圆截面管道,其截面的局部坐标如图 2-4 所示。对于某截面,将其圆周等分为 N 等分,在弯矩 M_y 和 M_z 的作用下,圆周每个点上的弯曲应力,即 x 向的轴向应力将不相同。设管道内外径分别为 D_1 和 D_0,截面惯性矩为 I,极惯性矩为 I_p。

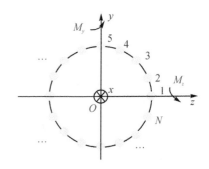

图 2-4 圆截面管道的截面局部坐标

① 在弯矩 M_y 的作用下,产生的轴向应力为

$$\sigma_{xMyi} = -\frac{z_i \times M_y}{I}, \quad i = 1, 2, \cdots, N \tag{2-38}$$

② 在弯矩 M_z 的作用下,产生的轴向应力为

$$\sigma_{xMzi} = -\frac{y_i \times M_z}{I}, \quad i = 1, 2, \cdots, N \tag{2-39}$$

③ 在扭矩 M_x 的作用下,产生的剪切应力为

$$\sigma_{xyMxi} = \frac{\dfrac{D_0}{2} \times M_x}{I_p}, \quad i=1,2,\cdots,N \tag{2-40}$$

④ 管道内压引起的应力计算：

对于薄壁管道，外径与内径之比小于 1.2，管道内压引起的轴向应力和周向应力分别为

$$\sigma_{xPi} = \frac{P(D_0 + D_1)/2}{2(D_0 - D_1)}, \quad i=1,2,\cdots,N \tag{2-41}$$

$$\sigma_{yPi} = \frac{P(D_0 + D_1)/2}{(D_0 - D_1)}, \quad i=1,2,\cdots,N \tag{2-42}$$

对于厚壁管道，外径与内径之比大于等于 1.2，管道内压引起的轴向应力和周向应力分别为

$$\sigma_{xPi} = \frac{PD_1^2}{(D_0^2 - D_1^2)}, \quad i=1,2,\cdots,N \tag{2-43}$$

$$\sigma_{yPi} = \frac{2PD_1^2}{(D_0^2 - D_1^2)}, \quad i=1,2,\cdots,N \tag{2-44}$$

最终可以得到圆周上每点 i 的应力，即

① 对于圆周上每点 i 的轴向应力为

$$\sigma_{xi} = \sigma_{xMyi} + \sigma_{xMzi} + \sigma_{xPi}, \quad i=1,2,\cdots,N \tag{2-45}$$

② 对于圆周上每点 i 的周向应力为

$$\sigma_{yi} = \sigma_{yPi}, \quad i=1,2,\cdots,N \tag{2-46}$$

③ 对于圆周上每点 i 的剪切应力为

$$\sigma_{xyi} = \sigma_{xyMxi}, \quad i=1,2,\cdots,N \tag{2-47}$$

3. 当量应力计算

对截面圆周每个点，分别求出第一、第二、第三主应力。

首先，求出 XOY 平面的最大正应力和最小正应力。

$$\sigma_{\max} = \frac{\sigma_x + \sigma_y}{2} + \sqrt{\left(\frac{\sigma_x - \sigma_y}{2}\right)^2 + \tau_{xy}^2} \tag{2-48}$$

$$\sigma_{\min} = \frac{\sigma_x + \sigma_y}{2} - \sqrt{\left(\frac{\sigma_x - \sigma_y}{2}\right)^2 + \tau_{xy}^2} \tag{2-49}$$

然后，求出主应力。

① 如果 $\sigma_{\max} > \sigma_{\min} > 0$，则 $\sigma_1 = \sigma_{\max}$，$\sigma_2 = \sigma_{\min}$，$\sigma_3 = 0$。

② 如果 $\sigma_{\min} < \sigma_{\max} < 0$，则 $\sigma_1 = 0$，$\sigma_2 = \sigma_{\max}$，$\sigma_3 = \sigma_{\min}$。

③ 如果 $\sigma_{\max} > 0$ 且 $\sigma_{\min} < 0$，则 $\sigma_1 = \sigma_{\max}$，$\sigma_2 = 0$，$\sigma_3 = \sigma_{\min}$。

对截面圆周的每个点，根据四个强度理论，由计算得到的三个主应力计算出相当应力 σ_r。

$$\begin{cases} \sigma_{r_1} = \sigma_1 \\ \sigma_{r_2} = \sigma_1 - \mu(\sigma_2 + \sigma_3) \\ \sigma_{r_3} = \sigma_1 - \sigma_3 \\ \sigma_{r_4} = \sqrt{\dfrac{1}{2}\left[(\sigma_1 - \sigma_2)^2 + (\sigma_2 - \sigma_3)^2 + (\sigma_3 - \sigma_1)^2\right]} \end{cases} \tag{2-50}$$

其中,第一强度理论为最大拉应力理论,第二强度理论为最大伸长线应变理论,第三强度理论为最大剪应力理论,第四强度理论为形状改变能理论。铸铁、石料、混凝土、玻璃等脆性材料通常以断裂的形式失效,宜采用第一和第二强度理论。碳钢、铜铝等塑性材料通常以屈服的形式失效,宜采用第三和第四强度理论。

2.2 飞机管路系统的激励模型

在实际飞机管路系统中存在许多类型的外部激励力,导致管路系统产生较大的静态和动态变形和应力,构成了破坏管路结构的重要因素。本文将管路系统的激励模型分为温度载荷、管道内压、基础静变形、基础正弦激励、基础随机激励、管道流体周期压力脉动激励、流量瞬态冲击、均布载荷等。本章建立的飞机管路激励力模型将为仿真分析管路系统的振动提供基础。

2.2.1 温度载荷

设管路系统已经被离散为有限个单元,将温度载荷简化为管道单元的节点力,设在管道局部坐标系中,X 为管道轴线方向,单元 K 的温度变化为 ΔT,则作用在节点 i 和节点 j 的节点力分别为

$$\begin{cases} \boldsymbol{F}_{ix} = -EA\alpha\Delta T \\ \boldsymbol{F}_{jx} = EA\alpha\Delta T \end{cases} \tag{2-51}$$

其中,E 为管道弹性模量,Pa;A 为管道截面积,m^2;α 为管道材料平均线膨胀系数,10^{-6} mm/(mm·℃)。

上述为局部坐标下的节点力,需要变换到全局坐标下,作为全局坐标下的节点激励力。

2.2.2 管道内压载荷

静态压力为系统的稳态工作压力,直管可视为圆柱形压力容器,管道在内压下将产生轴向和周向应力,静态压力引起的导管应力可按常规方法计算。

1. 轴向应力

直导管的轴向应力为

$$\sigma_A = \frac{P \cdot d^2}{D^2 - d^2} \tag{2-52}$$

式中,σ_A 为轴向应力,Pa;P 为液体压力,Pa;d 为导管内径,m;D 为导管外径,m;δ 为导管壁厚,m。

2. 周向应力

周向应力 σ_t 可按薄壁和厚壁计算。

当壁厚 $\delta \leqslant 0.1d$ 时,用薄壁计算法 σ_t 为

$$\sigma_t = \frac{P \cdot d}{2\delta} \tag{2-53}$$

当壁厚 $\delta > 0.1d$ 时,用厚壁计算法 σ_t 为

$$\sigma_t = \frac{P \cdot (D^2 + d^2)}{D^2 - d^2} \tag{2-54}$$

2.2.3 基础激励

发动机振动通过安装节传给飞机结构,进而传到液压系统管道。发动机振动也可以通过液压泵直接传给连接在泵上面的导管。发动机开车后由于发动机推力,在发动机和结构之间会产生相对位移,因此,发动机和飞机结构之间的连接导管也会承受相当大的载荷。在喷气飞机上,发动机是主要的振源,它的基频在 250 Hz 以内。对于一个固定的系统,其共振频率有很多个,当激励频率接近其中的任何一个时都会发生共振。共振频率的阶数越低振动越大,理论上无阻尼共振的振幅趋于无穷大,实际上充满油液的导管本身具有相当的阻尼作用,所以共振的影响并不那么强烈。但若强迫振动过于强烈,导管会很快被破坏。

管道在基础激励下的动力学模型如图 2-5 所示。

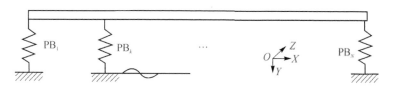

图 2-5 管道在基础激励下的动力学模型

设管道与基础间的弹性支承 $PB_k(k=1,2,\cdots,N)$,设管道第 i 个节点与弹性支承 $PB_k(k=1,2,\cdots,N)$ 相连,支承的连接刚度为 k_x,k_y,k_z。连接阻尼为 c_x,c_y,c_z,设管道第 i 个节点的振动位移为 x_{pi},y_{pi},z_{pi},振动速度为 $\dot{x}_{pi},\dot{y}_{pi},\dot{z}_{pi}$;管道第 k 个支承 $PB_k(k=1,2,\cdots,N)$ 的基础运动位移为 x_{Bk},y_{Bk},z_{Bk},速度为 $\dot{x}_{Bk},\dot{y}_{Bk},\dot{z}_{Bk}$,则作用在管道节点 i 上的力 F_{xi},F_{yi},F_{zi} 为

$$\begin{cases} F_{xi}=-k_x(x_{pi}-x_{Bk})-c_x(\dot{x}_{pi}-\dot{x}_{Bk}) \\ F_{yi}=-k_y(y_{pi}-y_{Bk})-c_y(\dot{y}_{pi}-\dot{y}_{Bk}) \\ F_{zi}=-k_z(z_{pi}-z_{Bk})-c_z(\dot{z}_{pi}-\dot{z}_{Bk}) \end{cases} \tag{2-55}$$

1. 基础静位移

管道支承基础发生静位移,管道系统上将产生静变形和静应力。通过在管道支承上施加静位移,一方面可以模拟实际飞机上由于结构的静变形而导致安装在其上的管道系统产生的变形和应力;另一方面可以模拟由于管道装配偏差导致的管道装配应力。

2. 基础正弦激励

可以将弹性支承的运动位移简化为简谐正弦激励,用以模拟发动机转速频率对飞机管路系统的激励。发动机舱的载荷曲线如图 2-6 所示。例如,设置管道的激振频率为 150 Hz,得出管道的位移的振幅为 0.21 mm。

3. 基础随机激励

(1)飞机发动机舱的功率谱密度函数

在发动机舱内,更多的情况是随机激励,描述随机激励的方法通常用功率谱密度,图 2-7 为某飞机发动机舱的典型随机载荷谱。

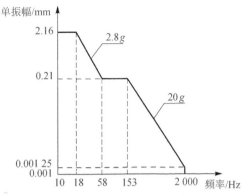

图 2-6 发动机舱的载荷曲线

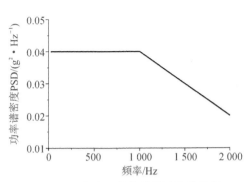

图 2-7 发动机舱的典型随机载荷谱

（2）基于功率谱密度函数的时域样本生成

为了在时域通过数值仿真计算管道在随机激励下的振动响应，需要通过飞机载荷谱得到随机激励时域样本。事实上，功率谱密度函数的获取是对时域采样信号通过周期图法估计而获得的，其计算核心是 FFT（快速傅里叶变换）。显然可以通过对已经拟合好的功率谱函数的IFFT（快速傅里叶逆变换）反过来模拟时域样本。

1）估计功率谱密度的直接傅氏变换法（周期图法）——Blackman-Turkey 法

首先介绍由时间序列估计功率谱密度的 Blackman-Turkey 法。设时间序列 $\{x_s\}$, $s=0$, $1,\cdots,N-1$，记录长度 $T=N\Delta$，Δ 为时间间隔，相关函数的时迟 $\tau=r\Delta$ 也为离散值，则

$$R_{xx}(\tau)=\frac{1}{T}\int_0^T x(t)x(t+\tau)\,\mathrm{d}t$$

所以

$$R_r=R_{xx}(\tau=r\Delta)=\frac{1}{N}\sum_{s=0}^{N-1}x_s x_{s+r}, \quad r=0,1,\cdots,N-1 \tag{2-56}$$

式中 $x_s\equiv x(s\Delta)$。

则

$$S_{xx}(f)\Leftrightarrow R_{xx}(\tau)\Rightarrow S_{xx}(k)=\frac{1}{T}S_{xx}\left(f=k\frac{1}{T}\right)=\frac{1}{N}\sum_{r=0}^{N-1}R_r\mathrm{e}^{-\mathrm{i}\left(k\cdot\frac{2\pi}{N}\right)r} \tag{2-57}$$

所以

$$\begin{aligned}
S_{xx}(k)&=\frac{1}{N}\sum_{r=0}^{N-1}\left\{\frac{1}{N}\sum_{s=0}^{N-1}x_s x_{s+r}\right\}\mathrm{e}^{-\mathrm{i}\left(k\cdot\frac{2\pi}{N}\right)r}\\
&=\left\{\frac{1}{N}\sum_{s=0}^{N-1}x_s\mathrm{e}^{\mathrm{i}\left(k\cdot\frac{2\pi}{N}\right)s}\right\}\left\{\frac{1}{N}\sum_{r=0}^{N-1}x_{s+r}\mathrm{e}^{-\mathrm{i}\left(k\cdot\frac{2\pi}{N}\right)(s+r)}\right\}
\end{aligned} \tag{2-58}$$

令 $j=r+s$，则

$$\sum_{r=0}^{N-1}x_{s+r}\mathrm{e}^{-\mathrm{i}\left(k\cdot\frac{2\pi}{N}\right)(s+r)}=\sum_{j=s}^{(N-1)+s}x_j\mathrm{e}^{-\mathrm{i}\left(k\cdot\frac{2\pi}{N}\right)j} \tag{2-59}$$

又因为对离散傅里叶变换，时间序列 $\{x_s\}$ 已离散周期化，周期为 N，所以

$$\sum_{j=s}^{(N-1)+s}x_j\mathrm{e}^{-\mathrm{i}\left(k\cdot\frac{2\pi}{N}\right)j}=\sum_{j=0}^{N-1}x_j\mathrm{e}^{-\mathrm{i}\left(k\cdot\frac{2\pi}{N}\right)j} \tag{2-60}$$

将式（2-59）、式（2-60）代入式（2-58）得

$$S_{xx}(k) = \left\{ \frac{1}{N} \sum_{s=0}^{N-1} x_s e^{i\left(k \cdot \frac{2\pi}{N}\right)s} \right\} \left\{ \frac{1}{N} \sum_{j=0}^{N-1} x_j e^{-i\left(k \cdot \frac{2\pi}{N}\right)j} \right\}$$

$$= \frac{1}{N^2} \left| \mathrm{DFT}[x_s] \right|^2$$

$$= \frac{1}{N^2} [X_k^* X_k] \tag{2-61}$$

式中，X_k 为时间序列 x_s 的频谱，$s = 0, 1, \cdots, N-1$，$k = 0, 1, \cdots, N-1$。

2）随机样本模拟方法的构造

由上述介绍的估计功率谱密度的周期图法可知，功率谱密度在离散采样点上的值与信号的频谱有一个确定的关系。如果能够在功率谱密度函数上离散采样，构造出频谱 X_k，然后再对其进行 IFFT 即可得到时域的模拟随机样本函数 $x(t)$。此方法实施的步骤介绍如下。

① 功率谱密度函数（见图 2-8）均为单边谱，首先要将其转化为双边形式的功率谱 $S_x(f)$。设须模拟的时间序列总时间为 T_s，时间间隔为 Δ，则时域和频域采样点数为 $N_r = T_s/\Delta$，频域采样间隔为 $\Delta f = 1/T_s$。众所周知，由周期图法估计出的功率谱具有周期性，且为偶对称序列，周期图法也由此而得名。设功率谱有效频率段上截止频率为 $f_u(\omega_u)$、下截止频率为 $f_l(\omega_l)$，则有效频率段内的采样点数为 $N_f = (f_u - f_l)/\Delta f$，又设 $N_0 = f_1/\Delta f$，则 $1 \sim N_0$ 采样点值为 0。若 $N_0 + N_f < \frac{N_r}{2} + 1$，则 $N_f \sim \frac{N_r}{2} + 1$ 的采样点值记为 0；若 $N_f > \frac{N_r}{2} + 1$，则可增大 T_s 以满足 $N_0 + N_f < \frac{N_r}{2} + 1$。于是得到功率谱 $S_x(f)$ 的 $\frac{N_r}{2} + 1$ 个离散采样点值 $S_x(f = k\Delta f)$，$k = 1, 2, \cdots, \frac{N_r}{2} + 1$。最后再以此形成以 $\frac{N_r}{2} + 1$ 为对称中心的偶对称序列 $S_x(f = k\Delta f)$，$k = 1, 2, \cdots, N_r$。

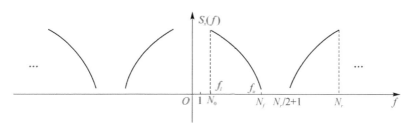

图 2-8　功率谱密度函数

② 由式（2-61）可知，时域序列的频谱模值为

$$|X(k)| = |\mathrm{DFT}[x(n)]|$$

$$= \sqrt{N_r^2 \times S_k(k)}$$

$$= N_r \sqrt{S_k(k)}$$

$$= N_r \sqrt{S_x(f = k\Delta f)\Delta f}, \quad k = 1, 2, \cdots, N_r \tag{2-62}$$

③ 由式（2-62）给定了序列 $x(n)$ 的频谱 $X(k)$ 的模值，下一步需要产生 $X(k)$ 的相位，由于时间序列 $x(n)$ 为一随机过程，其频谱相位一定具有随机性。

设 ξ_n 为独立相位序列，它的各分量均值为零。因为实序列的 FFT 为复序列（实部偶对

称,虚部奇对称),所以 ξ_n 应为复数,且有 $|\xi_n|=1$,故设

$$\xi_n = \cos \Phi_n + \mathrm{i} \sin \Phi_n = \mathrm{e}^{\mathrm{i}\Phi_n}$$

式中,Φ_n 在区间 $(0,2\pi)$ 上服从均匀分布。

又因为 $X(k)$ 的实部关于 $\dfrac{N_r}{2}+1$ 偶对称,虚部 $\dfrac{N_r}{2}+1$ 奇对称,所以只须求出频谱 $X(k)$,

$k=1,2,\cdots,\dfrac{N_r}{2}+1$,即由式(2-62)可得

$$X(k)=\xi(k)\,|X(k)|=N_r\xi(k)\,\sqrt{S_x(f=k\Delta f)\Delta f}\,,\quad k=1,2,\cdots,\dfrac{N_r}{2}+1$$

显然由对称条件容易得到 $X(k)$。

④ 将得到的复序列 $X(k)$ 进行 IFFT 可得

$$x(n)=\frac{1}{N_r}\sum_{k=1}^{N_r}X(k)\mathrm{e}^{\frac{\mathrm{i}2\pi kn}{N_r}}\,,\quad n=1,2,\cdots,N_r \tag{2-63}$$

3)模拟出的时域样本

根据图 2-8 所示的功率谱密度函数,模拟出的时域样本如图 2-9 所示。

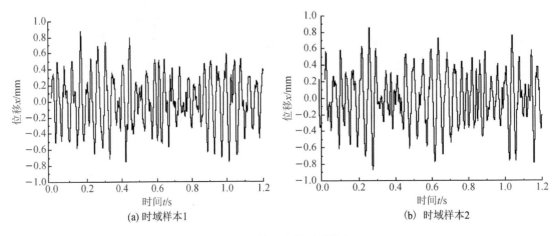

(a) 时域样本1　　　　　　　　　　(b) 时域样本2

图 2-9　模拟出的时域样本

2.2.4　管道流体压力脉动

1. 由流体压力脉动引起管道振动的原因

(1) 弯　管

设管道通流面积为 S,弯管的弯角为 β,流体脉动压力值为 ΔP,如图 2-10 所示,则沿弯管分角线上的交变合力为

$$F=2S\Delta P\sin\frac{\beta}{2} \tag{2-64}$$

这就是由于脉动压力引起的作用在弯管上的激振力的大小。由式(2-64)能看出 F 随弯角 β 的增大而增大。对于直角($\beta=90°$),此时

$$F=\sqrt{2}\,S\Delta P \tag{2-65}$$

（2）异径管

设管道流通面积分别为 S_1 和 S_2，如图 2 - 11 所示，则交变合力为

$$F = \Delta P(S_1 - S_2) \tag{2-66}$$

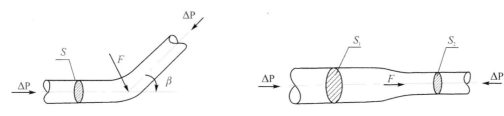

图 2 - 10　弯管处引起的激振力　　　　　　图 2 - 11　异径管处引起的激振力

2. 周期性压力脉动激励

激振力 F 随时间呈周期性变化，导致管道受迫振动。这种激振力作用下的振动响应可通过改变管道结构和布置来尽量降低。比如，① 在设计布管时应使管道的走向尽量平直，尽可能缩短管长，减少弯头与异径管等管道元件的数量；② 增加支吊架或改变管路走向，避开共振管长；③ 在需要转弯处，力求使转角 β 小一些，弯管的曲率半径则尽量大一些；④ 可通过增设管架或增大管道直径或厚度（但必须保证强度与工艺要求）增大管系刚度、质量来改变机械振动频率。

若管道中的压力无波动，则流体在弯头或者阀门处对管道的冲击力为恒定值，在这一静力作用下管道将在静力方向上产生静位移或变形，不会使管道产生振动。间歇性加压造成了流体压力脉动，进而引起管道的振动。由于间隙加压，管道内压力在平均值附近上下脉动（或波动），就会产生压力脉动。在经过管道弯曲部位、直径变化部位或者经过控制阀等位置时，压力脉动就会产生随时间而周期性变化的激振力。管道系统的振动就是通过这些激振力激发的。压力脉动的幅度大小用压力不均匀度表示

$$\beta' = \frac{P_{\max} - P_{\min}}{P_0} \times 100\% \tag{2-67}$$

式中，$P_{\max}$ 为最大脉动压力；$P_{\min}$ 为最小脉动压力；P_0 为平均压力。

$$P_0 = \frac{P_{\max} + P_{\min}}{2} \tag{2-68}$$

则压力脉动幅值为

$$\Delta P = \frac{P_{\max} - P_{\min}}{2} = \frac{1}{2} P_0 \beta' \tag{2-69}$$

从式（2 - 69）可以看出，当压力脉动不均匀度越大时，流体在管道中的压力脉动幅值也越大，在弯头、阀门和盲板以及异径管处产生的激振力幅值也越大，管道振动也越激烈。

在国内，压力脉动不均匀度还没有明确的标准，根据美国国家标准规定，管道内压力不均匀度的许用值为

$$[\beta'] = \frac{3.97}{\sqrt{P_0 d f}} \tag{2-70}$$

其中，d 为管道内径，mm；f 为激振频率，Hz。

3. 流量冲击载荷

管道流量冲击将产生水锤效应，水锤是管道瞬变流动中的一种压力波，它的产生是由于管

道中某一截面的流速发生了改变。这种改变可能是正常的流量调节，或因事故使管道堵塞，从而使该处压力产生突然的跃升或下降，这种压力波的瞬变称为水锤。例如，一输水管道，管内流速为 V_0，倘若由于某种原因阀门突然瞬间关闭，则阀门处流速突然滞止为零，阀前出现突然的压力升高，称为正水锤，而阀后出现突然的压力下降，称为负水锤。这种突然的压力升高或压力降低的数值称为水锤压力，其绝对值以 ΔP 表示，它以速度 α 向整个管道传播。在压力波遇到弯头等管道转向处，水锤压力将作用于管道，使管道发生剧烈振动。此外，当水锤压力过大时管道还可能由于压力过高而发生爆裂。

按照水锤理论，假设 L 为管道长度(m)，α 为波速(m/s)，如果阀门关闭时间 T_V 小于 $2L/\alpha$，这时产生的水锤最大，称为直接水锤，这时的水锤压力 ΔP 为

$$\Delta P = 10^{-6}\rho\alpha\Delta V = 10^{-6}\rho\alpha\Delta Q/A_s \tag{2-71}$$

式中，ΔP 为水锤压力，MPa；ρ 为流体密度，kg/m³；ΔV 为流速的瞬间变化量，m/s；ΔQ 为流量的瞬间变化量，l/min；A_s 为管道截面积，m²；α 为水锤传播的速度，m/s。

α 可按式(2-72)求得

$$\alpha = 10^3 \times \sqrt{\frac{K/\rho}{1+\frac{KD_i}{Et}}} \tag{2-72}$$

式中，K 为液体的体积弹性模量，MPa；ρ 为液体密度，kg/m³；D_i 为管道内径，mm；E 为管道材料弹性模量，MPa；t 为管道壁厚，mm。

在仿真计算中，根据流量的变化得到管道中液体的压力的冲击时域样本数据，在时域数值积分过程中，根据压力的瞬时变化得到作用于管道弯头处的瞬时冲击力，并最终得到管道流量冲击下的振动响应及应力变化。

流量瞬时变化如表2-2所列，其示意图如图2-12所示。表2-3和表2-4为两个模拟的流量冲击曲线，图2-13为模拟得到的流量冲击曲线。

表2-2　管道流量瞬时变化

时刻	0	t_1	t_2	t_3	t_4
流量	Q_1	Q_1	Q_2	Q_3	Q_4

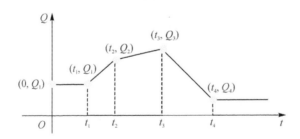

图2-12　管道流量变化示意图

表2-3　管道流量变化模拟冲击曲线1

时刻	t_1	t_2	t_3	t_4
冲击时刻/s	0.1	0.11	0.2	0.3
流量/(l/min)	10	50	50	10

表 2 - 4　管道流量变化模拟冲击曲线 2

时刻	t_1	t_2	t_3	t_4
冲击时刻/s	0	0.01	0.011	0.012
流量/(l/min)	10	10	50	10

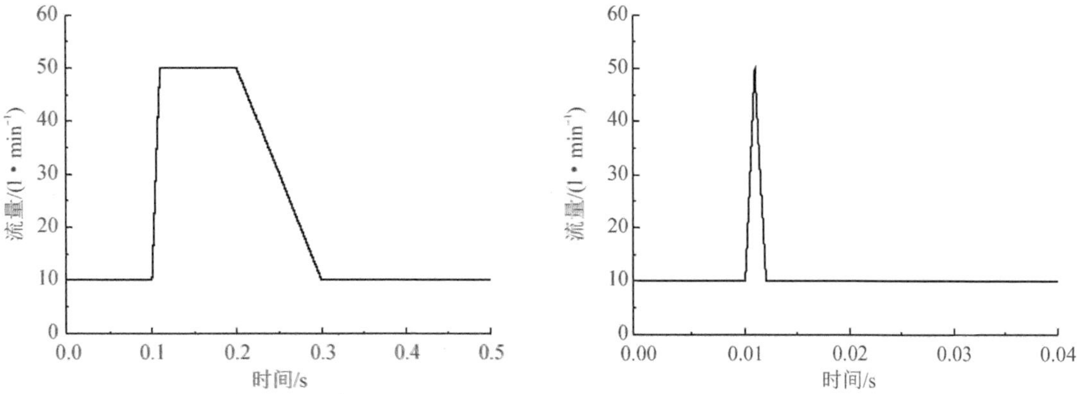

(a) 流量冲击曲线1

(b) 流量冲击曲线2

图 2 - 13　模拟得到的流量冲击曲线

4. 管道压力脉动激励力的坐标变换

对管道上的某一节点进行受力分析,在局部坐标系下,管道受到的激振力分别为 $(R_{x1},0,0)$ 和 $(-R_{x2},0,0)$,管道的局部坐标系和整体坐标系如图 2 - 1 所示,通过坐标变换可以得出在整体坐标系下,该节点的脉动压力沿 X,Y 和 Z 三个方向的力分别为

$$\begin{bmatrix} \bar{R}_{1x} \\ \bar{R}_{1y} \\ \bar{R}_{1z} \end{bmatrix} = [\boldsymbol{\lambda}_1]^{\mathrm{T}} \begin{bmatrix} R_{x1} \\ 0 \\ 0 \end{bmatrix} \tag{2-73}$$

$$\begin{bmatrix} \bar{R}_{2x} \\ \bar{R}_{2y} \\ \bar{R}_{2z} \end{bmatrix} = [\boldsymbol{\lambda}_2]^{\mathrm{T}} \begin{bmatrix} -R_{x2} \\ 0 \\ 0 \end{bmatrix} \tag{2-74}$$

$$\begin{bmatrix} \bar{R}_x \\ \bar{R}_y \\ \bar{R}_z \end{bmatrix} = [\boldsymbol{\lambda}_1]^{\mathrm{T}} \begin{bmatrix} R_{x1} \\ 0 \\ 0 \end{bmatrix} + [\boldsymbol{\lambda}_2]^{\mathrm{T}} \begin{bmatrix} -R_{x2} \\ 0 \\ 0 \end{bmatrix} \tag{2-75}$$

$$R_{x1} = S_1 \Delta P = \frac{1}{4}\pi d_1^2 \Delta P, \quad R_{x2} = S_2 \Delta P = \frac{1}{4}\pi d_2^2 \Delta P \tag{2-76}$$

ΔP 是管道内压力变化量,压力不均匀度 $\beta' = \dfrac{\Delta P}{P}$,$S_1$ 和 S_2 分别为节点两端的管道流通面积,d_1 和 d_2 分别为管道两端的直径。$[\boldsymbol{\lambda}_1]$ 和 $[\boldsymbol{\lambda}_2]$ 分别为节点左右的管道单元的坐标变换矩阵。

2.2.5　均布载荷

将均布载荷简化为管道单元的节点力,设在管道局部坐标系中,x 为管道轴线方向,y 和 z 分别为管道径向。单元 K 的均布载荷分别为 f_x, f_y, f_z,则作用在节点 i 的节点力为

$$
\begin{cases}
F_{ix} = f_x \times \dfrac{l}{2} \\[2mm]
F_{iy} = f_y \times \dfrac{l}{2} \\[2mm]
F_{iz} = f_z \times \dfrac{l}{2} \\[2mm]
F_{i\theta x} = 0 \\[2mm]
F_{i\theta y} = -f_z \times \dfrac{l^2}{12} \\[2mm]
F_{i\theta z} = f_y \times \dfrac{l^2}{12}
\end{cases}
\tag{2-77}
$$

作用在节点 j 的节点力为

$$
\begin{cases}
F_{jx} = f_x \times \dfrac{l}{2} \\[2mm]
F_{jy} = f_y \times \dfrac{l}{2} \\[2mm]
F_{jz} = f_z \times \dfrac{l}{2} \\[2mm]
F_{j\theta x} = 0 \\[2mm]
F_{j\theta y} = f_z \times \dfrac{l^2}{12} \\[2mm]
F_{j\theta z} = -f_y \times \dfrac{l^2}{12}
\end{cases}
\tag{2-78}
$$

2.3　飞机管路系统卡箍优化研究

在管道系统已经定型时,走向和结构基本无法改变,可以在管道的适当位置安装固定支撑来增加管道系统的刚性,从而增大其固有频率,使固有频率避开其激振频率从而避免共振的发生。由于共振频率的阶数越低,位移振动越大,因此,需要对管道合理施加卡箍,提高管道系统的基频(即第一阶固有频率)。本文以提高管路系统第一阶固有频率为目标,提出了一种基于管路系统模态位移的飞机管路系统卡箍自动优化的方法,并进行了方法验证。

2.3.1　管道系统模态分析理论

在对管道进行模态分析时,不考虑阻尼和外载荷的影响,因此,管道系统的自由振动方程为

$$
\boldsymbol{M}\ddot{\boldsymbol{a}}(t) + \boldsymbol{K}\boldsymbol{a}(t) = 0
\tag{2-79}
$$

其中,M 和 K 分别为管道系统的质量和刚度矩阵。它的解可以假设为以下形式:

$$a = \varphi \sin \omega (t - t_0) \tag{2-80}$$

其中,φ 是 n 阶向量;ω 是向量 φ 的振动频率;t 是时间变量;t_0 是由初始条件确定的时间常数。将解代入动力学方程就得到一个广义特征值问题,即

$$K\varphi - \omega^2 M\varphi = 0 \tag{2-81}$$

求解以上方程可以确定 φ 和 ω,得到 n 个特征解 (ω_1^2, φ_1),(ω_2^2, φ_2),$\cdots$,(ω_n^2, φ_n),其中特征值 $\omega_1, \omega_2, \cdots, \omega_n$ 代表系统的 n 个固有频率,特征向量 $\varphi_1, \varphi_2, \cdots, \varphi_n$ 代表系统的 n 个固有振型。

2.3.2　卡箍位置的灵敏度分析

1. 简单直管分析

（1）两端固定的情形

图 2-14(a)所示为所研究的一段直管,导管外径为 6 mm,导管壁厚为 1 mm。设导管密度为 7 850 kg/m³,杨氏模量为 2.07×10^{11} N/m²,泊松比为 0.3。导管长度为 0.2 m。管道被离散为 11 个单元,12 个节点,其中节点 1 和节点 12 为管道两端,均为固定支撑。

在管道中间,从节点 2 到节点 11,逐一施加一个卡箍,卡箍的刚度仅仅考虑三个方向的线刚度,即沿 x,y,z 三个方向存在线刚度,绕 x,y,z 方向的角刚度为 0。为了最大限度地提高管道基频,需要研究卡箍位置对提高管道基频的灵敏度,即得到在管道上施加卡箍的最优位置。表 2-5 所列为在不同位置施加不同卡箍刚度得到的管道基频。图 2-14(b)所示为该直管的模态分析结果。图 2-15 为第 1 阶振型中各个节点的无量纲振型位移,图 2-16 为不同卡箍位置和刚度下的管道基频。从计算结果得出如下结论。

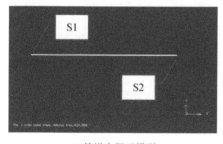

(a) 管道有限元模型

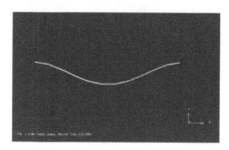

(b) 管道第 I 阶振型

图 2-14　管道模型及模态分析结果 1

表 2-5　在不同位置施加不同卡箍刚度得到的管道基频

单位:Hz

卡箍位置	卡箍刚度				
	10^8 N/m	10^7 N/m	10^6 N/m	10^5 N/m	10^4 N/m
不加	124.08				
2	143.17	142.42	137.22	127.49	124.49
3	170.10	169.70	166.00	146.82	128.07
4	206.67	206.33	202.98	178.51	136.39

卡箍位置	卡箍刚度				
	10^8 N/m	10^7 N/m	10^6 N/m	10^5 N/m	10^4 N/m
5	257.81	257.46	253.98	221.51	147.19
6	323.01	322.82	320.83	278.08	155.37
7	323.01	322.82	320.83	278.08	155.37
8	257.81	257.46	253.98	221.51	147.19
9	206.67	206.33	202.98	178.51	136.39
10	170.10	169.70	166.00	146.82	128.07
11	143.17	142.42	137.22	127.49	124.49

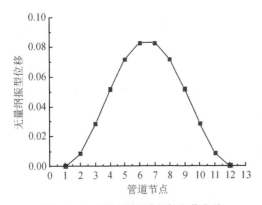

图 2 - 15　第 1 阶振型中各个节点的
无量纲振型位移

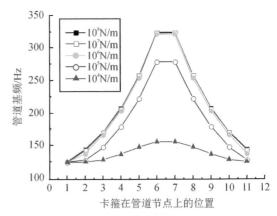

图 2 - 16　不同卡箍位置和
刚度下的管道基频

① 无量纲振型位移最大的节点是施加单个卡箍的最优位置。

② 卡箍的刚度在 10^6 N/m 以上,计算结果基本接近,即可以认为是固定支撑。

(2) 有三个固定点的情形

在两端固定的情况下得到最优卡箍位置为第 1 阶振型位移最大处,在该处设置一个固定点,即设定好已经优化的一个卡箍。为了进一步提高管道基频,需要继续增加卡箍,现在需要解决如何以最少的卡箍最大限度地提高管道基频的问题。

图 2 - 17 所示为该三点固定支撑下的管道模态分析界面及第一阶模态振型动画显示。图 2 - 18 所示为第 1 阶振型中各个节点的无量纲振型位移。从振型图可以看出,在三个固定点间出现了两个极大值点。根据两点固定下的管道分析结果,可以设想,要想进一步最大限度地提高管道基频,需要在每两个卡箍固定点间的振型位移极大值点处施加一个卡箍,即在三个固定点下需要同时施加两个卡箍。

为了验证这个想法,计算比较在不同位置处同时施加两个卡上的管道基频,其中一个卡箍加到节点 2 到节点 5 之间,另一个加到节点 7 到节点 11 之间。设定卡箍的刚度为 10^8 N/m,表 2 - 6 所列为不同卡箍位置下的管道基频,从计算结果可以看出:三点固定不加卡箍下,管道基频为 323.01 Hz,三点固定加两个卡箍,管道基频提高到 988.201 7 Hz,卡箍位置正好对应于第 1 阶振型位移的两个极大值点,其中一个为节点 4,另一个为节点 9。

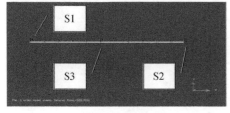

(a) 管道有限元模型

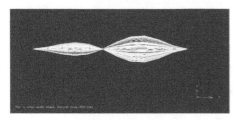

(b) 管道第一阶振型

图 2-17　管道模型及模态分析结果 2

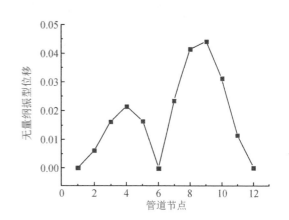

图 2-18　第 1 阶振型中各节点的无量纲振型位移

表 2-6　不同卡箍位置下的管道基频

单位:Hz

不加卡箍时基频 为 323.01 Hz		卡箍 2 位置				
		7	8	9	10	11
卡箍 1 位置	2	539.266 4	694.707 9	660.306 1	564.856 7	432.194 2
	3	540.691 4	771.435 3	891.656 7	637.889 5	456.191 1
	4	541.599 4	777.101 6	988.201 7	676.464 7	475.806 9
	5	542.871 2	780.004 7	821.444 2	712.560 8	500.366 8

　　由此可以得出结论:在两个固定点间的模态位移极大值点是进一步提高管道基频的最优卡箍位置点。

2. 空间管道分析

　　为了进一步验证上述分析结果,针对一段空间管道进行分析。如图 2-19(a)所示,管路系统分布在空间坐标系中,由 4 根直管和 3 段弯管构成。导管具体尺寸为 Pipe1=530 mm,Pipe2=930 mm,Pipe3=520 mm,Pipe4=880 mm。导管外径为 21 mm,导管壁厚为2.4 mm。设导管密度为 7 850 kg/m³,杨氏模量为 2×10^{11} N/m²,泊松比为 0.3。该管道被离散为 22 个单元,共计 23 个节点。

　　(1) 两端为固定支撑的情形

　　设 S1 和 S2 为管道两端的固定支撑点,分别布置在节点 1 和节点 23。为了最大限度地提高管道基频,需要研究卡箍位置对管道基频灵敏度的影响,即得到在管道上施加卡箍的最优位置。表 2-7 所列为不同位置施加不同卡箍刚度得到的管道基频。图 2-19(b)所示为该空间管道的模态分析结果。图 2-20 所示为第 1 阶振型中各个节点的无量纲振型位移,图 2-21所示为不同卡箍位置和刚度下的管道基频。从计算结果可以得出如下结论。

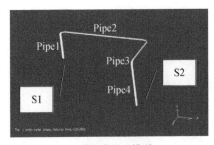

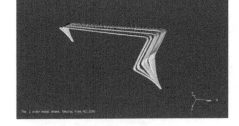

(a) 管道有限元模型　　　　　　　　　　　(b) 管道第一阶振型

图 2 - 19　管道模型及模态分析结果 3

① 无量纲振型位移最大的节点是施加单个卡箍的最优位置。

② 卡箍的刚度在 10^6 N/m 以上，计算结果基本接近，即可以认为是固定支撑。

表 2 - 7　在不同位置施加不同卡箍刚度下的管道基频

单位：Hz

卡箍位置	卡箍刚度				
	10^8 N/m	10^7 N/m	10^6 N/m	10^5 N/m	10^4 N/m
不加	12.21				
2	12.80	12.75	12.52	12.27	12.22
3	13.33	13.32	13.21	12.70	12.29
4	13.8	13.79	13.74	13.33	12.51
5	14.1	14.03	13.96	13.58	12.64
6	14.7	14.54	14.32	13.86	12.72
7	17.2	17.17	16.94	15.65	13.20
8	20.58	20.55	20.33	18.26	14.06
9	24.64	24.62	24.43	22.45	15.28
10	28.47	28.46	28.33	26.85	16.77
11	30.09	30.08	30.01	29.32	18.24
12	30.26	30.25	30.20	29.50	16.76
13	30.81	30.80	30.74	29.66	16.76
14	32.20	32.19	32.08	30.61	17.70
15	30.75	30.69	30.18	26.92	17.07
16	27.74	27.15	25.33	23.71	16.74
17	25.38	24.73	24.07	22.99	16.31
18	23.55	23.53	23.42	22.36	15.89
19	21.37	21.35	21.18	19.54	14.30
20	18.87	18.83	18.52	16.34	13.07
21	16.29	16.23	15.71	13.70	12.43
22	13.97	13.82	13.08	12.37	12.23

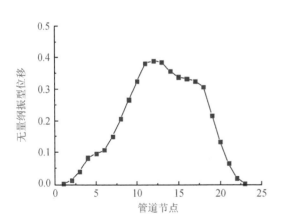

图 2 - 20　第 1 阶振型中各点的无量纲振型位移

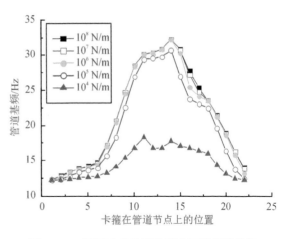

图 2 - 21　不同卡箍位置和刚度下的管道基频

（2）三点固定支撑的情形

在两端固定的情况下得到最优卡箍位置为第 1 阶振型位移最大处，在该处设置一个固定点，即设定已经优化的一个卡箍，为了进一步提高管道基频，需要继续增加卡箍，现在需要解决如何以最少的卡箍最大限度地提高管道基频的问题。

图 2 - 22 所示为该三点固定支撑下的管道模型及模态分析结果。图 2 - 23 所示为第 1 阶振型中各个节点的无量纲振型位移，从振型图中可以看出，在三个固定点间出现了两个极大值点。

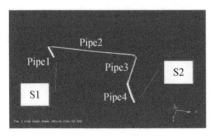

(a) 管道有限元模型

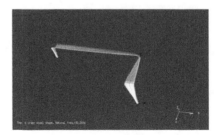

(b) 管道第一阶振型

图 2 - 22　管道模型及模态分析结果

根据两点固定下的管道分析结果，可以设想，要想进一步最大限度地提高管道基频，需要在每两个卡箍固定点间的振型位移极大值点（节点 12）处施加一个卡箍，即在三个固定点下需要同时施加两个卡箍。

为了验证这个想法，计算比较在不同位置处同时施加两个卡上的管道基频，其中一个卡箍加到节点 2 到节点 11 之间，另一个加到节点 13 到节点 22 之间。设定卡箍的刚度为 10^8 N/m，表 2 - 8 所列为不同卡箍位置下的管道基频。从计算结果可以看出：三点固

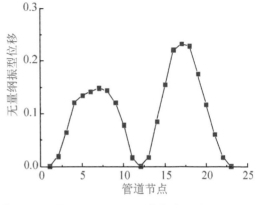

图 2 - 23　第 1 阶振型中各个节点的无量纲振型位移

定不加卡箍下,基频为 30.26 Hz,三点固定加两个卡箍,管道基频提高到 110.675 1 Hz,卡箍位置正好对应于第 1 阶振型位移的两个极大值点,其中一个为节点 7,另一个为节点 18。

由此,可以得出结论:在两个固定点间的模态位移极大值点是进一步提高管道基频的最优卡箍位置点。

表 2 - 8　不同卡箍位置下的管道基频

单位:Hz

		卡箍 2 位置								
		13	14	15	16	17	18	19	20	21	22
卡箍1位置	2	50.172 4	57.346 1	56.283 7	55.422 7	54.791 6	53.925 9	52.695 4	49.371 5	43.001 1	36.929 8
	3	50.229 0	68.038 9	74.630 1	73.329 9	72.318 1	70.692 9	67.533 9	58.094 4	46.395 6	38.722 5
	4	50.256 7	68.273 9	82.604 5	82.398 3	81.266 2	79.148 4	73.917 2	60.741 7	47.813 5	39.924 9
	5	50.405 6	68.379 4	83.373 2	84.464 5	83.920 2	82.635 2	77.886 2	64.430 8	50.829 3	42.609 9
	6	50.517 8	68.505 2	88.270 3	94.411 3	94.701 2	93.305 3	88.018 9	69.003 3	53.166 0	44.268 5
	7	50.556 5	68.624 0	90.124 2	102.239 0	106.179 7	110.675 1	103.392 3	72.844 7	55.070 5	45.654 6
	8	50.605 6	68.679 2	81.373 7	81.206 8	81.178 2	81.081 3	80.675 3	73.995 3	56.644 4	47.024 8
	9	50.662 3	62.625 4	62.471 2	62.327 7	62.309 6	62.303 7	62.182 5	61.911 1	57.678 1	48.445 4
	10	50.723 1	52.475 5	52.338 8	52.226 9	52.195 9	52.213 6	52.170 6	52.107 0	51.953 2	49.892 7
	11	45.597 6	45.572 5	45.469 4	45.376 1	45.221 3	45.088 3	45.092 1	45.066 7	45.017 3	44.898 4

2.3.3　基于模态分析的卡箍优化方法

基于上述分析,提出基于模态分析的卡箍优化方法,其基本流程如图 2 - 24 所示。

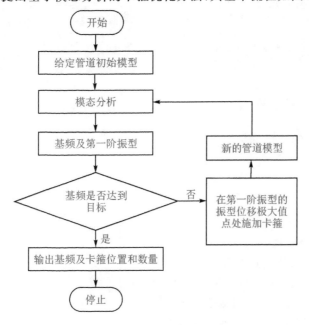

图 2 - 24　管道卡箍优化流程

管道卡箍优化主要步骤如下。

① 导入带有初始固定支撑位置的初始管道模型。

② 经过模态分析得到管道系统的基频及对应的第 1 阶振型。

③ 判断基频是否达到目标值，如果达到则输出卡箍位置和数量及管道基频；如果没有达到，则在第 1 阶振型的极大值点处施加卡箍，得到新的管道模型。

④ 转入步骤②，计算新的管道模型，直至管道系统的基频满足要求。

2.3.4　卡箍优化方法验证

在《飞机液压管路系统设计、安装要求》(GJB 3054—1997)中，以 Z 形管道和 U 形管道为例，给出了抑制管道振动施加卡箍的最佳合理位置，如图 2 - 25 所示。

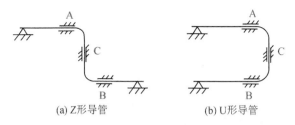

图 2 - 25　抑制管道振动施加卡箍的最佳合理位置

图 2 - 26 所示为设定的一段 Z 形管道，导管外径为 20 mm，导管壁厚为 1 mm。导管密度设为 7 850 kg/m³，杨氏模量为 2.07×10^{11} N/m²，泊松比为 0.3。导管各段长度如图 2 - 27 所示，$L_1 = 0.5$ m，$L_2 = 0.35$ m，$L_3 = 0.5$ m。两端为固定支撑，将管道按等分划分了 42 个单元、43 个节点。图 2 - 27 和表 2 - 9 为优化结果。从表 2 - 9 可以看出，在不加卡箍时，管道基频为 47.79 Hz，在第一次优化后，在节点 22 处施加一个卡箍，基频提高到 149.78 Hz，第三次优化后，在节点 13 和节点 31 又分别增加一个卡箍，基频提高到 354.11 Hz。从图 2 - 27 中可以看出，该卡箍优化结果与《飞机液压管路系统设计、安装要求》(GJB 3054—1997)对 Z 形管道的卡箍设置结论相同。由此验证了卡箍优化结果的正确性。

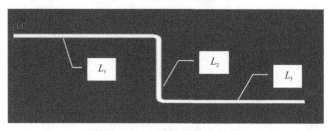

图 2 - 26　Z 形原始管道模型

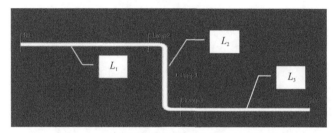

图 2 - 27　Z 形管道优化后的管道卡箍位置

表 2 - 9　Z 字形管道卡箍优化结果

优化次数	卡箍 1 位置	卡箍 2 位置	卡箍 3 位置	基频/Hz
不优化	—	—	—	47.79
第一次优化	节点 22	—	—	149.78
第二次优化	节点 22	节点 13	节点 31	354.11

图 2 - 28 所示为设定的一段 U 形管道,导管外径为 20 mm,导管壁厚为 1 mm。导管密度设为 7 850 kg/m³,杨氏模量为 $2.07×10^{11}$ N/m²,泊松比为 0.3。导管各段长度如图 2 - 28 所示,$L_1=0.5$ m,$L_2=0.35$ m,$L_3=0.5$ m。两端为固定支撑,将管道按等分划分了 42 个单元、43 个节点。图 2 - 31 和表 2 - 10 为优化结果。从表 2 - 10 可以看出,在不加卡箍时,管道基频为 33.83 Hz,在第一次优化后,在节点 22 处施加一个卡箍,基频提高到 149.79 Hz,第三次优化后,在节点 13 和 31 又分别增加一个卡箍,基频提高到 354.72 Hz,从图 2 - 29 中可以看出,该卡箍优化结果与《飞机液压管路系统设计、安装要求》(GJB 3054—1997)对 U 形管道的卡箍设置结论相同。由此验证了卡箍优化结果的正确性。

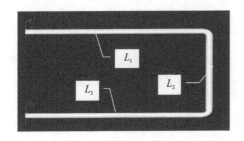

图 2 - 28　U 形原始管道模型

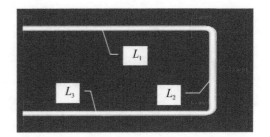

图 2 - 29　U 形管道优化后的管道卡箍位置

表 2 - 10　U 形管道卡箍优化结果

优化次数	卡箍 1 位置	卡箍 2 位置	卡箍 3 位置	基频/Hz
不优化	—	—	—	33.83
第一次优化	节点 22	—	—	149.79
第二次优化	节点 22	节点 13	节点 31	354.72

2.4　飞机管道系统振动与应力仿真平台开发及验证

本文开发了具有自主知识产权的管道振动分析系统(pipeline vibration analysis system, PLVAS)软件,该软件采用有限元法,对空间管道用梁单元进行建模,考虑了流固耦合作用,每个节点考虑了 X 向、Y 向、Z 向以及绕 X 向、绕 Y 向和绕 Z 向的 6 个自由度。利用 Newmark - β 法进行数值仿真分析,直接获取系统的时域响应。PLVAS 软件采用 Visual C++6.0 进行程序开发,采用工程管理的方式,可同时保存多种结构形式的管道系统动力学模型,并分别进行模型建立和求解分析;后台数据库采用 Microsoft Access 2007 系统,存储管道模型、支承、激励等各种信息参数,与前台应用程序的接口采用 ODBC 技术。该软件与 OpenGL 接口,实现了动力学计算的可视化动画功能。软件具有界面美观,操作方便等优点。

2.4.1　飞机管道系统振动与应力分析软件架构

PLVAS 软件架构如图 2-30 所示,主要包括管道建模、分析与校验以及结果输出三个模块。其中,管道建模包括:① 与 CATIA 软件接口;② 有限元单元自动划分;③ 管道边界约束设置。分析与校验包括:① 静力学分析;② 动力学分析;③ 模态分析;④ 卡箍优化。结果输出包括:① 与 Word 软件接口;② 应力分布输出;③ 节点响应输出;④ 模态输出。通过软件架构实现计算结果的格式输出,以提供给用户。

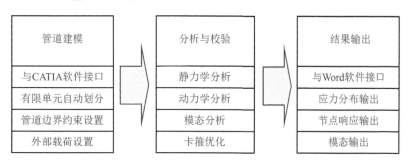

图 2-30　PLVAS 软件架构

软件具有如下功能:① 可以对复杂空间管道系统建模,可以考虑管道间的连接、管道与基础间的连接、分支管道系统等;② 能够进行基础正弦激励、基础随机激励、压力脉动激励、流固耦合振动、压力瞬态冲击响应等模拟仿真分析;③ 能够进行管道卡箍优化计算;④ 能够进行管道系统的模态分析;⑤ 能够进行计算结果的可视化显示,包括响应时间曲线、模态振型、应力云图以及动画显示。

2.4.2　软件功能模块

1. 管道建模

(1) 与 CATIA 软件接口模块

1) 基于 WRL 文件的接口

基于对 CATIA 软件导出的 WRL 文件解码实现 CATIA 的二次开发,完成管道关键点坐标的自动测量与导出。将 CATIA 导管模型的 CATPart 文件另存为 WRL 文件,在 VAOSAP 软件中对 VRML 语言进行解码并计算得到管道关键点信息,进行有限元建模,基于 OpenGL 实现可视化,如图 2-31 所示。

图 2-31　与 CATIA 软件的接口方案

图 2-32 所示为 PLVAS 软件中实现的与 CATIA 软件的接口功能。直接从 WRL 文件中导入管道各关键点的 X、Y、Z 坐标,并显示于列表框中,同时通过与 OpenGL 接口,显示出由各关键点构成的管道中心线。

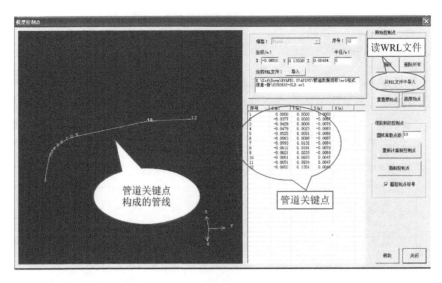

图 2 - 32　与 CATIA 软件的接口功能

2) 基于 COM 技术的二次开发

为了简化管网系统有限元建模工作,实现高效便捷的管网系统有限元建模,开发了管网系统信息自动提取软件,该软件主界面如图 2 - 33 所示。本系统采用 Microsoft Visual Basic 6.0 软件进行 Windows 应用程序开发,使用组件对象模型技术(component object model,COM) 把相关模块接口封装在独立的组件内,实现对 CATIA 软件的二次开发。管网系统信息自动提取软件 PNIES 操作简单,使用方便等优点。

图 2 - 33　管网系统信息自动提取软件主界面

该软件主要包括文件设置、对 CATPart 文件中管道的信息预处理、提取管道及连接件的信息、已经提取的信息重绘检查、提取 Body 标识工具等功能。各个功能细分如下所示。

① 文件设置：包括打开 CATPart 文件、设置数据输出文件夹、存放 Body 名数据的文件夹。数据输出文件夹为存放提取数据的文件夹，存放 Body 名数据的文件夹包含 CATPart 文件中各种类 Body 命名规则的文本文档。打开 CATPart 文件和设置文件夹均可使用文本选择对话框完成。

② 对 CATPart 文件中管道的信息进行预处理：对名字重复的 Body 进行重命名，删除只有名字无几何体的空 Body，显示已经隐藏的几何体（Body 未隐藏），清空输出文件夹缓存数据。该部分是对 CATPart 文件的规范化处理，以及缓存数据的清理。

③ 提取管道及连接件的信息：提取管道中心线，提取焊接管接头中心线，匹配法兰管接头，提取两法兰重心连线，提取卡箍中心及三向向量，将卡箍点插入管道中，提取普通管接头（包括法兰管接头）中心线，匹配焊接管接头，焊接管道。该部分为提取管网信息的主体部分，提取过程中的 Excel 仅起到显示程序运行的作用，可将 Excel 设置为自动关闭。其中，法兰盘的最大间隙参数、管道管接头最大间隙参数、焊接管接头和管道轴线间隙参数、焊接管接头和管道实体间隙参数可根据管网调整。

④ 已经提取的信息重绘检查：重绘卡箍中心点，重绘管道管接头的中心线，删除绘制的图形集合。该部分程序功能为重绘已提取的管网关键信息，若遇到不可绘制的管道，程序会跳过，选框可设置显示出错管道名称，提示该管道信息提取需要人工干预。

⑤ 提取 Body 标识工具：删除体积相同的 Body，输出当前文档中 Body 的名称，Part 文件转 Product 文件，一键提取管道及连接件的信息，帮助文档。该部分程序包括提取 Body 标识，生成 Body 数据文件，可将 Part 文件转换为 Product 文件（CATIA 中没有相应的功能）以便调整管网图形相对位置，可以一键提取管网信息，还可以显示该软件的使用方法的帮助功能。

图 2-34 所示为某燃油管网系统通过与 CATIA 软件接口，自动导入 PLVAS 软件的结果，可以看出，软件实现了管网系统的自动导入。

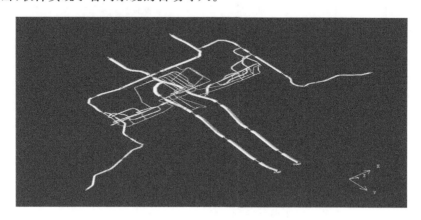

图 2-34　某燃油管网系统

（2）管道有限单元自动离散

图 2-35 所示为管道单元自动划分的流程，其基本思路是依据管道控制点坐标，在给定单元近似长度，以及管道参数和流体参数后，实现管道单元的自动划分，并将管道单元和节点信息保存到数据库。

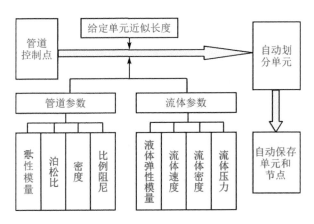

图 2 - 35　管道单元自动划分的流程

（3）管道约束设置

图 2 - 36 所示为管道约束设置，在 PLVAS 软件中，管道的约束主要包括管道与基础之间的约束（PB），以及管道与管道之间的约束（PP）。首先定义约束名称及对应的连接刚度，即为 X,Y,Z 三个方向的线刚度和绕三个方向的角刚度。然后，对约束进行配置，即设置约束所连接的管道模型及对应的节点。

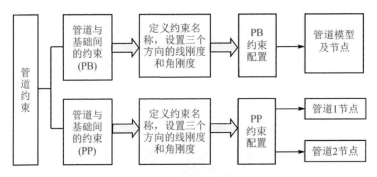

图 2 - 36　管道约束设置

（4）外部载荷设置

管道外部激励包括静载荷和动载荷，如图 2 - 37 所示。

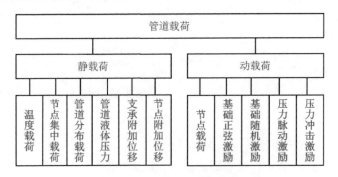

图 2 - 37　管道外部载荷设置

静载荷包括：① 温度载荷：模拟管道温度变化所引起的管道应力变化；② 节点集中载荷：

模拟管道某节点受到集中力和力矩的作用;③ 管道分布载荷:模拟管道所受到分布力和力矩的作用;④ 管道液体压力:模拟管道内部流体静压力对管道所产生的静变形;⑤ 支承附加位移:模拟由于飞机机体变形所产生的支承附加位移;⑥ 节点附加位移:模拟管道的装配误差所产生的装配应力。动载荷包括:① 节点载荷:模拟管道节点的正弦激励力;② 基础正弦激励:模拟管道支承所受到的基础正弦激励作用;③ 基础随机激励:模拟管道支承所受到的基础随机激励作用;④ 压力脉动激励:模拟管道内部流体压力的正弦变化对管道所产生的激励;⑤ 压力冲击激励:模拟由于阀门换向产生的流量变化所引起的压力冲击。

2. 振动分析

（1）静力学和动力学分析

PLVAS 软件在分析计算中不区分动力学和静力学,静力学被认为是动力学的特殊情况,二者均用 Newmark - β 法使有限元模型在时域里直接数值积分得到振动响应。关于 Newmark - β 数值积分方法在 2.1.4 小节中介绍,在此不再详述。图 2 - 38 为 PLVAS 软件静力和动力计算的流程图。

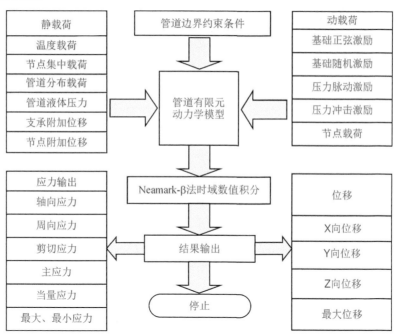

图 2 - 38　管道系统静力和动力计算的流程

（2）模态分析

图 2 - 39 所示为 PLVAS 模态分析的流程。给定管道有限元模型、初始约束边界条件,利用求解矩阵特征值、特征向量的方法得到管道系统的固有频率和振型。最后输出管道系统的固有频率和振型,并通过与 OpenGL 软件接口对振型进行动画显示。

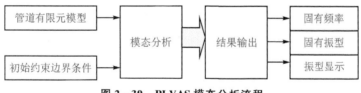

图 2 - 39　PLVAS 模态分析流程

（3）卡箍优化

图 2-40 所示为 PLVAS 卡箍优化的流程。给定管道有限元模型、初始约束边界条件、卡箍刚度以及基频目标值后，利用基于振型位移的卡箍自动优化方法，优化出最优的卡箍位置、卡箍数量及卡箍次序。

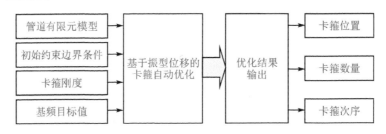

图 2-40　PLVAS 卡箍优化流程

3. 报告输出

采用与 Word 软件接口的方式进行检验报告输出。注册 COM 组件，通过添加 Word 类库自定义 Word 操作类，在自定义的 Word 操作类的基础上，实现 doc 或 docx 文件的文字编辑、表格绘制、图像插入和文档保存等功能。具体操作时，系统中预设不同的报表模板供选择，用户仅须勾选需要生成的报告模板类型、添加报告内容即可实现检验报告的导出，如图 2-41 所示。

图 2-41　检验报告输出方案

2.4.3　软件验证

1. 模态验证

针对某液压源系统试验台的一段空间管道进行分析，如图 2-42(a) 所示，试验台采用液压油作为流体介质，压力达到 21 MPa 以上，能够给飞机液压系统提供液压源。本文选取了该试验台的一段空间管道，其三维实体模型如图 2-42(b) 所示，该段管道除两端固定外，没有其他约束。

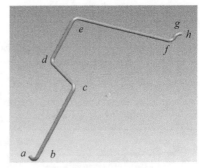

(a) 待研究管道　　　　　　　　(b) 管道三维实体模型

图 2-42　液压试验台管道实物图及其三维数字模型

管道外径 $D = 14$ mm，内径 $d = 10$ mm，密度 $\rho = 4\,000$ kg/m³，弹性模量 $E = 70$ GPa，泊松比 $\lambda = 0.3$。模型控制点的坐标如表 2 – 11 所列。

表 2 – 11　管道模型控制点坐标

坐　标	a	b	c	d	e	f	g	h
x/mm	0	−40	−40	170	170	170	170	170
y/mm	0	0	340	340	540	540	580	580
z/mm	0	0	0	0	0	440	440	460

首先通过力锤敲击法，用模态实验获取液压系统管道固有频率。选取 X,Y,Z 三个方向分别进行敲击，同时加速度传感器也沿三个方向采集加速度信号，如图 2 – 43 所示。每个方向在同一点进行三次敲击。表 2 – 12 为对应的管道模型通过有限元离散后的节点分布，对比敲击实验，可以大致看出，X 方向敲击点为节点 11，测试点为节点 7；Y 方向敲击点为节点 13，测试点为节点 16；Z 方向为敲击点为节点 5，测试点为节点 10。为了模拟管道两端固定的边界条件，在模型中设定节点 1 和节点 38 与基础在 X,Y,Z 三方向的连接线刚度为 1×10^8 N/m，绕 X,Y,Z 三方向的角刚度为 1×10^3 N·m/rad。

(a) X 方向　　　　　　　(b) Y 方向　　　　　　　(c) Z 方向

图 2 – 43　X,Y,Z 三方向分别敲击试验图

表 2 – 12　管道模型有限元离散后的节点分布

管道区间	ab	bc	cd	de	ef	fg	gh
节点范围	1~3	3~12	12~18	18~24	24~36	36~37	37~38

通过计算，得出 X,Y,Z 三个方向锤击实验的敲击点和测试点之间的加速度频响函数，分别如图 2 – 44(a)、图 2 – 45(a)、图 2 – 46(a) 所示。利用本文计算模型，在敲击点施加脉冲激励，通过数值积分得到对应测试点的响应加速度，通过同样的计算得到敲击点和测试点之间的加速度频率响应函数，分别如图 2 – 44(b)、图 2 – 45(b)、图 2 – 46(b) 所示。可以看出，实验和仿真达到了很好的一致性，充分表明了本文计算模型的正确有效性。

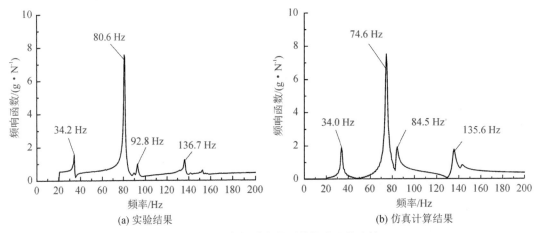

(a) 实验结果　　　　　　　　　　　(b) 仿真计算结果

图 2 - 44　X 方向敲击得到的频响函数比较

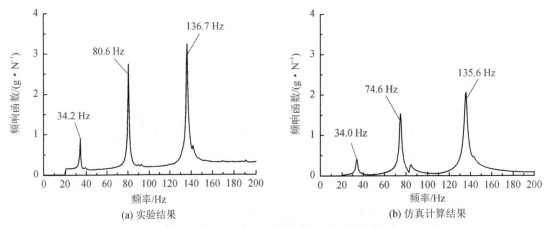

(a) 实验结果　　　　　　　　　　　(b) 仿真计算结果

图 2 - 45　Y 方向敲击得到的频响函数比较

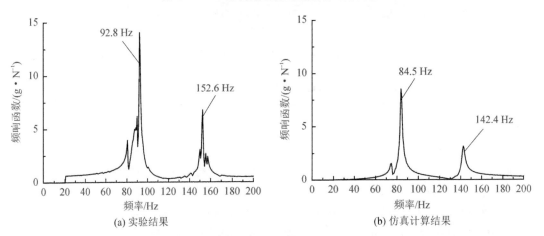

(a) 实验结果　　　　　　　　　　　(b) 仿真计算结果

图 2 - 46　Z 方向敲击得到的频响函数比较

　　为了进一步验证本文模型的正确性,表 2 - 13 比较了液压试验台空间管道的前 5 阶固有频率实验结果,同时与本文计算结果和 ANSYS 软件的计算结果进行了比较,其中 ANSYS 软件采用的是实体单元模型,计算效率远低于本文模型,从计算结果来看,本文模型的计算结果与实验达到了较好的一致性,误差均在 10％以内,尤其是第 1 阶和第 4 阶固有频率比 ANSYS 软件的结果具有更高的吻合度。

表 2-13　试验模态的各阶固有频率及与 ANSYS 计算结果对比

固有频率	试验结果	ANSYS 计算结果	与试验结果的绝对误差/%	本文计算结果	与试验结果的绝对误差/%
第 1 阶	34.18	36.11	5.6	34.01	0.5
第 2 阶	80.57	79.61	1.2	74.61	7.4
第 3 阶	92.16	89.86	2.5	84.52	8.3
第 4 阶	136.7	142.7	4.4	135.6	0.8
第 5 阶	152.6	151.6	0.7	142.4	6.7

2. 流速对系统固有频率的影响

从管道系统有限元方程可以看出,流速降低了系统的总刚度。当流速增加时,由流速引起的系统刚度 K_v 不断增加。理论上,当 K_v 在数值上等于系统刚度 K 时,系统的总刚度将为零,表现在特征值上就是流速使得系统的某阶特征值降低为零,此时对应的流速即为失稳流速。

本文针对液压试验台管道系统,建立了空间管道流固耦合动力学模型,仿真计算了流速从 0~300 m/s 变化时,系统前 5 阶固有频率的变化情况,其变化趋势如图 2-47(a)所示。

从图中可以看出,当流速达到 105 m/s 时,第 1 阶失稳;当流速达到 150 m/s 时,第 2 阶失稳;当流速达到 180 m/s 时,第 3 阶失稳;当流速达到 210 m/s 时,第 4 阶失稳;当流速达到 255 m/s 时,第 5 阶失稳。图 2-47(b)所示为 ANSYS 软件的计算结果,对比图 2-47(a)和图 2-47(b)可以看出,ANSYS 软件的计算结果与本文计算结果非常接近。由此可见,仿真计算结果表明了本文模型的计算合理性。

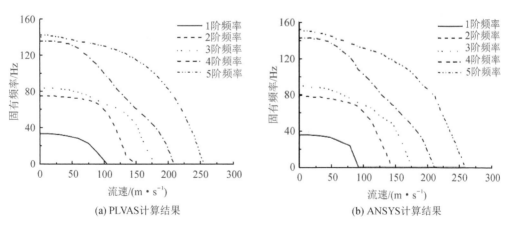

(a) PLVAS计算结果　　　　　　　　(b) ANSYS计算结果

图 2-47　流速对管道系统固有频率的影响

2.5　工程应用——某型飞机吸油模块管路结构振动分析与设计改进

　　将所开发的软件应用于实际飞机管路系统的振动分析,针对某型飞机吸油模块相关管路的振动故障,利用所建立的管路动力学模型进行动力学分析,发现管路振动故障的原因,并提出管路振动抑制技术和方案,同时,利用仿真分析评估方案的有效性。

2.5.1　某型飞机吸油模块管路结构

　　吸油模块是某型飞机液压系统的一个重要产品,如图 2-48 所示。其主要功能为汇集液压系统各路回油,供液压油泵吸油使用。吸油模块通过支架与结构侧壁板进行连接。油泵 A 吸油管路 3R5A 与 3R54 通过扩口式直通管接头相连,最终通过螺栓固定在发动机推力销安装框架上,油管 3R5A 与 3R54 上分别有一个带垫卡箍用以固定导管。油泵 B 吸油管 3R52 通过扩口式直角管接头与结构梁连接。地面吸油管 3R57 和 3R58 与地面吸油组件相连,通过支架与结构侧壁板相连,中间有两个卡板固定导管。油箱吸油管 3R56 与液压油箱相连。系统吸油管 3R55 与回油集油接头相连。

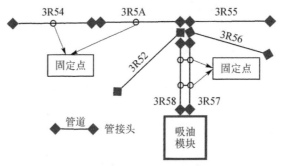

图 2-48　某型飞机管路吸油模块管路结构

2.5.2　某型飞机吸油模块管路故障现象

　　在实际使用过程中,该吸油模块与扩口式直角接头连接处螺纹损坏,接头脱出,导致液压系统漏油,报油位低故障。吸油集油模块如图 2-49 所示,可见模块共有 6 个螺纹孔,其中 1 个螺纹孔的螺纹存在损伤,该螺纹孔与钢制接头配合。将损伤的螺纹孔剖开,其螺纹损伤形貌如图 2-50 所示,可见螺纹损伤不均匀,一侧损伤严重,对称的另一侧则未见明显损伤;在损伤严重螺纹一侧,第一扣螺纹损伤最严重,其螺纹基本被磨损,除沿轴向的磨损痕迹外,还可见黑色的磨损产物,同时在螺纹面上还可见因螺纹断裂形成的凹坑形貌。进一步检查,接头螺纹损伤最严重的对角位置与同一侧螺纹磨损程度不相同,该位置的磨损要更严重,如图 2-50 所示。

图 2-49　吸油集油模块

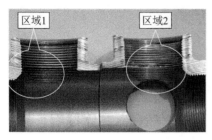

(a) 损伤的螺纹孔剖开图　　　　(b) 区域1放大图　　　　(c) 区域2放大图

图 2 - 50　螺纹损伤宏观形貌

2.5.3　某型飞机吸油模块管路模态仿真分析

1. 某型飞机管道支承刚度分类取值

假设管道支承的刚度如表 2 - 14 所列。考虑实际飞机结构的支承情况,将支承分为五类:① 固定支撑,即管道结构与飞机结构或附件之间的固定连接;② 弹性支撑,管道结构与吸油模块之间的连接;③ 排卡,即管道与管道之间的浮卡连接;④ 软卡箍,即在管道中间施加的刚度较弱的卡箍;⑤ 硬卡箍,即在管道中间施加的刚度很强的卡箍。

表 2 - 14　某型飞机管道支承刚度分类及仿真值

支承类型	X 向刚度 k_x/ $(\mathrm{N \cdot m^{-1}})$	Y 向刚度 k_y/ $(\mathrm{N \cdot m^{-1}})$	Z 向刚度 k_z/ $(\mathrm{N \cdot m^{-1}})$	绕 X 角刚度 kA_x/ $(\mathrm{N \cdot m \cdot rad^{-1}})$	绕 Y 角刚度 kA_y/ $(\mathrm{N \cdot m \cdot rad^{-1}})$	绕 Z 角刚度 kA_z/ $(\mathrm{N \cdot m \cdot rad^{-1}})$
固定支撑	1.0e7	1.0e7	1.0e7	1.0e5	1.0e5	1.0e5
弹性支撑	1.0e6	1.0e6	1.0e6	1.0e4	1.0e4	1.0e4
排卡	1.0e7	1.0e7	1.0e7	1.0e5	1.0e5	1.0e5
软卡箍	1.0e4	1.0e4	1.0e4	1.0e3	1.0e3	1.0e3
硬卡箍	1.0e7	1.0e7	1.0e7	1.0e5	1.0e5	1.0e5

2. 吸油模块 3R54 - 3R5A 管道模态分析

（1）管道建模

为了简化模型,不考虑管道接头,将管道 3R54 及 3R5A 合成一根管道考虑。如图 2 - 51 所示。其中,S1 为与吸油模块相连接的弹性支承,S2 为与飞机结构相连接的固定支承,S3 和 S4 分别为在管道中间施加的两个软卡箍,软卡箍的刚度较弱。固定支承、弹性支承和软卡箍的刚度如表 2 - 14 所列。

图 2 - 51　管道 3R54 - 3R5A 建模

（2）管道模态分析

管道模态分析结果如表 2-15 所列。各阶振型如图 2-52 所示。

表 2-15　管道各阶振型

模态序号	固有频率/Hz	振　型	S1 处振型位移
第 1 阶	51.01	见图 2-52(a)	很小
第 2 阶	87.58	见图 2-52(b)	很小
第 3 阶	139.56	见图 2-52(c)	较小
第 4 阶	143.74	见图 2-52(d)	较小
第 5 阶	161.97	见图 2-52(e)	Y 向很大
第 6 阶	179.04	见图 2-52(f)	很小
第 7 阶	317.87	见图 2-52(g)	Z 向很大
第 8 阶	330.85	见图 2-52(h)	X 向很大

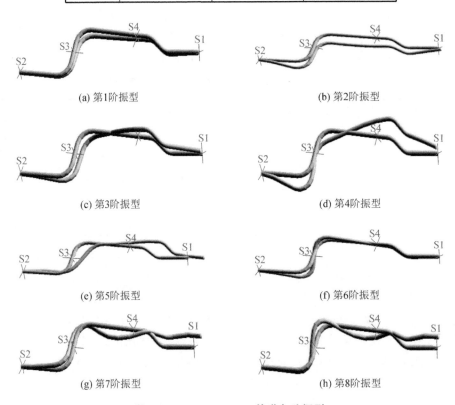

(a) 第1阶振型　　　　　　　　　　　(b) 第2阶振型

(c) 第3阶振型　　　　　　　　　　　(d) 第4阶振型

(e) 第5阶振型　　　　　　　　　　　(f) 第6阶振型

(g) 第7阶振型　　　　　　　　　　　(h) 第8阶振型

图 2-52　3R54-3R5A 管道各阶振型

从表 2-15 和图 2-52 的各阶模态的固有频率和振型可以看出，第 5 阶固有振动值得注意，其固有频率为 161.97 Hz（对应转速 9 720 r/min），在发动机高压转子不平衡引起的转速 1 倍频激励范围，而其对应的振型表现为与吸油模块相连接的固定支承部位产生沿管轴向（Y 向）的振动位移。因此，当与飞机结构相连的固定支承 S2 受到发动机不平衡激励，且激励频率与该固有频率接近时，将在管道与吸油模块相连接的固定支承 S1 处产生很大的振动位移,导致管道与直角管接头之间产生很大的作用力,引起钢接头上很大的弯矩,从而最终导致吸油集油接头螺纹疲劳损伤,以及支架的疲劳裂纹破坏。

对比其他阶的振动模态,其固有频率基本上不在发动机不平衡激励频率范围。同时,其振型主要表现为管道中间部分的较大振动,而不会在支撑处产生很大的振动,从而不会导致直角管接头承受很大的弯矩,显然,难于导致吸油集油模块的接头螺纹和支架的疲劳破坏。

3. 吸油模块 3R55 管道模态分析

（1）管道建模

管道 3R55 建模如图 2 - 53 所示。其中,S1 为与吸油模块相连接的固定支承,S2 为与飞机结构相连接的固定支承。固定支承的刚度如表 2 - 14 所示。

（2）管道模态分析

管道 3R55 模态分析结果如表 2 - 16 所列。各阶振型如图 2 - 54 所示。从表 2 - 16 和图 2 - 54 的各阶模态的固有频率和振型可以看出,在吸油模块相连的连接点 S1 处,各阶振型均具有很大的振型位移,但是其固有频率均超出了发动机不平衡激励频率

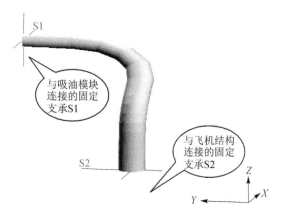

图 2 - 53　管道 3R55 建模

范围,其固有振动不容易被激发。因此,也不会导致吸油集油模块的接头螺纹和支架的疲劳破坏。

表 2 - 16　管道 3R55 模态分析结果

模态序号	固有频率/Hz	振　　型	S1 处振型位移
第 1 阶	266.18	见图 2 - 54(a)	X,Z 向振动较大
第 2 阶	293.76	见图 2 - 54(b)	Y 向振动很大
第 3 阶	495.84	见图 2 - 54(c)	Z 向振动很大
第 4 阶	639.69	见图 2 - 54(d)	X 向振动很大

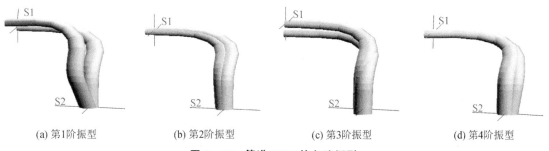

(a) 第1阶振型　　(b) 第2阶振型　　(c) 第3阶振型　　(d) 第4阶振型

图 2 - 54　管道 3R55 的各阶振型

4. 吸油模块 3R52 管道模态分析

（1）管道建模

管道 3R52 建模如图 2－55 所示，其中 S2 为与吸油模块相连接的固定支承，S1 为与飞机结构相连接的固定支承。固定支承的刚度如表 2－14 所列。

（2）管道模态分析

管道 3R52 模态分析结果如表 2－17 所列。各阶振型如图 2－56 所示。从表 2－17 和图 2－

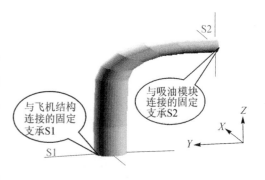

图 2－55   管道 3R52 建模

56 的各阶模态的固有频率和振型可以看出，在吸油模块相连的连接点 S2 处，各阶振型均具有很大的振型位移，但是其固有频率均超出了发动机不平衡激励频率范围，其固有振动不容易被激发。因此，也不会导致吸油集油模块的接头螺纹和支架的疲劳破坏。

表 2－17   管道 3R52 模态分析结果

模态序号	固有频率/Hz	振 型	S2 处振型位移
第 1 阶	471.10	见图 2－56(a)	X 向振动很大
第 2 阶	488.93	见图 2－56(b)	Y 向振动很大

5. 吸油模块 3R56 管道模态分析

（1）管道建模

管道 3R56 建模如图 2－57 所示，其中 S2 为与吸油模块相连接的固定支承，S1 为与飞机结构相连接的固定支承。固定支承刚度如表 2－14 所列。

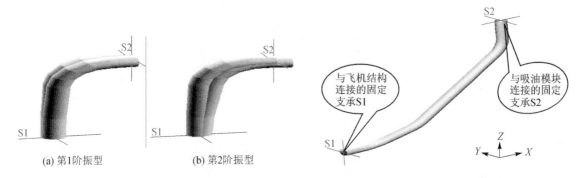

(a) 第1阶振型   (b) 第2阶振型

图 2－56   管道 3R52 的各阶振型

图 2－57   管道 3R56 建模

（2）管道模态分析

管道 3R56 模态分析结果如表 2－18 所列。各阶振型如图 2－58 所示。从表 2－18 和图 2－58 的各阶模态的固有频率和振型可以看出，在吸油模块相连的连接点 S2 处，各阶振型均具有很大的振型位移，但是其固有频率均超出了发动机不平衡激励频率范围，其固有振动不容易被激发。因此，也不会导致吸油集油模块的接头螺纹和支架的疲劳破坏。

表 2 - 18　管道 3R56 模态分析结果

模态序号	固有频率/Hz	振　型	S2 处振型位移
第 1 阶	186.51	见图 2 - 58(a)	Y 向大
第 2 阶	215.20	见图 2 - 58(b)	Z 向大
第 3 阶	389.71	见图 2 - 58(c)	X 向大
第 4 阶	432.39	见图 2 - 58(d)	Y 向大

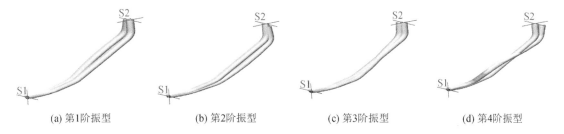

(a) 第1阶振型　　　(b) 第2阶振型　　　(c) 第3阶振型　　　(d) 第4阶振型

图 2 - 58　管道 3R56 的各阶振型

6. 吸油模块 3R57 管道模态分析

（1）管道建模

如图 2 - 59 所示，在管道 3R57 上，S2 为与吸油模块相连接的固定支承，S1 为与飞机结构相连接的固定支承。固定支承刚度如表 2 - 14 所列。

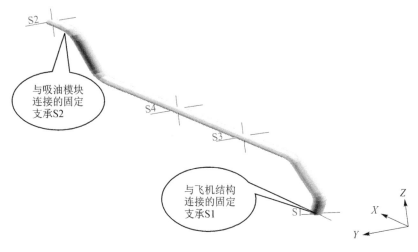

图 2 - 59　管道 3R57 建模

（2）管道模态分析

管道 3R57 模态分析结果如表 2 - 19 所列。各阶振型如图 2 - 60 所示。从表 2 - 19 和图 2 - 60 的各阶模态的固有频率和振型可以看出，在吸油模块相连的连接点 S2 处，各阶振型均具有很大的振型位移，但是其固有频率均超出了发动机不平衡激励频率范围，其固有振动不容易被激发。因此，也不会导致吸油集油模块的接头螺纹和支架的疲劳破坏。

表 2 - 19　管道 3R57 模态分析结果

模态序号	固有频率/Hz	振　型	S2 处振型位移
第 1 阶	226.04	见图 2 - 60(a)	Y 向振动为主
第 2 阶	251.23	见图 2 - 60(b)	Z 向振动为主
第 3 阶	453.70	见图 2 - 60(c)	Y 向振动为主
第 4 阶	461.32	见图 2 - 60(d)	X 向振动为主

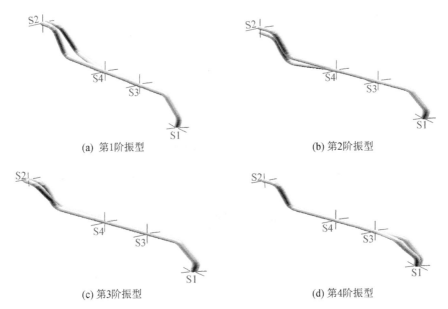

(a) 第1阶振型

(b) 第2阶振型

(c) 第3阶振型

(d) 第4阶振型

图 2 - 60　管道 3R57 的各阶振型

7. 吸油模块 3R58 管道模态分析

（1）管道建模

如图 2 - 61 所示。在管道 3R58 上，S2 为与吸油模块相连接的固定支承，S1 为与飞机结构相连接的固定支承。固定支承的刚度如表 2 - 14 所列。

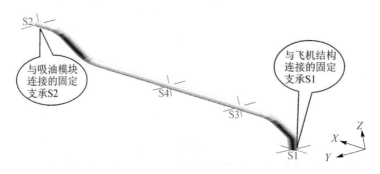

图 2 - 61　管道 3R58 建模

（2）管道模态分析

管道 3R58 模态分析结果如表 2 - 20 所列。各阶振型如图 2 - 62 所示。从表 2 - 20 和

图 2-62 的各阶模态的固有频率和振型可以看出,各阶振型均具有很大的振型位移,但是其固有频率均超出了发动机不平衡激励频率范围,其固有振动不容易被激发。因此,也不会导致吸油集油模块的接头螺纹和支架的疲劳破坏。

表 2-20　管道 3R58 的各阶振型

模态序号	固有频率/Hz	振　型	S2 处振型位移
第 1 阶	208.63	见图 2-62(a)	Y 向振动为主
第 2 阶	243.35	见图 2-62(b)	Z 向振动为主
第 3 阶	445.63	见图 2-62(c)	Y 向振动为主
第 4 阶	457.94	见图 2-62(d)	X 向振动为主

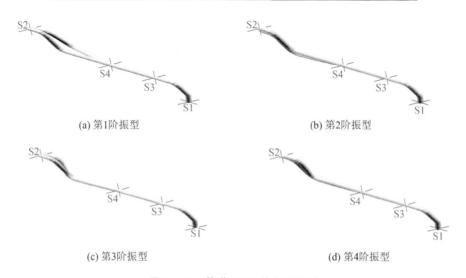

(a) 第1阶振型　　　　　　　　　　　　　　(b) 第2阶振型

(c) 第3阶振型　　　　　　　　　　　　　　(d) 第4阶振型

图 2-62　管道 3R58 的各阶振型

2.5.4　某型飞机吸油模块管路流量冲击仿真分析

1. 管道流量冲击激励

考虑吸油模块的几根导管流量冲击和稳态压力略有不同,其中,3R54-3R5A 的稳态流量为 160 L/min,流量冲击最大为 240 L/min,持续 0.3 s,之后流量恢复为稳态流量;3R52 稳态流量为 60 L/min,流量冲击最大为 240 L/min,持续 0.3 s,之后流量恢复为稳态流量;以上这两路导管流量全部来自 3R55 和 3R56,稳态全部来自 3R55,最大流量冲击时 80% 来自 3R55。稳态压力为 0.35 MPa,最大流量时压力为 0.2 MPa。为了比较各根管道在流量冲击下所引起的管道振动情况,所有管道的流量冲击均用相同的最严重的流量冲击曲线来激励,通过仿真计算来比较各根管道在与吸油模块相连的位置处的振动位移大小,并以此来比较管道与吸油模块连接处由于压力冲击所引起的动载荷。

表 2-21 所列为流体参数,图 2-63 所示为流量冲击曲线。其中,流体压力为 0.35 MPa,在 0.1 s 时流量从 60 L/min 陡升到 240 L/min,维持 0.28 s 后,再陡降到 60 L/min。

表 2 - 21   流体参数

流体密度/(kg·m⁻³)	流体压力/MPa	流体体积弹性模量/Pa
1 100	0.35	1 311 000 000

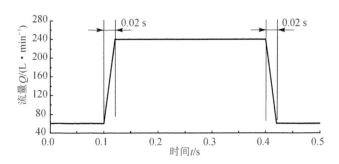

图 2 - 63   流量冲击曲线

2. 管道在流量冲击激励下的瞬态响应

（1）吸油模块 3R54 - 3R5A 管道的瞬态响应

图 2 - 64 所示为 3R54 - 3R5A 管道与吸油模块相连的节点（支承 S1、节点 1）在流量冲击激励下的响应位移时间曲线，从图 2 - 64 可以看出，在 Y 方向节点的位移最大，达到

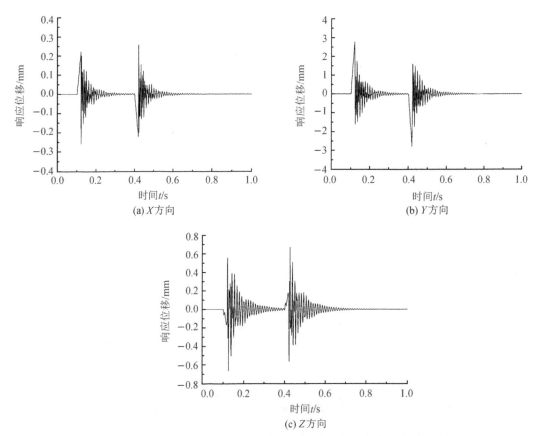

图 2 - 64   管道 3R54 - 3R5A 与吸油模块相连的节点的响应位移时间曲线

2.773 2 mm,而在 X 方向为 0.257 0 mm,Z 向为 0.665 0 mm。从管道模型可以看出,Y 方向为沿管道 3R5A 的轴线方向。该方向很大的动位移必将导致该连接部位产生很大的动载荷。表 2 – 22 所列为管道 3R54 – 3R5A 与吸油模块相连的节点的响应位移峰值。

表 2 – 22　管道 3R54 – 3R5A 与吸油模块相连的节点的响应位移峰值

振动方向	最小值/mm	最大值/mm
X	−0.257 0	0.257 5
Y	−2.773 2	2.769 3
Z	−0.665 0	0.667 5

（2）吸油模块 3R55 管道的瞬态响应

图 2 – 65 所示为 3R55 管道与吸油模块相连的节点（支承 S1、节点 1）在流量冲击激励下的响应位移时间曲线,从图 2 – 65 可以看出,在 Y 方向节点的位移最大,达到 2.145 3 mm,而在 X 方向为 0.482 1 mm,Z 方向为 0.753 0 mm。从管道模型可看出,Y 方向为沿管道 3R55 的轴线方向,该方向产生较大动位移,但与管道 3R54 – 3R5A 相比,在吸油模块连接处产生的动载荷要稍小一些。表 2 – 23 所列为管道 3R55 与吸油模块相连的节点的响应位移峰值。

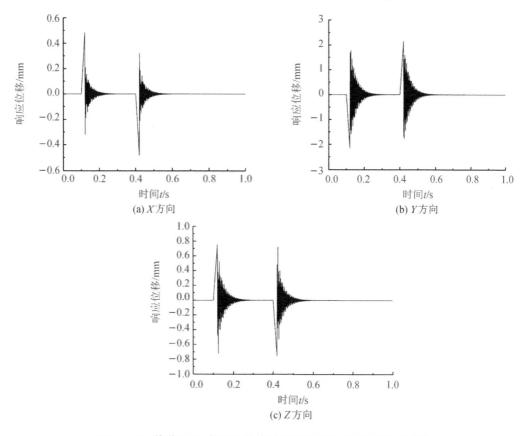

(a) X 方向
(b) Y 方向
(c) Z 方向

图 2 – 65　管道 3R55 与吸油模块相连的节点的响应位移时间曲线

表 2 - 23   管道 3R55 与吸油模块相连的节点的响应位移峰值

振动方向	最小值/mm	最大值/mm
X	−0.482 1	0.482 1
Y	−2.145 3	2.145 6
Z	−0.753 0	0.752 9

（3）吸油模块 3R52 管道的瞬态响应

图 2 - 66 所示为 3R52 管道与吸油模块相连的节点（支承 S2、节点 12）在流量冲击激励下的响应位移时间曲线，从图 2 - 66 可以看出，在 Y 方向节点的位移最大，达到 1.705 7 mm，而在 X 方向为 0.074 1 mm，Z 方向为 0.846 7 mm。从管道模型可以看出，Y 方向为沿管道 3R52 的轴线方向，该方向产生较大动位移，但与管道 3R54 - 3R5A 相比，在吸油模块连接处产生的动载荷要更小一些。表 2 - 24 所列为管道 3R52 与吸油模块相连的节点的位移响应峰值。

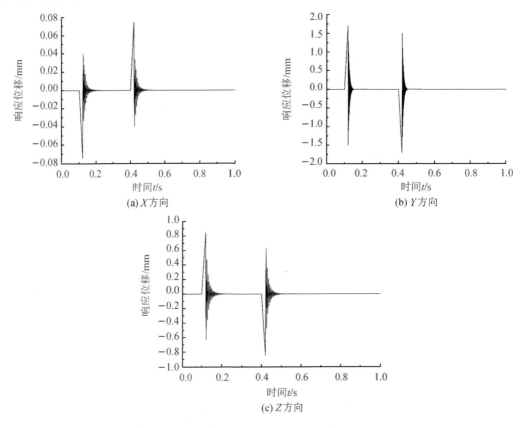

(a) X 方向

(b) Y 方向

(c) Z 方向

图 2 - 66   管道 3R52 与吸油模块相连的节点的响应位移时间曲线

（4）吸油模块 3R56 管道的瞬态响应

图 2 - 67 所示为 3R56 管道与吸油模块相连的节点（支承 S2、节点 20）在流量冲击激励下的响应位移时间曲线，从图 2 - 67 可以看出，在 Z 方向节点的位移最大，达到 2.020 7 mm，而在 X 方向为 1.051 6 mm，Y 方向为 0.337 7 mm。从管道模型可以看出，Z 方向为沿管道 3R56 的轴线方向，该方向产生较大动位移，但是与管道 3R54 - 3R5A 相比，在吸油模块连接处

产生的动载荷要更小一些。表 2-25 所列为管道 3R56 与吸油模块相连的节点的位移响应峰值。

表 2-24　管道 3R52 与吸油模块相连的节点的响应位移峰值

振动方向	最小值/mm	最大值/mm
X	-0.074 1	0.074 1
Y	-1.705 7	1.705 7
Z	-0.846 7	0.846 7

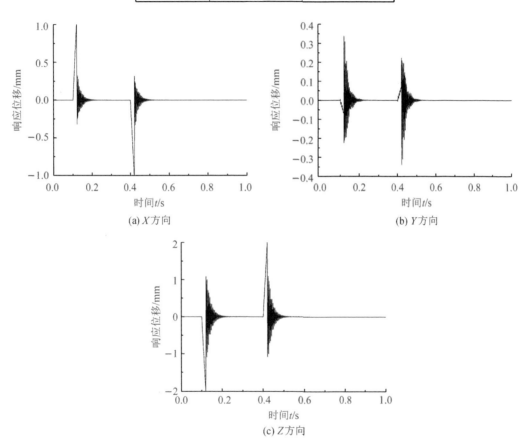

(a) X 方向　(b) Y 方向

(c) Z 方向

图 2-67　管道 3R56 与吸油模块相连的节点的响应位移时间曲线

表 2-25　管道 3R56 与吸油模块相连的节点的响应位移峰值

振动方向	最小值/mm	最大值/mm
X	-1.051 6	1.051 6
Y	-0.337 7	0.337 7
Z	-2.020 7	2.020 7

（5）吸油模块 3R57 管道的瞬态响应

图 2-68 所示为 3R57 管道与吸油模块相连的节点（支承 S2、节点 27）在流量冲击激励下

的响应位移时间曲线,从图中可以看出,在 X 方向节点的位移最大,达到 1.824 1 mm,而在 Y 方向为 0.050 2 mm,Z 方向为 0.726 4 mm。从管道模型可以看出,X 方向为沿管道 3R57 的轴线方向,该方向产生较大动位移,但是与管道 3R54－3R5A 相比,在吸油模块连接处产生的动载荷要小。表 2－26 所列为管道 3R57 与吸油模块相连的节点的位移响应峰值。

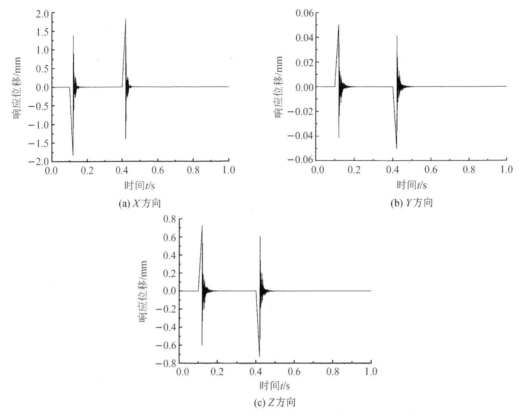

(a) X 方向　　　　　　　　　　　　(b) Y 方向

(c) Z 方向

图 2－68　管道 3R57 与吸油模块相连的节点的响应位移时间曲线

表 2－26　管道 3R57 与吸油模块相连的节点的响应位移峰值

振动方向	最小值/mm	最大值/mm
X	−1.824 1	1.824 1
Y	−0.050 2	0.050 2
Z	−0.726 4	0.726 4

(6) 吸油模块 3R58 管道的瞬态响应

图 2－69 所示为 3R58 管道与吸油模块相连的节点(支承 S2、节点 25)在流量冲击激励下的响应位移时间曲线,从图中可以看出,在 X 方向节点的位移最大,达到 1.939 2 mm,而在 Y 方向为 0.142 9 mm,Z 方向为 0.635 2 mm。从管道模型可以看出,X 方向为沿管道 3R58 的轴线方向,该方向产生较大动位移,但是与管道 3R54－3R5A 相比,在吸油模块连接处产生的动载荷要小。表 2－27 所列为管道 3R58 与吸油模块相连的节点的响应位移峰值。

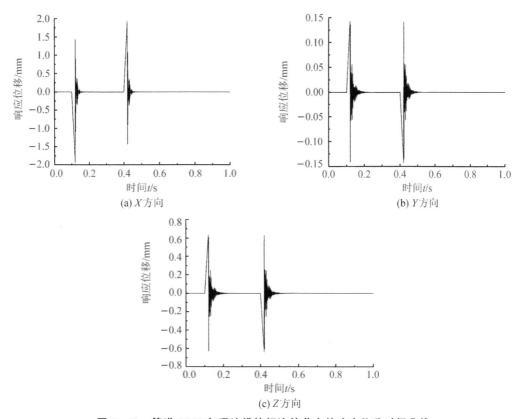

图 2 - 69　管道 3R58 与吸油模块相连的节点的响应位移时间曲线

表 2 - 27　管道 3R58 与吸油模块相连的节点的响应位移峰值

振动方向	最小值/mm	最大值/mm
X	$-1.939\,2$	$1.939\,2$
Y	$-0.142\,9$	$0.142\,9$
Z	$-0.635\,2$	$0.635\,2$

（7）小　结

将在相同的流量冲击激励下各管道与吸油模块连接处的瞬态响应位移的最大值汇总于表 2 - 28，从表中不难发现，管道 3R54 - 3R5A 在 Y 方向的位移响应最大，其最大值达到 2.773 0 mm。该方向为沿管道的轴线方向，将在吸油模块连接处产生很大的动载荷，而其他管道的位移响应较小，其动载荷相对较小。故在流量冲击下，管道 3R54 - 3R5A 与吸油模块的连接处最容易发生破坏。

表 2 - 28　在相同的流量冲击激励下各管道与吸油模块连接处的瞬态响应位移最大值

单位：mm

	3R54 - 3R5A	3R55	3R52	3R56	3R57	3R58
X	0.257 0	0.482 1	0.007 4	1.051 6	1.824 1	1.939 2
Y	2.773 0	2.145 3	1.705 7	0.337 7	0.050 2	0.142 9
Z	0.665 0	0.753 0	0.846 7	2.020 7	0.726 4	0.625 3

2.5.5　某型飞机吸油模块管路振动优化

通过上述分析,发现管道 3R54-3R5A 存在较大的设计缺陷,这是导致吸油模块故障的根本原因。为此,对该管道进行三方面设计改进:① 将现有软卡箍改为刚性更好的硬卡箍;② 提高支撑点的支撑刚度;③ 在管道上再增加一个硬卡箍。对改进后的方案计算分析,除进行固有特性模态分析以外,还将进行瞬态冲击和基础随机激励下的振动响应分析。其中,流量冲击激励如图 2-63 所示。

基础随机激励考虑来自发动机舱的随机激励,作用于固定在发动机推力销安装所在的框上的管道支撑点 S1。随机激励的功率谱密度函数如图 2-70(a)所示,图 2-70(b)、图 2-70(c)、图 2-70(d)是分别为根据功率谱密度函数模拟出来的时域样本函数,利用该样本函数可以直接进行时域数值积分得到振动随机响应时域样本。

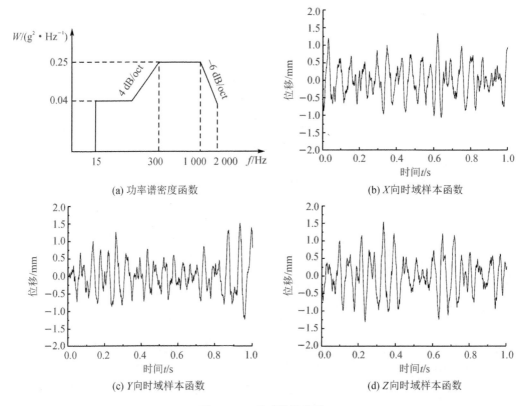

(a) 功率谱密度函数　　　　　　　(b) X 向时域样本函数

(c) Y 向时域样本函数　　　　　　　(d) Z 向时域样本函数

图 2-70　基础随机激励

1. 方案 1:提高软卡箍刚度的改进方案

(1) 模态分析

将管道中间设置的软卡箍 S3 和 S4 的三个方向的线刚度均增加为 5.0×10^6 N/m,管路系统的固有频率和振型见表 2-29 和图 2-71。可以看出两阶振型不仅避开了发动机的不平衡激励频率,而且固定支撑处的振动均很小,显然在发动机不平衡响应引起的简谐激励下不会引起管接头很大的附加动应力。

表 2 - 29 卡箍 S3 和 S4 的刚度增加后管道 3R57 - 3R58 的固有频率和振型

模态序号	固有频率/Hz	振 型	支承 S1 处振型位移
第 1 阶	134.14	见图 2 - 71(a)	很小
第 2 阶	288.66	见图 2 - 71(b)	很小

(a) 第1阶振型　　　　　　　　　　　　　　　　(b) 第2阶振型

图 2 - 71 卡箍 S3 和 S4 的刚度增加后管道 3R57 - 3R58 的管路振型

（2）流量冲击响应比较

图 2 - 72 所示为设计改进前后管道 3R57 - 3R58 在流量冲击下的瞬态响应比较。可以发现,设计改进后,Y 方向的瞬态响应不仅瞬时峰值明显降低了,从 2.769 3 mm 降低到 0.569 2 mm。而且,由于系统固有频率提高了,所有瞬态响应很快衰减,从而大大降低了对结构疲劳寿命的影响程度。在 X 和 Z 方向的瞬态响应峰值变化不大,但是改进后的管道瞬态响应衰减得更快。改进前后冲击响应瞬时最大位移峰值比较如表 2 - 30 所列。

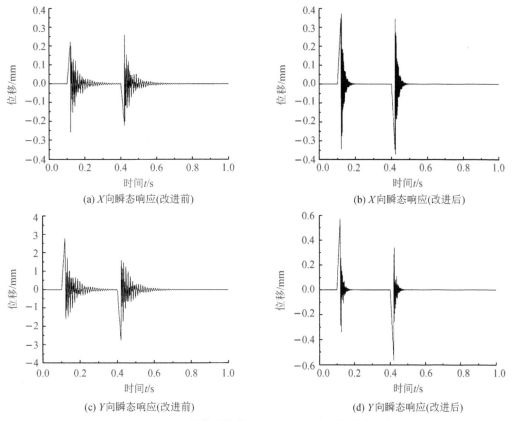

(a) X向瞬态响应(改进前)　　　　　　　　　(b) X向瞬态响应(改进后)

(c) Y向瞬态响应(改进前)　　　　　　　　　(d) Y向瞬态响应(改进后)

图 2 - 72 改进前后管道 3R57 - 3R58 的瞬态响应比较

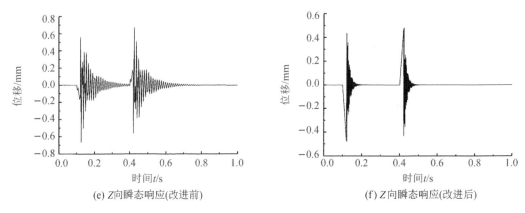

(e) Z向瞬态响应(改进前)   (f) Z向瞬态响应(改进后)

图 2 - 72   改进前后管道 3R57 - 3R58 的瞬态响应比较(续)

表 2 - 30   改进前后冲击响应瞬时最大位移峰值比较(方案 1)

单位:mm

方　向	改进前	改进后	减小百分比/%
X	0.257 5	0.369 8	-43.6
Y	2.769 3	0.569 2	79.4
Z	0.667 5	0.480 9	27.9

（3）基础随机激励响应比较

图 2 - 73 所示为改进前后管道 3R57 - 3R58 与吸油模块相连的节点随机振动响应时域波形比较。表 2 - 31 所列为改进前后随机样本的有效值比较。从比较结果可以看出,提高卡箍刚度将大大减小该节点的随机振动大小,改进后节点在 Y 方向的振动有效值从 0.054 7 mm 下降到 0.006 5 mm, X 方向和 Z 方向的振动也有大幅度减小。

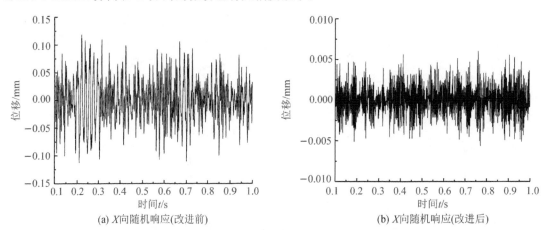

(a) X向随机响应(改进前)   (b) X向随机响应(改进后)

图 2 - 73   改进前后管道 3R57 - 3R58 与吸油模块相连的节点随机振动响应时域波形比较

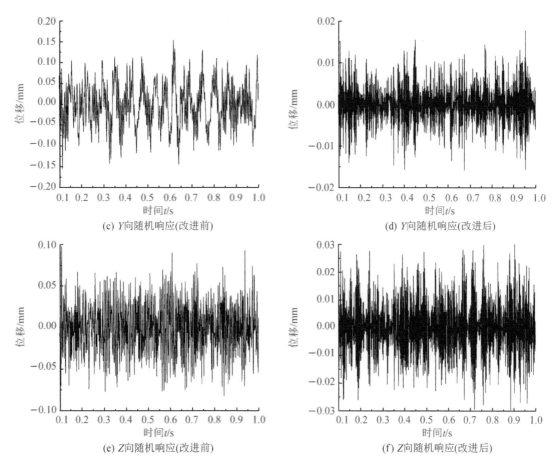

(c) Y 向随机响应(改进前)

(d) Y 向随机响应(改进后)

(e) Z 向随机响应(改进前)

(f) Z 向随机响应(改进后)

图 2-73 改进前后管道 3R57-3R58 与吸油模块相连的节点随机振动响应时域波形比较(续)

表 2-31 改进前后随机样本的有效值比较(方案 1)

	X 向位移均方值/mm	Y 向位移均方值/mm	Z 向位移均方值/mm
改进前	0.042 2	0.054 7	0.033 9
改进后	0.002 5	0.006 5	0.013 1
减小倍数	16.88	8.42	2.59

2. 方案 2:提高固定支撑点 S1 的连接刚度

（1）模态分析

将管道固定支撑 S1 的三个方向的线刚度均增加为 1.0×10^7 N/m,绕三个方向的角刚度均增加为 1.0×10^5 N·m/rad,管路系统的固有频率和振型见表 2-32 和图 2-74。可以看出,6 阶振型不仅避开了发动机的不平衡激励频率,而且固定支撑处的振动均很小,显然在发动机不平衡响应引起的简谐激励作用下,不会引起很大的管接头附加动应力。

表 2 - 32   提高固定支撑点 S1 的连接刚度后管道 3R57 - 3R58 的固有频率和振型

模态序号	固有频率/Hz	振　型	S1 处振型位移
第 1 阶	45.86	见图 6 - 74(a)	很小
第 2 阶	77.30	见图 6 - 74(b)	很小
第 3 阶	126.30	见图 6 - 74(c)	很小
第 4 阶	151.50	见图 6 - 74(d)	很小
第 5 阶	162.79	见图 6 - 74(e)	很小
第 6 阶	318.96	见图 6 - 74(f)	很小

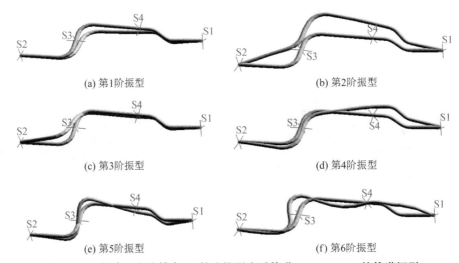

图 2 - 74   提高固定支撑点 S1 的连接刚度后管道 3R57 - 3R58 的管道振型

（2）流量冲击响应分析

图 2 - 75 所示为设计改进前后在流量冲击下的瞬态响应比较，可以发现，设计改进后，X 方向、Y 方向和 Z 方向的瞬态响应不仅瞬时峰值明显降低了 90%，而且由于系统固有频率提高了，所有瞬态响应很快衰减，从而大大降低了对结构疲劳寿命的影响程度。改进前后冲击响应瞬时最大位移峰值比较如表 2 - 33 所列。

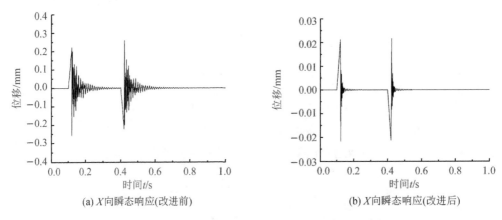

图 2 - 75   改进前后在流量冲击下的瞬态响应比较(方案 2)

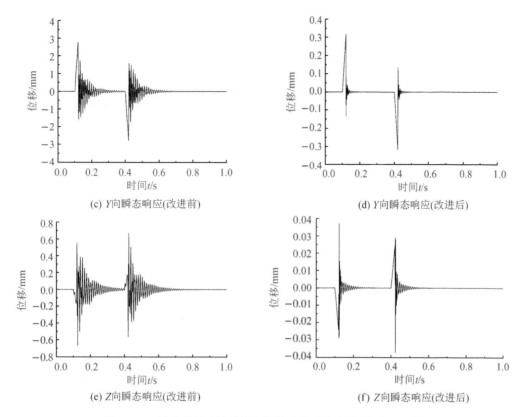

(c) Y 向瞬态响应(改进前)　　　　　　　(d) Y 向瞬态响应(改进后)

(e) Z 向瞬态响应(改进前)　　　　　　　(f) Z 向瞬态响应(改进后)

图 2-75　改进前后在流量冲击下的瞬态响应比较(方案 2)(续)

表 2-33　改进前后冲击响应瞬时最大位移峰值(方案 2)

方　向	改进前/mm	改进后/mm	减小百分比/%
X	0.257 5	0.021 6	91.6
Y	2.769 3	0.314 9	88.6
Z	0.667 5	0.037 2	94.4

(3) 基础随机激励响应比较

表 2-34 为改进前后随机样本的有效值比较。图 2-76 为改进前后管道 3R57-3R58 与吸油模块相连的节点随机振动响应时域波形比较。从比较结果可以看出,提高两个固定支撑的刚度能够大大减小该节点的随机振动大小,改进后节点在三个方向的振动均降低了 90% 左右。由此可见,提高管道固定支撑的刚度能够有效减小吸油模块连接节点振动。

表 2-34　改进前后随机样本的有效值比较(方案 2)

	X 向位移均方值/mm	Y 向位移均方值/mm	Z 向位移均方值/mm
改进前	0.042 2	0.054 7	0.033 9
改进后	0.004 8	0.007 2	0.003 8
减小百分比/%	88.6	86.8	88.8

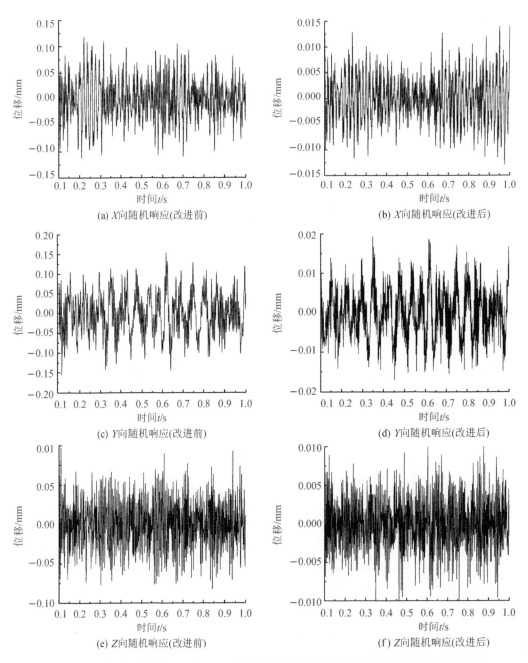

图 2 - 76 改进前后管道 3R57 - 3R58 与吸油模块相连的节点随机振动响应时域波形比较

3. 方案 3:优化卡箍位置

（1）模态分析

以管道基频大于 100 Hz 为目标,通过管道卡箍优化,得到管道中间需要设置一个硬卡箍,卡箍三个方向的线刚度均增加为 1.0×10^7 N/m,角刚度均增加为 1.0×10^5 N·m/rad,管路系统的固有频率和振型见表 2 - 35 和图 2 - 77。可以看出 4 阶振型不在固定支撑 S1 处的振动均很小,显然在发动机不平衡响应引起的简谐激励作用下,不会引起很大的管接头附加动应力。

表 2 - 35　设置一个优化卡箍后管道 3R57 - 3R58 的固有频率和振型

模态序号	固有频率/Hz	振　型	S1 处振型位移
第 1 阶	118.80	见图 2 - 77(a)	很小
第 2 阶	132.94	见图 2 - 77(b)	很小
第 3 阶	140.11	见图 2 - 77(c)	很小
第 4 阶	331.28	见图 2 - 77(d)	很小

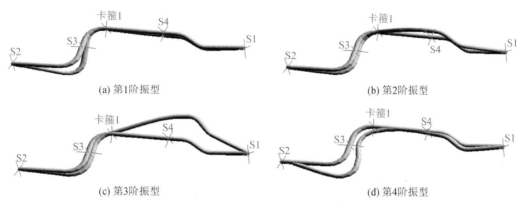

(a) 第1阶振型　　　　　　　　　　　　　　　　(b) 第2阶振型

(c) 第3阶振型　　　　　　　　　　　　　　　　(d) 第4阶振型

图 2 - 77　设置一个优化卡箍后管道 3R57 - 3R58 的管道振型

（2）流量冲击响应分析

图 2 - 78 所示为改进前后在流量冲击下的瞬态响应比较,可以发现,设计改进后,Y 方向的瞬时峰值从 2.769 3 mm 下降到 0.616 0 mm,而 X 方向和 Z 方向的瞬态响应基本上差不多。由于系统固有频率提高了,所有瞬态响应很快衰减,从而大大降低了对结构疲劳寿命的影响程度。改进前后冲击响应瞬时最大位移峰值比较如表 2 - 36 所列。

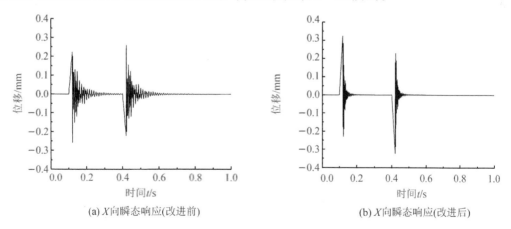

(a) X 向瞬态响应(改进前)　　　　　　　　　　(b) X 向瞬态响应(改进后)

图 2 - 78　改进前后在流量冲击下的瞬态响应比较(方案 3)

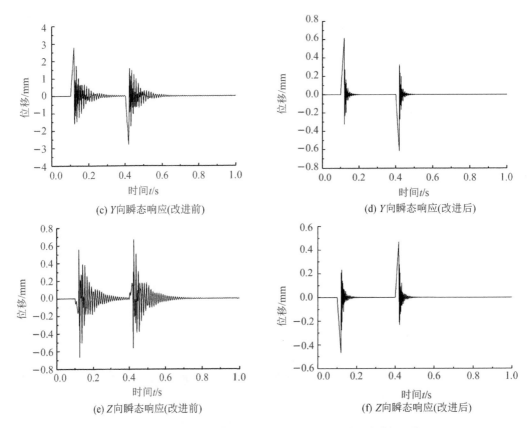

(c) Y向瞬态响应(改进前)　　　　　　　(d) Y向瞬态响应(改进后)

(e) Z向瞬态响应(改进前)　　　　　　　(f) Z向瞬态响应(改进后)

图 2 - 78　改进前后在流量冲击下的瞬态响应比较(方案 3)(续)

表 2 - 36　改进前后冲击响应瞬时最大位移峰值(方案 3)

单位:mm

方　向	改进前	改进后	减小百分比/%
X	0.257 5	0.324 0	−25.8
Y	2.769 3	0.616 0	77.7
Z	0.667 5	0.466 2	30.2

(3) 基础随机激励响应比较

表 2 - 37 所列为改进前后随机样本的有效值比较。图 2 - 79 所示为改进前后管道 3R57 - 3R58 与吸油模块相连的节点随机振动响应时域波形比较。可以看出,在管道中间增加一个硬卡箍能有效减小该节点的随机振动大小,振动有效值与改进前相比大大减小。

表 2 - 37　改进前后的随机响应有效值比较(方案 3)

	X 向位移均方值/mm	Y 向位移均方值/mm	Z 向位移均方值/mm
改进前	0.042 2	0.054 7	0.033 9
改进后	0.006 2	0.009 3	0.018 9
减小百分比/%	85.3	82.3	44.2

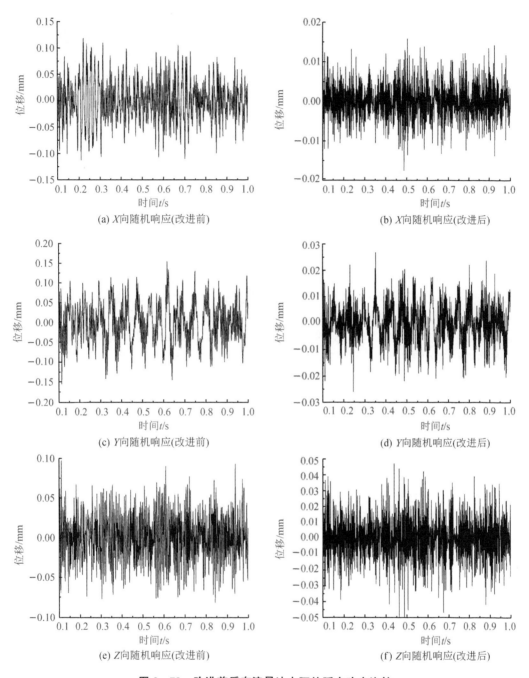

(a) X 向随机响应(改进前)　　　　　　　　(b) X 向随机响应(改进后)

(c) Y 向随机响应(改进前)　　　　　　　　(d) Y 向随机响应(改进后)

(e) Z 向随机响应(改进前)　　　　　　　　(f) Z 向随机响应(改进后)

图 2 - 79　改进前后在流量冲击下的瞬态响应比较

2.5.6　小　结

本章针对某型飞机吸油模块管道的故障现象,进行了振动分析,并得出如下结论。

(1) 考虑发动机不平衡激励。发现 3R54 - 3R5A 管道第 5 阶固有振动的固有频率为 161.97 Hz(对应转速 9 720 r/min),正好在发动机高压转子不平衡引起的转速 1 倍频激励范围,而其对应的振型表现为与吸油模块相连接的固定支承部位产生沿管轴向(Y 向)的振动位移。因此,当与飞机结构相连的固定支撑 S2 受到发动机不平衡激励,且激励频率与该固有频率接近时,将在管道与吸油模块相连接的固定支承 S1 处产生很大的振动位移,导致管道与直角管接头之间产生很大的作用力,引起钢接头上很大的弯矩,从而最终导致吸油集油接头螺纹疲劳损伤,以及支架的疲劳裂纹破坏。而其他管道要么不存在此阶振型,要么固有频率不在发动机不平衡激励范围内,因此不会引起此类故障。

(2) 考虑管道流量冲击。在相同的流量冲击激励下,管道 3R54 - 3R5A 在 Y 方向的位移响应最大,其最大值达到 2.773 2 mm。该方向为沿管道的轴线方向,将在吸油模块连接处产生很大的动载荷,而其他管道的位移响应较小,其动载荷相对较小。故在流量冲击下,管道 3R54 - 3R5A 与吸油模块的连接处最容易发生破坏。

(3) 改进的方案有三个。

① 将现有两个软卡箍位置的刚度提高,其三个方向的线刚度达到 1×10^7 N/m。该方案不仅能够改变管道振型,避免发动机不平衡激励引起的共振,而且在一定程度上能够降低流量冲击引起的瞬态响应,将管道轴向(Y 向)的瞬态冲击响应位移峰值减小 79.4%,同时也能大大降低基础随机激励所引起的管路振动,将管道轴向(Y 向)的振动位移有效值减小 88.8%。

② 将现有管道与吸油模块相连接的固定支撑刚度提高,三个方向的线刚度达到 1×10^7 N/m。该方案一方面能够改变管道振型,避免发动机不平衡激励引起的共振;另一方面能够最大限度地降低流量冲击引起的瞬态响应;同时也能够很好地抑制基础随机激励下的振动。将管道轴向(Y 向)的瞬态冲击响应位移峰值减小 88.6%,同时也能大大降低基础随机激励所引起的管路振动,将管道轴向(Y 向)的振动位移有效值减小 86.8%。

③ 重新在新位置上设置一个硬卡箍,其三个方向的线刚度达到 1×10^7 N/m。该方案不仅能够改变管道振型,避免发动机不平衡激励引起的共振,而且在一定程度上能够降低流量冲击引起的瞬态响应,同时也能大大降低基础随机激励所引起的管路振动。将管道轴向(Y 向)的瞬态冲击响应位移峰值减小 77.7%,同时也能大大降低基础随机激励所引起的管路振动,将管道轴向(Y 向)的振动位移有效值减小 82.3%。

综上所述,三种方案均能达到很好的减振效果,相比之下,方案②的减振效果最佳,然后依次为方案①和方案③。但是在实际应用中需要根据修改方案实施的难易程度来确定优化方案。

2.6　本章小结

本章分析了飞机复杂管路系统的振动机理,针对实际的飞机复杂管路系统,基于有限元分析方法,建立了一种复杂空间管道系统流固耦合动力学模型,研究复杂载流管路系统的振动特性,应用管路模态试验对仿真模型进行了验证,并与 ANSYS 的计算结果进行了比较分析。在此基础上,开发了具有自主知识产权的管道动力学分析软件 PLVAS,利用该软进行了某型实际飞机吸油模块管路结构振动分析与设计改进,充分验证了所建立的复杂管道动力学模型和开发的相关软件具有很强的工程实用价值。

参考文献

[1] 付才高,郑大平,欧园霞,等. 航空发动机设计手册:第 19 分册[M].北京:航空工业出版社,2000.
[2] 唐永进. 压力管道应力分析[M].2 版.北京:中国石化出版社,2010.

第 **3** 章
管路连接件密封性能分析

飞机液压管路连接件作为飞机液压系统的重要组成部分,其空间布局错综复杂,由于部件定位不准确、装配不稳定等因素往往会导致管道带应力安装,最终在复杂的振动工况下导致管道泄漏、磨损、断裂等,严重影响飞机飞行安全。本章以带应力安装下的扩口管路连接件为研究对象,针对导管密封性进行一系列研究,主要的工作包括:① 进行管道连接件摩擦副的摩擦系数测定及管道连接件材料参数测试试验;② 进行普通螺栓扭拉关系验证试验;③ 建立管路连接件有限元模型,仿真分析不同装配状态对管路密封性能的影响规律,并进行不同装配偏差下管道密封性能验证试验,以验证仿真结果的正确性;④ 建立基于管道密封性能分析的有限元代理模型,进行不同安装条件下的管道密封性能评估,得到管道密封性能控制标准。

3.1 扩口管路连接件力学参数测试与分析

可分离式管路连接件由于具有结构简单、无须焊接、连接强度可靠及拆装方便等优点在飞机的各种管路系统中得到了广泛应用。扩口管路连接件是液压系统里使用最早,应用最为广泛的刚性导管连接件,可以适用于各种流体介质,其主要由管接头、扩口管、平管嘴及外套螺母组成。在对管路连接件建模及仿真分析过程中主要涉及接触、几何及材料非线性等问题,因此为获得准确的仿真模型,需要针对以上问题进行研究。

3.1.1 摩擦系数测试试验

由于在管路连接件中存在多个摩擦副和接触对,摩擦系数对仿真计算的结果准确性有很大影响。本章以钢制管道连接件为例,获取管路连接件材料 45♯钢和 1Cr18Ni9Ti 之间准确的摩擦系数,按照扩口管路连接件的两种材料的加工工艺,结合摩擦系数测定仪规格要求,设计加工了 45♯钢和 1Cr18Ni9Ti 试验件,并进行摩擦系数测定试验。

1. 试验原理

当两个物体平放在一起时,在一定的接触压力下,让两个物体表面产生相对移动。当两接触物体要动而未动时的阻力即为静摩擦力,而当两接触的物体以一定的速度移动时的阻力为动摩擦力。静摩擦系数和动摩擦系数分别是静摩擦力与动摩擦力与施加在两个接触表面的法向力之间的比值。

摩擦系数计算公式如下。

(1) 静摩擦系数

$$\mu_s = \frac{F_s}{mg} \qquad (3-1)$$

式中，μ_s 为静摩擦系数；F_s 为拉动滑块运动最大拉力；m 为滑块与滑块试验件的总质量；g 为重力加速度，取 9.79 m/s²。

(2) 动摩擦系数

$$\mu_k = \frac{F_k}{mg} \qquad (3-2)$$

式中，μ_k 为动摩擦系数；F_k 为拉动滑块匀速运动时的拉力均值；m 为滑块与滑块试验件的总质量；g 为重力加速度，取 9.79 m/s²。

2. 试验设备

试验设备为 ZT-3009 型摩擦系数测试仪，如图 3-1 所示，由水平底座，滑块、显示屏、夹具、打印机等部分组成。滑块由电机驱动，用于带动滑块试验件在水平底座向左缓慢匀速移动，夹具负责固定底座试验件在水平底座上，显示屏用于显示拉力大小及动、静摩擦系数，打印机用于结果打印输出。测试仪具体参数规格如表 3-1 所列。

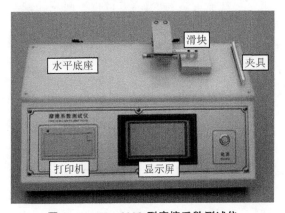

图 3-1　ZT-3009 型摩擦系数测试仪

表 3-1　摩擦系数测试仪具体参数规格

规　格	参数值
有效滑动行程/mm	0～150
滑块质量/g	200
滑块的尺寸/(mm×mm×mm)	63×63×4
滑块移动速度/(mm·min⁻¹)	0～300
电源/V	220
测试仪外形尺寸/(mm×mm×mm)	480×295×230

根据摩擦系数测试仪水平底座、滑块大小和工作距离，设计加工了 1Cr18Ni9Ti 和 45♯钢的底座试验件和滑块试验件，底座试验件大小为 200 mm×100 mm×4 mm，滑块试验件大小为 63 mm×63 mm×4 mm，除此之外，还需使用电子秤对试验件和滑块质量进行测定，以及使用胶水对滑块和试验件进行粘连固定，试验所需材料如图 3-2 所示。

3. 测试方案

参考《金属材料 薄板和薄带 摩擦系数测定方法》(YB/T 2486—2012)设计了金属板件摩擦系数测定方案，具体试验方案如下。

① 将滑块试验件与滑块进行粘连，使用电子秤测定二者质量，将质量数值输入摩擦系数测定仪中。底座试验件通过夹具固定在水平底座上。

② 将滑块与电机连接，对滑块进行复位。复位结束后设置滑块移动速度为 100 mm/min。

③ 启动仪器，观察显示屏中拉力增加情况。当拉力增加到一定值时，滑块试验件开始产生滑动，继续滑动 100 mm 后停止移动。获得拉力大小随滑块位移时间变化曲线；并将结果通

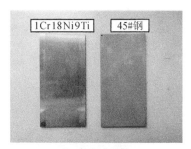

(a) 底座试验件

(b) 滑块试验件

(c) 电子秤

(d) 454胶水

图 3 - 2　试验所需材料

过打印机进行打印,得到此次试验的动、静摩擦系数。

　　④ 重复步骤①～③,通过更换不同试验件,每组试验件分别测定 3 次 1Cr18Ni9Ti 和 45 ♯ 钢,45 ♯ 钢和 45 ♯ 钢之间的动、静摩擦系数,共测量 3 组。试验过程如图 3 - 3 所示。

4. 试验结果

　　分别测量 3 组 1Cr18Ni9Ti 和 45 ♯ 钢,45 ♯ 钢和 45 ♯ 钢之间的摩擦系数,结果分别如表 3 - 2 及表 3 - 3 所列。

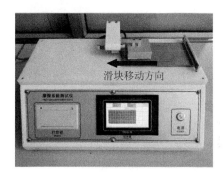

图 3 - 3　摩擦系数试验过程

表 3 - 2　1Cr18Ni9Ti 和 45 ♯ 钢试验数据记录表

组　别	第一组试验			第二组试验			第三组试验		
序号	1	2	3	1	2	3	1	2	3
滑块与试验件质量 m/kg	0.353	0.353	0.353	0.352	0.352	0.352	0.358	0.358	0.358
拉力峰值 F_s/N	0.522	0.520	0.515	0.525	0.520	0.522	0.530	0.525	0.530
匀速运动拉力 F_k/N	0.458	0.455	0.451	0.422	0.420	0.421	0.454	0.446	0.456
静摩擦系数 μ_s	0.151	0.150	0.149	0.152	0.150	0.151	0.154	0.149	0.154
静摩擦系数平均值 $\bar{\mu}_s$	0.151								
动摩擦系数 μ_k	0.132	0.131	0.130	0.122	0.121	0.121	0.129	0.127	0.130
动摩擦系数平均值 $\bar{\mu}_k$	0.127								

表 3 - 3　45#钢和 45#钢试验数据记录表

组　别	第一组试验			第二组试验			第三组试验		
序号	1	2	3	1	2	3	1	2	3
滑块与试验件质量 m/kg	0.353	0.353	0.353	0.352	0.352	0.352	0.358	0.358	0.358
拉力峰值 F_s/N	0.542	0.541	0.548	0.535	0.540	0.512	0.510	0.545	0.560
拉力均值 F_k/N	0.468	0.466	0.468	0.432	0.460	0.431	0.454	0.446	0.456
静摩擦系数 μ_s	0.156	0.156	0.158	0.155	0.156	0.149	0.145	0.155	0.159
静摩擦系数平均值 $\bar{\mu}_s$	0.154								
动摩擦系数 μ_k	0.135	0.135	0.135	0.125	0.133	0.125	0.129	0.127	0.130
动摩擦系数平均值 $\bar{\mu}_k$	0.130								

将三组试验结果取平均值,得到 1Cr18Ni9Ti 和 45#钢之间的静摩擦系数为 0.151,动摩擦系数为 0.127;45#钢和 45#钢之间的静摩擦系数为 0.154,动摩擦系数为 0.130。

3.1.2　管路连接件力学参数测试试验

准确的材料力学性能参数是对结构进行有限元分析的必要前提,本文选取的薄壁扩口管的材料为 1Cr18Ni9Ti,其余连接件材料为 45#钢,材料手册中关于这两种材料的参数均凭棒材为基础进行拉伸试验得来,未能考虑不同型材在服役状态下的几何属性对材料属性的影响。因此本节针对两种材料的管材进行力学性能测试试验。

1. 管材力学性能测试试验方案

根据《金属材料拉伸试验第 1 部分室温试验方法》(GB/T 228—2002)规定设计管材试样,选取 $d_0 = 4$ mm,壁厚 $t = 0.6$ mm 的 1Cr18Ni9Ti 的管段和 $d_0 = 10$ mm,壁厚 $t = 1$ mm 的 45#钢管段。

根据国标,试样原始标距需要满足

$$L_0 = k \sqrt{A_0} \tag{3-3}$$

其中,k 为比例系数,$k = 5.65$;A_0 为管材的原始横截面积。对于比例试样,需要将原始标距计算值修正至 5 mm 的倍数,通过计算修正得到 1Cr18Ni9Ti 管段的 $L_{01} = 20$ mm,45#钢管段的 $L_{02} = 30$ mm。

对 1Cr18Ni9Ti 和 45#钢两种管材,在 MTS 万能试验机上分别进行 2 组拉伸试验。其中,在引伸计计算标距位移量达到 4 mm 之前,加载速率为 2 mm/min,达到 4 mm 之后直至试验件断裂部分加载速率为 5 mm/min。

为了在拉伸过程中保持管道处于单向拉伸状态,考虑采用硬质金属塞头插入管道两侧的夹持端。其中比例试样管道如图 3 - 4 所示。

2. 试验结果处理

通过 MTS 万能试验机的测量软件可以获取管材拉伸载荷位移曲线,根据拉伸载荷和形变量可以得到两种材料的工程应力-应变关系,其中工程应力为

$$\sigma = \frac{F_t}{A} \tag{3-4}$$

其中,F_t 为试验机上显示的拉伸载荷;A 为试验件的截面积。

工程应变 e 为引伸计测量的形变量 ΔL 与原始标距 L_0 的比值,即

$$e = \frac{\Delta L}{L_0} \tag{3-5}$$

由于在拉伸过程中,试验件的长度和截面积会不断发生改变,因此需要针对工程应力和工程应变数据进一步处理来获取真实应力 S 和真实应变 ε 之间的关系曲线,计算公式为

$$\begin{cases} S = \sigma(1+e) \\ \varepsilon = \ln(1+e) \end{cases} \tag{3-6}$$

将两组试验的结果分别取平均值,并根据式(3-6)计算得到两种材料的真实应力应变曲线,如图 3-5 所示。

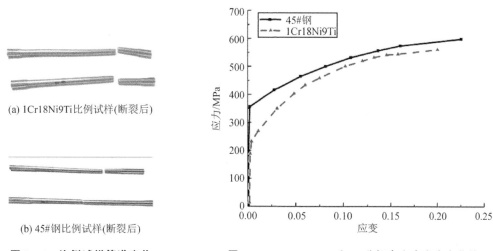

(a) 1Cr18Ni9Ti比例试样(断裂后)

(b) 45#钢比例试样(断裂后)

图 3-4　比例试样管道实物　　　　　图 3-5　1Cr18Ni9Ti 和 45♯钢真实应力应变曲线

金属材料在拉伸阶段通常经历 4 个阶段:弹性阶段、屈服阶段、强化阶段和颈缩阶段。其中在弹性阶段材料的应力应变成比例关系,可以用式(3-7)计算得到材料的弹性模量

$$E = \frac{S}{\varepsilon} \tag{3-7}$$

根据试验结果,计算得到 1Cr18Ni9Ti 的弹性模量为 198 GPa,45♯钢的弹性模量为 208 GPa。由于两种材料均没有明显的屈服阶段,采用材料的 0.2%残余伸长时的应力作为屈服强度,测量得出 1Cr18Ni9Ti 的屈服强度为 205 MPa,45♯钢的屈服强度为 355 MPa。材料的强度极限为外力作用下发生破坏时出现的最大应力,利用拉伸试验中拉断材料时的载荷除以此时的截面积得到,计算得到 1Cr18Ni9Ti 的强度极限为 545 MPa,45♯钢的强度极限为 597 MPa。

3.1.3　普通螺栓连接扭拉关系验证

采用压力传感器对螺栓进行扭拉关系验证。带压力传感器的螺栓连接结构如图 3-6 所示,在拧紧力矩 T 的作用下,螺纹连接副之间产生预紧力 F,其关系为

$$T = KdF \tag{3-8}$$

其中,K 为扭矩系数;d 为螺纹的公称直径。

带压力传感器的螺栓连接结构中有 3 个接触对:① 螺栓与传感器接触对,② 螺母与传感

器接触对,③ 螺母与螺栓的螺纹接触对。在螺母预紧时,拧紧力矩 T 通过克服各个接触对之间的摩擦力矩来保持力矩平衡。

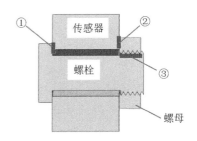

图 3-6　螺栓连接结构示意

对于①、②号接触对,对应的摩擦力矩分别为 T_1 和 T_2,通过查阅《机械设计手册》可以得到表达式,即

$$T_1 = \frac{1}{2}F\mu_1 \cdot \frac{2(D_1^3 - d_1^3)}{3(D_1^2 - d_1^2)} \tag{3-9}$$

$$T_2 = \frac{1}{2}F\mu_2 \cdot \frac{2(D_2^3 - d_2^3)}{3(D_2^2 - d_2^2)} \tag{3-10}$$

其中,μ_1 为①号接触对的摩擦系数;μ_2 为②号接触对的摩擦系数;D_1 和 d_1 分别为螺栓螺帽部分外径和传感器内径;D_2 和 d_2 分别为螺母支撑面外径和传感器内径。

由于螺栓连接的螺纹是一组斜螺纹,围绕在螺杆外表面,可将其近似看成一个斜面,在拧紧过程中可将螺母看成一个物体沿着斜面向上滑动的过程,如图 3-7 所示。

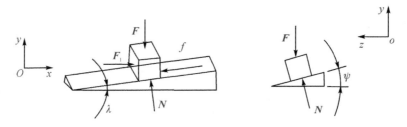

图 3-7　螺母在螺纹面上的受力分析

根据受力平衡方程,螺纹副之间的摩擦力矩 T_3 为

$$T_3 = \frac{1}{2}F_1 d_3 \tan(\psi + \lambda) = \frac{1}{2}Fd_3 \tan(\psi + \lambda) \tag{3-11}$$

其中,d_3 为螺旋副的螺纹中径;ψ 是螺旋副的螺纹升角。

$$\psi = \arctan\left(\frac{P}{\pi d_3}\right) \tag{3-12}$$

其中,P 是螺旋副的螺距。

λ 是螺旋副的当量摩擦角,即

$$\lambda = \arctan\left(\frac{\mu_3}{\cos\beta}\right) \tag{3-13}$$

其中,μ_3 为③号接触对的摩擦系数;β 是螺旋副的螺纹半角,$\beta = 30°$。

由于在预紧过程中,螺栓与传感器的旋转自由度被固定,可视为一体,即 $T_1 = 0$,因此

$$T = T_2 + T_3 = \frac{1}{2}F\mu_2 \cdot \frac{2(D_2^3 - d_2^3)}{3(D_2^2 - d_2^2)} + \frac{1}{2}Fd_3\tan(\psi + \lambda) = KdF \tag{3-14}$$

取摩擦系数 $\mu_2 = 0.154$,$\mu_3 = 0.151$,螺距 $P = 1$ mm,螺纹中径 $d_3 = 11.35$ mm,螺母支撑面外径 $D_2 = 22$ mm 和传感器内径 $d_2 = 16$ mm 代入式(3-12)~式(3-14),可以计算得到 M12×1 螺栓的扭拉关系为

$$F = 0.548T \tag{3-15}$$

1. 带压力传感器的 M12×1 螺栓连接结构有限元模型

首先建立带压力传感器的 M12×1 螺栓连接结构有限元模型,该模型主要由螺栓、螺母及压力传感器组成。为了对螺纹部分进行精准建模,采用 FukuokaT 提出的螺纹横截面旋转堆叠法对螺纹部分进行网格划分。由于 1 个螺距内的螺纹各个截面的形状均一致,仅在角度上有所区别,因此利用 Hypermesh 软件对进行网格划分,将 1 个螺距内的螺纹再平均分成 n 份,对一个截面进行规整的 2D 网格的划分,然后平移 $1/n$ 个距离并旋转 $n/360°$,如此重复 n 次,再对将相邻两截面上的 2D 网格利用映射功能得到 3D 网格,其中网格单元采用 solid185 单元。solid185 单元具有 8 节点,每个节点上有 UX、UY 和 UZ 三个平动自由度,节点平动自由度构成实体单元的 ROTX、ROTY 和 ROTZ 三个旋转自由度,因此单元具有六自由度,同时单元还具有超弹性、应力钢化、大变形和大应变等能力,模型中单元总数为 174 800。最终得到螺栓拧紧有限元模型(见图 3-8)。材料参数根据3.1 节中关于管材拉伸试验的结果及《航空材料手册》设置,具体参数如表 3-4 所列。

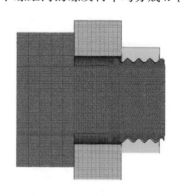

图 3-8　螺栓拧紧有限元模型

表 3-4　螺栓零件材料的力学性能参数

材　料	密度/(kg·m^{-3})	屈服强度/MPa	弹性模量/GPa	强度极限/MPa	泊松比
1Cr18Ni9Ti	7 850	205	198	545	0.3
45♯钢	7 900	355	208	597	0.269

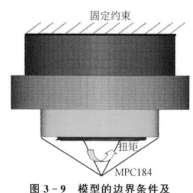

图 3-9　模型的边界条件及
载荷施加示意

其中螺栓材料为 1Cr18Ni9Ti,其余材料为 45♯钢,螺栓与传感器采用绑定接触,螺母与传感器、螺母与螺栓的螺纹接触部分均采用允许切向滑动和法向分离的摩擦接触,摩擦系数采用 3.1.1 小节的测试结果,接触协调方程选用拉格朗日乘子法进行求解。

模型的边界条件及载荷施加如图 3-9 所示,在螺栓顶部施加固定约束,为了防止应力集中及施加力矩时在外螺母表面增加额外刚度,利用 Workbench 中主从节点绑定法施加扭矩。主从节点绑定法主要通过建立 MPC184 单元施加力矩,建立一个主单元,并将其与螺母外表面的附属单元进行绑定,最终使主副单元共同受到约束,且此方法支持非线性分析。

2. 螺栓扭拉关系验证试验

为了验证推导的 M12×1 扭拉关系及仿真模型的准确性,采用压力传感器对螺栓进行扭拉关系验证。

(1) 试验系统及试验设备

本次试验系统示意及试验现场分别如图 3-10(a)及图 3-10(b)所示,将螺栓连接件固定在夹具上,压力传感器分别与应变放大器、数据采集器及计算机相连。

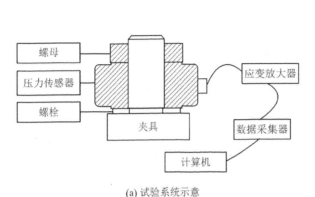
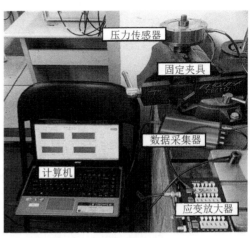

(a) 试验系统示意   (b) 试验现场

图 3 - 10   螺栓扭拉关系验证试验系统图及现场图

螺栓进行扭拉关系试验所需的设备主要包括螺栓连接件、数据采集器、应变放大器、压力传感器、电子扭矩扳手，下面对这些设备进行简单介绍。

图 3 - 11 所示为本次试验使用的 M12×1 螺栓连接件实物。

图 3 - 11   螺栓连接件实物

图 3 - 12(a) 所示为数据采集器，该采集器为扬州晶明科技有限公司的 4 通道数据采集模块 JM5936，广泛应用于应变、振动等测试环境中；图 3 - 12(b) 所示为 CFBLY 型轮辐式压力传感器，其主要参数如表 3 - 5 所列；图 3 - 12(c) 所示为 JM3860 应变放大器，该放大器用于放大微弱应变信号；图 3 - 12(d) 所示为电子扭矩扳手，其在传统机械结构定值扳手的基础上增加了扭力轴、电阻应变传感器和信号控制系统，可避免因人为用力过猛导致拧紧力矩超过设定值等情况，因此更适合本试验需要施加精确值的拧紧力矩的场合，具体性能参数如表 3 - 6 所列。

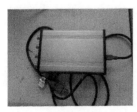

(a) 数据采集器   (b) 压力传感器   (c) 应变放大器   (d) 电子扭矩扳手

图 3 - 12   试验设备实物图

表 3 - 5　CFBLY 轮辐式型压力传感器主要参数

参　数	量　级
量程/t	2
灵敏度/(mV·N^{-1})	0.02±0.005
输入电阻/Ω	750±20
输出电阻/Ω	700±5
推荐激励电压/V	10~15

表 3 - 6　力矩扳手技术指标

参　数	量　级
量程/(N·m)	0~100
超载能力/(F·s)	120%
工作电压/mA	≤8

（2）试验方案

① 将螺栓固定在支架上，并将压力传感器放置在螺栓上。

② 将螺栓传感器与应变放大器、数据采集器及计算机相连。

③ 使用电子力矩扳手给螺母施加拧紧力矩，每增加一次拧紧力矩，记录一次对应轴向力大小。

3. 仿真与试验结果对比分析

针对螺母与传感器接触面的轴向力，利用 Workbench 后处理 probe 探针功能进行提取，即可得到轴向力的有限元仿真值，将其与式（3 - 15）计算得到的理论值和三次试验值进行比较，如图 3 - 13 所示。

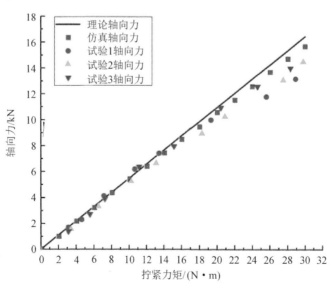

图 3 - 13　拧紧力矩与轴向力的有限元仿真值、理论值及三次试验值对比

从图 3-13 可以看出,轴向力仿真值、理论值与试验值在趋势上均呈上升趋势,在拧紧力矩小于 12 N·m 时,仿真计算结果与试验结果几乎一致,三次试验值较为均匀地分布在理论值两侧,当拧紧力矩大于 12 N·m 时,仿真值与试验值均低于理论值,其中仿真值与理论值最大相对误差为 4.7%,试验值与理论值最大相对误差为 11.1%,造成误差的主要原因是随着力矩的增大,螺母与螺栓之间的螺纹部分逐渐发生弹塑性变形,导致螺纹的牙形角不断增大,进而导致式(3-14)的系数不断减小。因此在研究一些力矩较大且高精度的场合,需要对普通螺栓的扭拉关系公式引进修正系数。

3.1.4 管路连接件扭拉关系研究

管路连接件在有限元仿真分析过程中,需要对带螺纹部分进行网格细分处理,从而导致仿真效率大大降低。因此,本节根据普通螺栓扭拉关系推导出扩口管路连接件扭拉关系公式,并通过建立带螺纹的管路连接件有限元模型对其进行力学分析,验证理论公式的准确性。

1. 管路连接件扭拉关系推导

扩口管路连接件由管接头、扩口管、平管嘴和外套螺母组成,而其中主要有 4 个接触对:① 外套螺母与平管嘴接触对;② 平管嘴与扩口管接触对;③ 扩口管与管接头接触对;④ 外套螺母和管接头接触对,如图 3-14 所示。

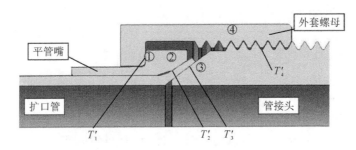

图 3-14 扩口管路连接件摩擦力矩示意

根据机械设计手册,①、②、③和④号接触对对应的摩擦力矩计算公式如下:

$$T'_1 = \frac{1}{2}F\mu_1 d_1 \tag{3-16}$$

$$T'_2 = \frac{F\mu_2 d_2}{2\cos\frac{\alpha_2}{2}} \tag{3-17}$$

$$T'_3 = \frac{F\mu_3 d_3}{2\cos\frac{\alpha_3}{2}} \tag{3-18}$$

$$T'_4 = \frac{1}{2}F\mu_4 d_4 \tan(\psi+\lambda) \tag{3-19}$$

式(3-16)中,T'_1 为①号接触对的摩擦力矩;μ_1 为①号接触对的摩擦系数;d_1 为①号接触对中的外套螺母和平管嘴接触环的等效直径,其计算公式如下:

$$d_1 = \frac{2(D_w^3 - d_w^3)}{3(D_w^2 - d_w^2)} \tag{3-20}$$

式中,D_w 为接触环的外径;d_w 为接触环的内径。

式(3-17)中,T_2' 为②号接触对的摩擦力矩;μ_2 为②号接触对的摩擦系数;α_2 为扩口管扩口部外锥角,本文扩口管采用的是 74°扩口管,其外锥角为 66°,故 $\alpha_2=66°$。

式(3-18)中,T_3' 为③号接触对的摩擦力矩;μ_3 为③号接触对的摩擦系数;d_3 为③号接触对中的扩口管与管接头接触环的等效直径,即

$$d_3 = \frac{2(D_u^3 - d_u^3)}{3(D_u^2 - d_u^2)} \quad (3-21)$$

式中,D_u 是扩口管与管接头接触位置外径,d_u 是扩口管与管接头接触位置内径。α_3 为扩口管扩口内锥角,本文扩口管采用的是 74°扩口管,故 $\alpha_3=74°$。

式(3-19)中,T_4' 为④号接触对的摩擦力矩;μ_4 为④号接触对的摩擦系数;d_4 为④号接触对中外套螺母与管接头之间的螺旋副的螺纹中径;ψ 是螺旋副的螺纹升角,即

$$\psi = \arctan\left(\frac{P}{\pi d_4}\right) \quad (3-22)$$

其中,P 是螺旋副的螺距;λ 是螺旋副的当量摩擦角,即

$$\lambda = \arctan\left(\frac{\mu_4}{\cos \beta}\right) \quad (3-23)$$

其中,β 是螺旋副的螺纹半角,β 值一般取为 30°。

又因为

$$\tan(\psi + \lambda) = \frac{\tan \psi + \tan \lambda}{1 - \tan \psi + \tan \lambda} \quad (3-24)$$

所以

$$T_4' = \frac{1}{2} F \mu_4 \frac{(P/\pi d_4) + (\mu_4/\cos \beta)}{1 - P\mu_4/(\pi d_4 \cos \beta)} \quad (3-25)$$

在实际装配过程中,扩口管与管接头旋转自由度被固定,且根据前人的研究,扩口管与管接头、扩口管与平管嘴保持相对静止状态且不会影响拧紧后的导管预紧力,可将其视为一个整体。故在力矩平衡时,扩口管路连接件的扭拉关系公式为

$$T = T_1' + T_4' = \frac{1}{2} F \left[\mu_1 d_1 + \frac{(P/(\pi d_4)) + (\mu_4/\cos \beta)}{1 - P\mu_4/(\pi d_4 \cos \beta)} \right] \quad (3-26)$$

根据航标《扩口式管接头的螺纹部分》(HB 4-3—2002)可知,第 1 尺寸系列 $d_0=4$ mm 的管路连接件对应的螺旋副规格为 M12×1,螺距 $P=1$ mm,螺纹中径 $d_4=11.35$ mm,计算可得管路连接件平管嘴与外套螺母的圆环形接触对的等效直径 $d_1=9.16$ mm。根据 3.1.1 小节试验结果可知,$\mu_1=\mu_4=0.154$,代入式(3-26)可得

$$F = 2T \left(\frac{0.318 + 13.106\mu_4}{1 - 0.032\mu_4} + 9.16\mu_1\right)^{-1} = 0.532T \quad (3-27)$$

2. 管路连接件有限元模型建立

为了验证提出的扭拉关系的准确性,本节利用 Hypermesh 软件对 $d_0=4$ mm 的带螺纹的管路连接件进行有限元建模,其中螺纹部分网格依旧采用 FukuoaT 提出的螺纹区域六面体网格划分方法进行划分。同时为了保证计算精度及计算效率,将接触部分的网格进行细化,非接触区域的网格进行疏化,建立的有限元模型如图 3-15 所示。模型中单元总数为 408 480,接触类型均为摩擦接触,接触对的目标面选用 Targe170 单元,接触面选用 Conta173 单元。材料

参数设置与 3.1.3 小节设置一致,其中扩口管材料为 1Cr18Ni9Ti,其余材料为 45♯钢。

将建立好的有限元模型导入 Workbench 中进行仿真计算,在管接头右端面施加固定约束,扭矩施加方式与螺栓连接件扭矩施加方式一致,利用主从节点绑定法建立 MPC184 单元,施加绕 X 轴逆时针方向力矩,其中边界条件的定义如图 3－16 所示。

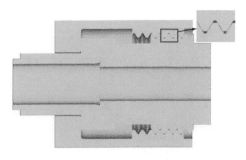

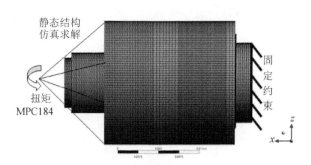

图 3－15   管路连接件有限元模型   图 3－16   边界条件的定义

3. 扭拉关系仿真计算结果与分析

提取管路连接件各组件位移云图,如图 3－17 所示,可以看出由于在外套螺母上施加扭矩,外套螺母的位移最大,管接头与外套螺母之间会产生相对滑动,扩口管与管接头、扩口管与平管嘴之间未产生相对滑动,证明了理论关系式推导的正确性。

同样利用 Workbench 后处理的 probe 探针功能对平管嘴与外套螺母接触面的轴向力进行提取,得到不同力矩下的轴向力并将其与理论值进行对比,如图 3－18 所示。从图中可以看出,在拧紧力矩小于 16 N·m 时,轴向预紧力仿真值几乎与理论关系的轴向预紧力重合;但随着拧紧力矩的增加,仿真轴向力与理论轴向力之间的误差逐渐增大,最大相对误差达到 14.5%,因此,为了满足研究不同力矩下的管路连接件密封性,需要引入修正系数进行修正。对管路连接件扭拉关系进行分段描述,并对拧紧力矩为 16～26 N·m 的点分别进行线性拟合,得到管路连接件扭拉关系式为

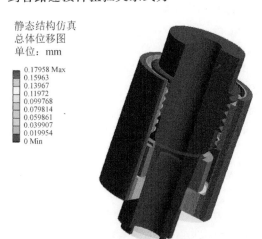

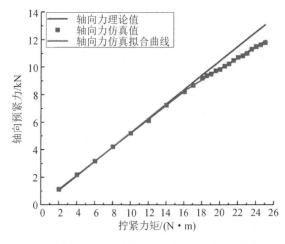

图 3－17   管路连接件各组件位移云图   图 3－18   不同力矩下的轴向力理论值与仿真结果对比

$$F = \begin{cases} 0.532T, & 0 \leqslant T \leqslant 16 \\ 0.432T, & 16 < T \leqslant 26 \end{cases} \tag{3-28}$$

3.2　装配状态对管路密封性能影响研究

航空管路系统中 90% 的"跑、冒、滴、漏"现象都与管路连接件密封特性相关,管路连接件的密封可靠性对飞机的飞行安全有至关重要的影响,目前关于管路密封性的研究还不够充分,尤其针对不同装配应力下的管路密封性研究更不充分。本节首先介绍管路连接件的密封机理和三个密封准则,根据密封准则利用 ANSYS 软件的 APDL 语言编写密封参量提取程序,根据真实飞机液压管路建立有限元模型,重点研究不同的拧紧力矩与装配偏差对管道密封性能的影响规律,最后设计并完成管路密封性综合试验,对比试验和仿真数据,验证仿真结果的正确有效性。

3.2.1　扩口管路连接件密封准则

管路连接件的密封机理属于金属-金属密封机理范畴,在外套螺母及管接头螺纹副之间施加拧紧力矩,该力矩产生的轴向预紧力不断挤压扩口管与管接头接触面,产生塑性变形,最终将接触面上的微小间隙完全填补进而实现密封作用。因此可将管路连接件从接触到密封分为三个阶段:首先是初始接触阶段,在此阶段扩口管与管接头接触面仅发生接触,从微观上看,此时接触面之间存在较多泄漏通道,如图 3-19(a)所示;其次是塑性变形阶段,此时在轴向预紧力的作用下,扩口管与管接头接触面开始发生塑性变形,接触面上的泄漏通道开始被填补,但由于塑性变形区域较少,泄漏通道不足以被完全填补,因此,此阶段仍可能发生泄漏,如图 3-19(b)所示;最后是完全接触阶段,在此阶段接触面之间发生较多塑性变形,此时绝大多数泄漏通道被填补完全,发生泄漏的概率最小,如图 3-19(c)所示。

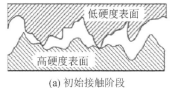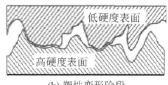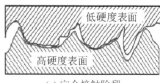

| (a) 初始接触阶段 | (b) 塑性变形阶段 | (c) 完全接触阶段 |

图 3-19　金属密封的微观过程

因此结合扩口管路连接件材料、结构特性及金属密封机理,可以总结出保证扩口管路连接件密封性能的三个密封准则。

(1) 密封闭环:根据扩口管路连接件结构特点,其密封闭环为扩口内锥面和管接头外锥面发生塑性变形并且阻断泄漏路径组成的接触区域。为了在仿真计算及试验过程对该密封准则进行量化描述,利用"密封面宽"来具体描述密封闭环的概念,然而管路连接件在装配过程中存在装配误差等原因,容易使接触面应力不对称,从而导致接触闭环分布不均匀甚至不连续的情况。因此为了评判密封可靠性,需要利用密封区域的"最小密封面宽"评判密封可靠性。

(2) 有效密封面积:接触区域发生塑性变形的区域的面积。由于管路连接件在加工制造、装配拆卸过程中对其接触表面可能会造成划痕或损伤,当造成的损伤区域位于密封闭环区域内,并且发生塑性变形的部分无法有效填充该部分区域时,容易造成密封失效,因此为保证基本密封性能,有效密封面积应越大越好。

(3) 有效密封比压:有效密封压力指的是接触区域发生塑性变形区域内的压力,在结构不发生破坏的前提下,接触应力越大越好。为反映整个密封面上的压力水平,需要引入密封比压进行描述,其定义为单位面积上接触应力值,有效密封比压则为发生塑性变形的区域内接触压力与接触面积的比值。

为了评判不同管径的管道密封性,需要对以上三种指标进行量化处理,而已有的研究表明,不同材料、尺寸、结构的密封指标存在明显不同。丁建春等人对管路连接件的密封性进行了仿真分析及试验研究,提出通径在 12 mm 以下时,密封面宽取 1 mm 左右较为合理,通径在 14~32 mm 时,密封面宽取 0.5 mm 左右较为合理的结论。税晓菊等人针对 $D_0 = 4$ mm 的24°管路密封性进行仿真与试验研究,并对密封区域进行宏观、微观及金相分析,得出密封面宽取不小于 1.4 mm 能保证密封可靠性。Isichenko 对密封面进行分析,发现满足基本密封性要求时,有效接触面积与名义接触面积比值将收敛于 0.41;马彬铇等人针对高压静密封金属表面密封性能进行研究,同样得出有效接触面积与名义接触面积比值大于 0.41 时可保证基本密封性。Milberger 对金属接触对的密封性进行分析,发现当接触对的材料为不同硬度的材料时,为保证基本密封性能,密封副的密封比压应保持在较软材料的屈服强度 1 倍以上。

根据已有研究成果,本章针对 $d_0 = 4$ mm 的扩口管路连接件,设定满足基本密封性的条件如下:

① 至少形成一圈密封闭环,且最小密封面宽不小于 1 mm。

② 扩口管上有效密封比压大于其材料 1Cr18Ni9Ti 的屈服强度 205 MPa。

③ 有效密封面积占总接触面积比超过 41%。

3.2.2　密封参量提取

在有限元分析中扩口管路连接件的三个密封准则需要进行量化处理,得到对应的三个量化密封参量指标:最小密封面宽、有效密封面积及接触应力均值。为了方便对密封参量进行提取,采用 ANSYS 软件的 APDL 语言设计密封参量提取程序。

首先,扩口管内锥面的网格需要进行规整划分,确保参与形成密封面的所有网格形状一致。其次,对扩口管内锥面的网格单元进行编号,当单元的接触应力大于扩口管材料 1Cr18Ni9Ti 的屈服强度 205 MPa 时,认为该单元参与形成密封区域。仿真完成后,利用 ANSYS 后处理功能将接触应力大于 205 MPa 的单元进行提取,获得单元数量、坐标信息。其中,密封面宽为从扩口管密封区域内提取的单元总数量与密封环周向单元数的比值,最小密封面宽则是找到密封区域最小一列单元数与环周向单元数的比值;有效密封面积为发生塑性变形区域内所有单元的面积,通过获取单元在各自坐标系下 Y 方向的坐标,结合利用锥面积分公式积分求得;有效密封比压是将密封区域内各单元接触应力值累加与单元面积的比值。密封参量提取程序如图 3-20 所示。

3.2.3　管路密封性能研究的有限元建模

1. 建立三维实体模型

本文选取第 1 尺寸系列 $d_0 = 4$ mm 扩口管路连接件进行研究分析。由于管路连接件的各个零件都是航空标准件,均有各自的牌号,可以通过查阅相关的航空标准得到其结构尺寸、材

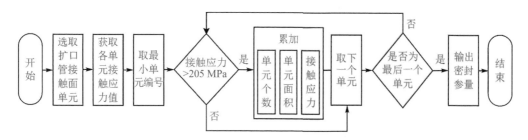

图 3 - 20　密封参量提取程序

料及加工工艺等信息。通过查阅相关航标,利用 CATIA 建立三维实体模型,如图 3 - 21 所示。其中,扩口管管长为 100 mm。

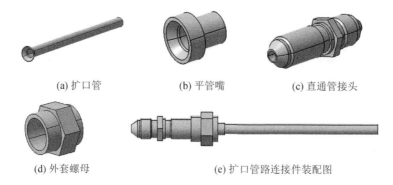

(a) 扩口管　　　　　(b) 平管嘴　　　　　(c) 直通管接头

(d) 外套螺母　　　　　(e) 扩口管路连接件装配图

图 3 - 21　$d_0 = 4$ mm 的管路连接件各零件的三维实体模型及装配图

2. 基于 Hypermesh 的有限元建模

（1）材料属性设置

将在 CATIA 中建立好的三维立体模型导入 Hypermesh 软件后,单击工具栏处的 Material即可进行材料属性设置。分别设置 1Cr18Ni9Ti 及 45♯钢的应力应变曲线及两种材料的密度、弹性模量、泊松比等材料参数。扩口管路连接件保持的良好的密封性能,是通过扩口管接触对发生塑性变形来实现的。因此,为了更好地模拟管路连接件材料中的弹塑性行为,采用多线性各向强化本结构模型进行模拟。

（2）网格划分

由管路连接件可以看出有限元模型是由一个面旋转 360° 得来的,故可以利用 Hypermesh软件中的 spin 进行网格划分。先将整个管道模型进行切割,针对一般的模型在其截面上分别划分 2D 网格,然后选取旋转轴上的任一点为中心对 2D 网格进行 spin 操作,即可得到三维立体网格。网格单元类型同样选用 solid185 单元,其中网格单元总数为 460 000,管路连接件有限元模型如图 3 - 22 所示。

图 3 - 22　$d_0 = 4$ mm 的管路连接件有限元模型

（3）接触对设置

管路连接件各零件之间共有 4 对接触对，其中 4 种类型接触对分别为：① 扩口管扩口部分与管接头外锥面接触对；② 扩口管外部与平管嘴内部的接触对；③ 平管嘴与外套螺母圆环接触对；④ 外套螺母与管接头接触对。其中 4 个接触对均采用摩擦接触，摩擦系数采用 3.1.1 小节静摩擦系数测试结果，管路连接件的 4 种接触对如图 3-23 所示。

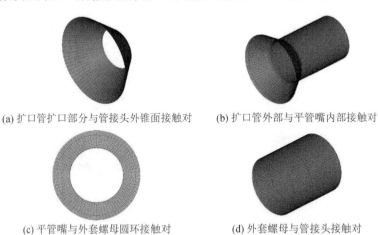

(a) 扩口管扩口部分与管接头外锥面接触对　　(b) 扩口管外部与平管嘴内部接触对

(c) 平管嘴与外套螺母圆环接触对　　(d) 外套螺母与管接头接触对

图 3-23　$d_0 = 4$ mm 的管路连接件的 4 种接触对

（4）边界条件及载荷施加

通过在直通管接头非接触端施加固定约束来模拟管路支撑件或是其他相连零件对扩口管路连接件的固定支撑作用，在管接头及扩口管内部施加 42 MPa 的压力载荷模拟内部油液压力，在外套螺母右端面施加轴向预紧力代替拧紧力矩的预紧作用，最终得到无装配偏差状态下扩口管路连接件边界条件及载荷施加示意，如图 3-24 所示。

轴向预紧力

固定约束

42 MPa 内部压力

图 3-24　边界条件及载荷施加示意

其中装配偏差包括轴向偏差、径向偏差及角向偏差，其施加方式通过在扩口管端面施加位移载荷实现。轴向偏差通过在扩口管自由端端面施加轴向位移实现，径向偏差通过在扩口管自由端端面施加径向位移实现，角向偏差利用 Workbench 软件中远端位移 Remote Displacement 实现，将扩口管内锥面作为远端点，在扩口管自由端端面施加角位移。三种装配偏差的施加示意如图 3-25 所示。

3.2.4　轴向预紧力对管路密封性能的影响分析

根据航标《扩口管路连接件通用规范》（HB 4-1—2002）中的规定，为保证连接件的密封性第 1 尺寸系列 $d_0 = 4$ mm 导管和连接件全部为钢件，拧紧力矩范围为 14.7～23.5 N·m。由于此力矩范围是通过工程经验得来的，缺乏相关验证，因此本节通过对不同轴向预紧力下的管路连接件密封性进行研究对力矩范围准确性进行验证。

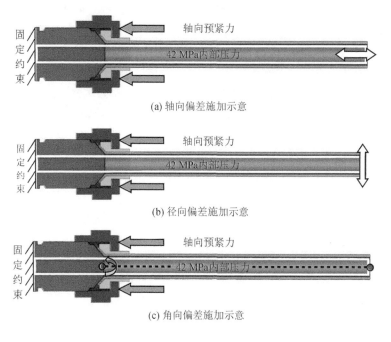

(a) 轴向偏差施加示意

(b) 径向偏差施加示意

(c) 角向偏差施加示意

图 3 - 25　三种装配偏差施加示意

　　将建立的管路连接件有限元模型进行力学分析,并利用 Workbench 软件后处理功能提取出不同轴向预紧力下扩口管锥形密封区域接触应力分布,如图 3 - 26 所示,其中有效密封区域(接触应力大于 205 MPa 的区域)为图中红色区域。可以看出,随着轴向预紧力的不断增大,有效密封区域从扩口管的扩口根部逐渐向扩口外缘扩张。

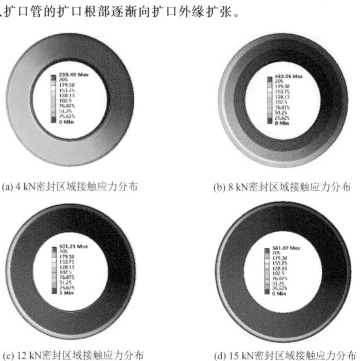

(a) 4 kN密封区域接触应力分布　　　　　(b) 8 kN密封区域接触应力分布

(c) 12 kN密封区域接触应力分布　　　　　(d) 15 kN密封区域接触应力分布

图 3 - 26　不同轴向预紧力下扩口管锥形密封区域接触应力分布

　　分别提取不同轴向预紧力的最小密封面宽、有效密封区域总面积及有效密封比压的关系，如图 3 - 27 所示。从图中可以看出，随着轴向预紧力的增加，最小密封面宽、有效密封区域总面积及有效密封比压均呈现增长趋势；在轴向预紧力小于 3.4 kN 时，扩口管的锥形接触面接触应力均小于 205 MPa，此时无有效密封区域；轴向预紧力在 7.2～9.4 kN 时，最小密封面宽和有效密封区域的面积都快速增长，但有效密封比压增长较为缓慢。经分析发现主要是随着轴向预紧力的增加，有效密封面积快速增长，但快速增长的有效密封区域接触压力增长较慢的区间，应力大都位于 205～250 MPa；当轴向预紧力超过 9.4 kN 时，其最小密封面宽及有效密封面积增长缓慢逐渐趋于饱和，此时密封区域扩张速度与接触应力增长速度相近，这也使此区间内密封区域比压呈现高速增长趋势。在满足 1 mm 最小密封面宽要求下，其对应的轴向预紧力为8.3 kN，扩口管与管接头在宏观上总接触面积为 61 mm²。计算有效接触面积占总接触面积41%时，对应的轴向预紧力为 8.27 kN，因此为保证管路连接件基本密封性能取较大值8.3 kN 为最小轴向力，利用式(3 - 28)进行转换得到对应的拧紧力矩为 15.6 N·m，将此力矩作为最小拧紧力矩。

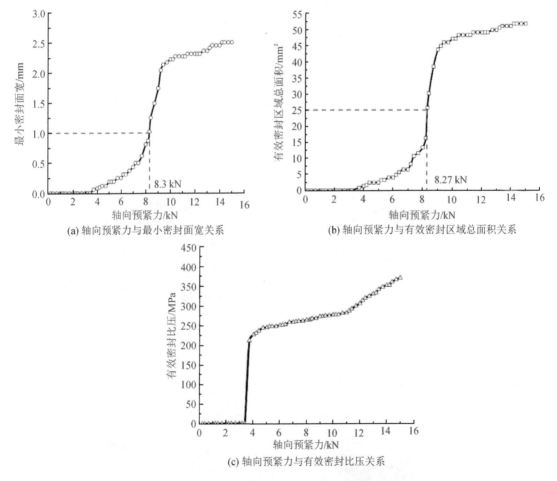

(a) 轴向预紧力与最小密封面宽关系　　　(b) 轴向预紧力与有效密封区域总面积关系

(c) 轴向预紧力与有效密封比压关系

图 3 - 27　轴向预紧力与三种密封参量关系曲线

　　航标《扩口管路连接件通用规范》(HB 4 - 1—2002)中规定，最大拧紧力矩为保证密封性且结构不产生破坏时的力矩。由于扩口管路连接件材料均属于塑性材料，本文采用第四强度理论对 4 种零部件进行强度校核。第四强度理论又称 von mises 理论,因此需要利用第 2 章研究管路连接件扭拉关系中带螺纹的管路连接件有限元模型进行仿真。经仿真发现当拧紧力矩达到 25.3 N·m 时,管接头第一个螺距内的螺纹根部最大等效应力超过 45♯钢的强度极限时发生破坏,在实际装配过程中应当小于此力矩,因此可将 25.3 N·m 作为最大拧紧力矩,此时管路连接件等效应力分布如图 3-28 所示。

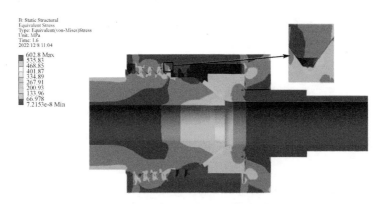

图 3-28　最大拧紧力矩为 25.3 N·m 时管路连接件等效应力分布

3.2.5　轴向偏差对管路密封性能的影响分析

轴向偏差是指扩口管锥形接触面与管接头的锥形接触面相配合产生的长度方向的误差,如图 3-29 所示。在《飞机液压管路系统设计、安装要求》(GJB 3054—1997)中有明确规定,每 100 mm 长的导管,其长度方向偏差不超过 0.3 mm,并且每根导管的总长偏差应控制在 0.8 mm 以内。

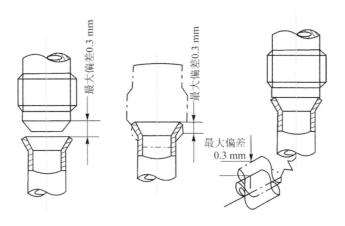

图 3-29　轴向偏差示意

本节针对 15.6 N·m 拧紧力矩,分析不同轴向偏差对扩口管路连接件的密封性的影响规律。其中,轴向偏差的仿真范围为 -0.8~0.8 mm,负轴向偏差表示扩口管与管接头靠近,正轴向偏差表示扩口管与管接头远离,分别提取 -0.8 mm、-0.4 mm、0.4 mm 及 0.8 mm 的扩口管内锥面密封区域的应力分布,如图 3-30 所示。其中红色区域为应力大于扩口管材料 1Cr18Ni9Ti 屈服强度 205 MPa 的区域,不难看出,随着轴向偏差从负到正的增加(扩口管从靠近到远离)有效密封区域逐渐减少。

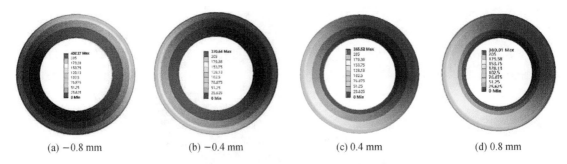

(a) −0.8 mm   (b) −0.4 mm   (c) 0.4 mm   (d) 0.8 mm

图 3 - 30 不同轴向偏差下扩口管内锥面密封区域的应力分布

分别提取不同轴向偏差下扩口管内锥面的最小密封面宽、有效密封区域总面积及有效密封比压的关系,如图 3 - 31 所示,同时提取不同密封压力下的密封面积随轴向偏差的变化,如图 3 - 32 所示。

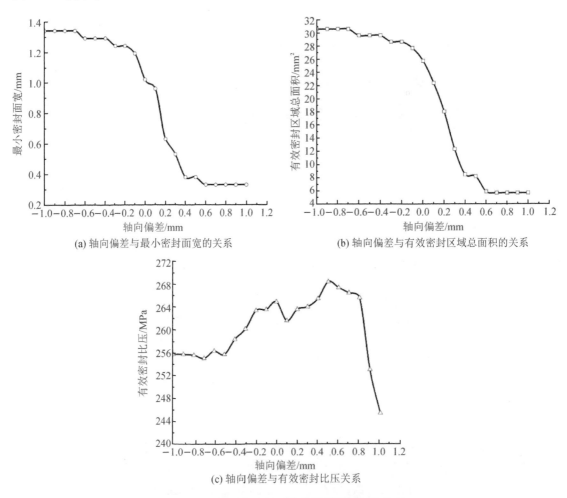

(a) 轴向偏差与最小密封面宽的关系   (b) 轴向偏差与有效密封区域总面积的关系

(c) 轴向偏差与有效密封比压关系

图 3 - 31 轴向偏差与三种密封参量之间的关系

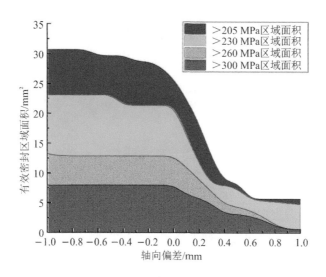

图 3-32 不同密封压力下有效密封区域面积随轴向偏差的变化

根据前面的分析可知,在拧紧力矩为 15.6 N·m 且无偏差时,管路连接件最小密封面宽大于 1 mm,有效密封面积为 25.72 mm²。从图 3-31 可以看出,轴向偏差在[-1,1]区间内,最小密封面宽均大于 1 mm,有效密封面积均大于 25.72 mm²,但在这个区间内的密封比压明显小于正轴向偏差下的密封比压。这主要是由于扩口管与管接头处于预压紧状态,密封区域的接触应力由轴向预紧力及预压紧力共同施加产生,但预压紧力远小于轴向预紧力,使原本接触应力略微小于 205 MPa 的区域发生塑性变形并成为密封区域,如图 3-32 所示,增加的区域的接触应力基本位于 205～230 MPa 内,由于密封比压反映的是密封区域内平均接触应力水平,导致最后密封比压处于一种相对较低水平,但总的来看负轴向偏差对管路连接件密封性是正向的;而随着轴向偏差由 0～0.4 mm 正向增加,密封面宽及有效密封面积均呈现快速下降趋势,这主要是此时扩口管与管接头处于预分离状态,轴向偏差产生的反作用力会抵消一部分轴向预紧力,而此时有效密封比压却呈现上升趋势,通过图 3-32 可以看出接触应力小于 260 MPa 是密封区域减少速度较快导致的,这也进一步说明随着轴向偏差的增加,密封区域是从接触面外缘逐渐向内部开始缩减的,总的来看轴向偏差增加会导致密封性能变差;而当轴向偏差继续增大,此时最小密封面宽及有效密封面积下降趋势明显变缓慢,但有效密封比压却出现快速下降趋势,经分析发现,此时大量高接触应力区域接触应力快速下降成为低接触应力区域,通过图 3-32 可以看出,此时接触应力大于 300 MPa 以上区域的几乎减少到 0,此时发生泄漏的概率大大增加,因此在实际装配过程中应避免出现正轴向偏差。

总的来看,在仿真得到的最小拧紧力矩装配情况下,仅能保证在负轴向偏差下的密封性,经过分析可知,若要满足国军标偏差范围下的密封性需求,最小拧紧力矩至少为 18.5 N·m。

3.2.6 径向偏差对管路密封性能的影响分析

径向偏差是指扩口管轴线与管接头轴线在径向上的偏离程度,如图 3-33 所示。在《飞机液压管路系统设计、安装要求》(GJB 3054—1997)中规定,每 100 mm 导管的径向偏差不超过 0.3 mm。

本节针对 15.6 N·m 拧紧力矩,分析不同径向偏差对扩口管路连接件密封性的影响规律。由

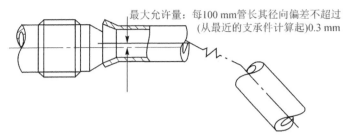

图 3 – 33 径向偏差示意

于扩口管的对称性,其径向偏差无正负之分,因此设置径向偏差的仿真范围为 0~1.0 mm,分别提取 0.2 mm、0.4 mm、0.6 mm 及 0.8 mm 的扩口管内锥面密封区域应力分布,如图 3 – 34 所示。其中红色区域为应力大于扩口管材料 1Cr18Ni9Ti 屈服强度 205 MPa 的区域,由于径向偏差的存在会使密封闭环呈现宽度不同的情况,因此分别提取以上 4 个偏差下 *XOY* 平面的密封区域。

(a) 0.2 mm径向偏差下密封区域应力分布   (b) 0.2 mm径向偏差下密封区域平面

(c) 0.4 mm径向偏差下密封区域应力分布   (d) 0.4 mm径向偏差下密封区域平面

(e) 0.6 mm径向偏差下密封区域应力分布   (f) 0.6 mm径向偏差下密封区域平面

图 3 – 34 不同径向偏差下扩口管内锥面密封区域应力分布

(g) 0.8 mm径向偏差下密封区域应力分布　　　　(h) 0.8 mm径向偏差下密封区域平面

图 3 - 34　不同径向偏差下扩口管内锥面密封区域应力分布(续)

　　分别提取不同径向偏差下扩口管内锥面的最小密封面宽、有效密封区域总面积及有效密封比压关系,如图 3-35 所示。从图中可以看出,随着径向偏差在 0~0.4 mm 内增大,最小密封面宽有效密封比压呈缓慢下降趋势,且最小密封面宽均在 1 mm 左右,而有效密封面积却出现微小增长趋势。经过分析发现,这主要是由于在轴向预紧力的作用下,有间隙的一侧扩口管在平管嘴的挤压下发生的弹性形变能有效填补间隙,同时在无间隙的一侧接触则更加紧密;但当径向偏差在 0.4~1 mm 时,三种密封参量下降速度明显加快,这主要是由于随径向偏差的

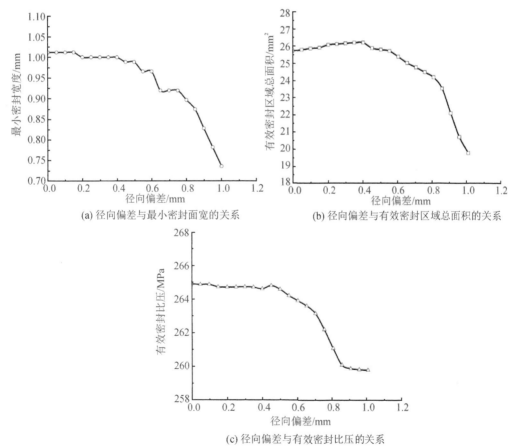

(a) 径向偏差与最小密封面宽的关系　　　　(b) 径向偏差与有效密封区域总面积的关系

(c) 径向偏差与有效密封比压的关系

图 3 - 35　径向偏差与三种密封参量之间的关系

增大,在平管嘴及管接头的不对称挤压下扩口管的扩口椭圆度逐渐增大,即扩口处变"扁"了,致使密封闭环宽度不同的情况增加。

　　总的来看,在仿真得到的最小拧紧力矩(15.6 N·m)下进行装配,且径向偏差小于 0.4 mm时,三种密封参量变化趋势不明显。导管扩口椭圆度较小,对密封性影响有限,因此可以选取0.4 mm 的径向偏差作为 d_0=4 mm 管路连接件的径向偏差阈值。

3.2.7　角向偏差对管路密封性能的影响分析

　　角向偏差是指扩口管轴线与管接头轴线之间的角度差,如图 3-36 所示。《飞机液压管路系统设计、安装要求》(GJB 3054—1997)规定,导管的允许偏差不超过 2°。

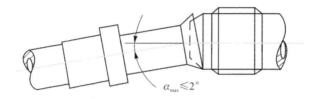

$$\alpha_{max} \leqslant 2°$$

图 3-36　角向偏差示意

　　本节针对 15.6 N·m 拧紧力矩,分析不同角向偏差对扩口管路连接件密封性的影响规律。和径向偏差类似,角向偏差亦无正负之分,设置角向偏差的仿真范围为 0°～5°,分别提取1°,2°,3° 及 4° 的扩口管内锥面密封区域应力分布图,如图 3-37 所示。其中红色区域为应力大于扩口管材料 1Cr18Ni9Ti 屈服强度 205 MPa 的区域,由于角向偏差的存在仍会使密封闭环呈现宽度不同的情况,因此同时提取以上 4 个偏差下密封区域 XOY 平面的密封区域进行比较,不难看出随着角向偏差的增大,密封闭环不断减小且出现向旋转一侧"倾倒"的趋势。

(a) 1°角向偏差下内锥面应力分布　　　　　(b) 1°角向偏差下密封区域平面

(c) 2°角向偏差下内锥面应力分布　　　　　(d) 2°角向偏差下密封区域平面

图 3-37　不同角向偏差下扩口管内锥面区域应力分布

(e) 3°角向偏差下内锥面应力分布　　　　　(f) 3°角向偏差下密封区域平面

(g) 4°角向偏差下内锥面应力分布　　　　　(h) 4°角向偏差下密封区域平面

图 3 - 37　不同角向偏差下扩口管内锥面区域应力分布（续）

　　分别提取不同角向偏差下扩口管内锥面的最小密封面宽、有效密封区域总面积及有效密封比压的关系，如图 3 - 38 所示。从图中可以看出，随着角向偏差从 0°增加到 2.5°，最小密封面宽呈现不断下降的趋势，而有效密封面积却呈现增长趋势，通过对密封区域进行观察发现，产生这种现象的主要原因是角向偏差的增大，扩口管向上旋转角度增大，一侧的扩口管与管接头存在初始间隙，在轴向预紧力作用下接触不良，导致该区域的密封面宽减少，但是另一侧的扩口管由于向下旋转使扩口管内锥面与管接头外锥面接触区域增多，且向上旋转侧的扩口管在轴向预紧力作用下发生弹性变形抵消初始间隙，使接触面积减少量小于向下旋转侧接触面

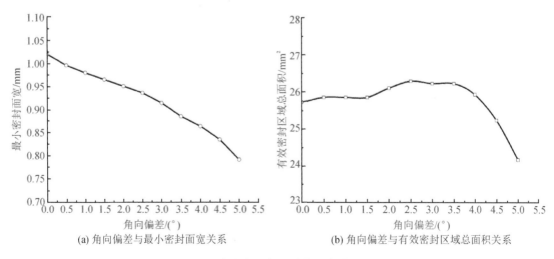

(a) 角向偏差与最小密封面宽关系　　　　　(b) 角向偏差与有效密封区域总面积关系

图 3 - 38　角向偏差与三种密封参量之间关系

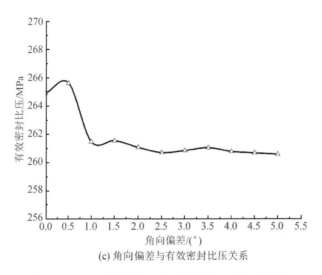

(c) 角向偏差与有效密封比压关系

图 3 - 38　角向偏差与三种密封参量之间关系(续)

积增加量,故总体有效密封面积呈现增长趋势。而角向偏差超过 2.5°之后,有效接触面积开始下降,这是由于向下旋转一侧接触区域趋于饱和,且扩口管椭圆度不断增加,导致椭圆长轴两侧对应的有效接触面积也开始逐渐减少。但根据木桶效应可知,虽然密封面积不断增加,但由于一侧密封面宽较小,造成该区域密封可靠性较低,结合角向偏差与密封比压之间的关系也可以看出,当角度偏差大于 0.5°时,有效密封比压会较大幅度地减少,因此总体来看随着角向偏差的增大,会使密封性能变差,利用仿真得到的最小拧紧力矩(15.6 N·m)进行装配,基本可以保证在 0.5°角向偏差范围内管道的基本密封性能。经仿真分析可得,在 2°角向偏差要求下,要满足基本密封性能至少需要15.8 N·m 拧紧力矩。

3.3　管路密封性能综合验证试验研究

由于扩口管路连接件管壁较薄、结构紧凑,装配偏差对其密封性影响缺乏相应的试验研究,因此本节针对 $d_0 = 4$ mm 的扩口管路连接件设计不同装配条件下的密封性并进行试验,通过对比分析验证仿真结果的可靠性。

3.3.1　试验系统及试验设备

根据《螺纹连接的导管(软管)安装拧紧参数的确定方法》(HB 6999—2002)中的密封性测试规定,设计管路密封性能综合验证试验,试验系统及试验现场如图 3 - 39 所示。将管道安装在装配偏差模拟试验台上,分别施加装配偏差,最后利用手动液压泵给管路连接件进行供压,当压力达到 42 MPa 时,拧紧截止阀,液压泵停止供压。

为测试模拟装配偏差下的管道密封性,本次试验采用如下设备:手动液压泵、15 号航空液压油、电子力矩扳手、截止阀、装配偏差模拟试验台、试验件等,其中电子力矩扳手已在 3.1.3 小节介绍过,本节不再赘述。

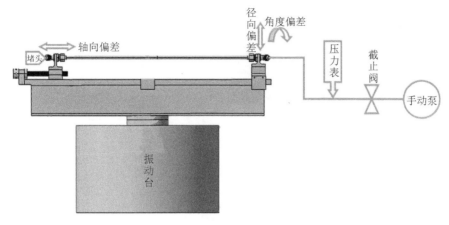

(a) 管路密封性能综合验证试验系统

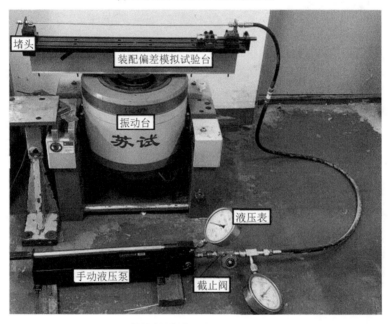

(b) 管路密封性能综合验证试验现场

图 3 - 39　管路密封性能综合验证试验系统及现场

1. 手动液压泵

为模拟管道在真实服役状态下的内部压力情况,采用手动液压泵模拟液压源给管道进行供油。手动液压泵具有小型、操作简单、应用范围广、适应性强的特点,如图 3 - 40 所示,其具体参数如表 3 - 7 所列。

2. 15 号航空液压油

为准确模拟管道服役状态,试验油液采用 15 号航空液压油,如图 3 - 41 所示,其具体参数如表 3 - 8 所列。

图 3 - 40　手动液压泵

表 3 - 7　手动液压泵具体参数

参　　数	量　　级
工作压力/MPa	0～200
流量/(L·min⁻¹)	1.1～6
容量/L	3
尺寸/mm×mm×mm	556×124×160

图 3 - 41　15 号航空液压油

表 3 - 8　15 号航空液压油具体参数

参　　数	量　　级
密度/(kg·m⁻³)	839.3
酸值/(mg·g⁻¹)	0.098
凝点/℃	—74
运动黏度(20 ℃)/(mm²·s⁻¹)	13.84

3. 截止阀

由于液压泵的阀门难以满足长时间密封性要求,为了保证管道内部压力长时间维持在
42 MPa,管路液压回路需要增加截止阀来保证密封性。截止阀具有耐高压、密封性好、寿命较
长、工作行程小、启闭时间短等特点,截止阀如图 3 - 42 所示,具体参数如表 3 - 9 所列。

图 3 - 42　截止阀

表 3 - 9　截止阀具体参数

参　　数	量　　级
压力范围/MPa	0～50
接头直径/mm	150

4. 装配偏差模拟试验台

为模拟装配偏差对管道密封性的影响,试验需要采用装配偏差模拟试验台,如图 3 - 43 所
示,试验台主要包括 5 个部分:试验台底座、试验台滑轨、轴向偏差模拟机构、径向偏差模拟机
构及角向偏差支座。其中轴向偏差模拟机构 CATIA 图及实物图分别如图 3 - 44(a)及
图 3 - 44(b)所示,轴向偏差机构主要通过调节丝杆转动带动轴向偏差底座的移动,其中轴向
丝杆的规格为 M18×1.5,即丝杆转动一周轴向偏差调节底座转动 1.5 mm;径向偏差模拟机
构 CATIA 图及实物分别如图 3 - 44(c)及图 3 - 44(d)所示,径向偏差调节机构利用径向丝杆
的转动调节径向调节底座的高度,其中径向丝杆的规格为 M20×2,即丝杆转动一周径向偏差
调节底座升高/降低 2 mm;角向偏差支座 CATIA 图及实物分别如图 3 - 44(e)及图 3 - 44(f)

所示,角向偏差支座安装在轴向偏差机构之上,其底面与水平面加工成一定角度,考虑到加工精度的影响,本次试验仅加工 2°和 4°的角向偏差机构。

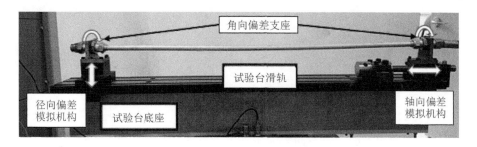

图 3 - 43　装配偏差模拟试验台

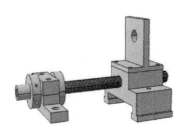

(a) 轴向偏差模拟机构CATIA图

(b) 轴向偏差模拟机构实物

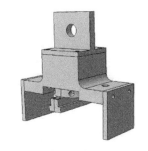

(c) 径向偏差模拟机构CATIA图

(d) 径向偏差模拟机构实物

(e) 2°和4°角向偏差支座CATIA图

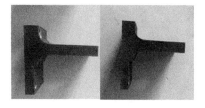

(f) 2°和4°角向偏差支座实物

图 3 - 44　三种偏差模拟机构 CATIA 及实物

5. 试验件

试验管道为 $d_0 = 4$ mm、壁厚 $e = 0.6$ mm 的扩口管及其连接件,其中扩口管长度为 800 mm,扩口管路连接件实物如图 3 - 45 所示。

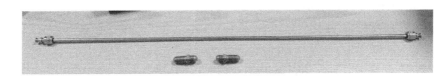

图 3 - 45　扩口管路连接件实物

3.3.2　试验方案设计

1. 试验目的

本次试验主要利用观测法对不同装配条件下的管路连接件密封性进行评估,其中装配条件分为不同拧紧力矩、不同轴向偏差、不同径向偏差及不同角向偏差。

2. 试验方案

本试验共分为 4 个试验,分别为最小拧紧力矩的测定试验、装配偏差(轴向、径向及角向)下管道密封性测试试验,具体试验方案如下。

(1)最小拧紧力矩的测定试验

最小拧紧力矩的测定试验在《螺纹连接的导管(软管)安装拧紧参数的确定方法》(HB 6999—2002)中规定:测定每种尺寸的管道最小拧紧力矩需要对试验件进行分组,最终取力矩最大值作为该组试验件的最小拧紧力矩。具体步骤如下。

① 将 30 根管道分成 3 组,每组 10 根管道,取一根管道安装在装配偏差模拟试验台上,以 5 N·m 为下限,以密封值为上限,取中值为试验初始拧紧力矩值进行安装。

② 进行 20 min 的 2 倍工作压力密封性试验,再将管接头拆卸,旋转一定角度,按照原来拧紧力矩值拧紧,如此重复 8 次后进行第二次耐压试验,若未发生泄漏,则此拧紧力矩值为下次试验上限,若发生泄漏则作为下次试验下限,重复操作,直到上下限差值小于 2 N·m。

③ 对 3 组试验管道进行试验,最终得到每根管道的最小拧紧力矩。

最小拧紧力矩的测定试验流程如图 3 - 46 所示。

(2)轴向偏差下管道密封性测试试验

试验方案如表 3 - 10 所列,轴向偏差下管道密封性测试试验参考试验(1)的方式,在设置好一定偏差后进行最小拧紧力矩的试验。设置轴向偏差试验范围按照每 100 mm 管长－0.4~0.4 mm 设置,其中负值代表扩口管与管接头挤压,正值代表扩口管被拉开远离扩口管。由于试验管道为 800 mm 的扩口管,等比例转换得到允许的偏差范围为－3.2~3.2 mm,拧紧力矩从试验(1)中测得的数值开始,步长为 0.8 mm,若不能密封则增加 1 N·m,试验压力选取 2 倍工作压力(42 MPa)。

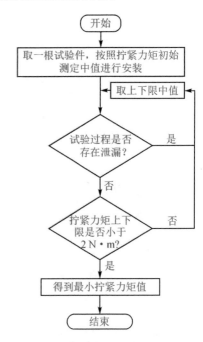

图 3 - 46　最小拧紧力矩的测定试验流程

表 3-10　轴向偏差下管道密封性测试试验方案

试验方案	范　围	步　长
轴向偏差	−3.2～3.2 mm	0.8 mm
拧紧力矩	5～50 N·m	1 N·m
试验压力	2 倍工作压力(42 MPa)	

（3）径向偏差下管道密封性的测试试验

试验方案如表 3-11 所列,此次试验参考试验(1)的方式,测定每个径向偏差下的最小拧紧力矩。试验设置径向偏差范围为每 100 mm 管长 0～0.4 mm,对于 800 mm 扩口管等比例转换得到允许偏差为 0～3.2 mm,拧紧力矩从试验(1)中测得的数值开始,若不能密封则增加 1 N·m,步长为 0.8 mm,试验压力选取 2 倍工作压力(42 MPa)。

表 3-11　径向偏差下管道密封性测试试验方案

试验方案	范　围	步　长
径向偏差	0～3.2 mm	0.8 mm
拧紧力矩	5～50 N·m	1 N·m
试验压力	2 倍工作压力(42 MPa)	

（4）角向偏差下管道密封性的测试试验

试验方案如表 3-12 所列,此次试验依然参考试验(1)的方式,测定每个角向偏差下的最小拧紧力矩,角向偏差的范围为 0°～4°。拧紧力矩从试验(1)中测得的数值开始,步长为 2°,若不能密封则增加 1 N·m,试验压力选取 2 倍工作压力(42 MPa)。

表 3-12　角向偏差下管道密封性测试试验方案

试验方案	范　围	步　长
角向偏差	0°～4°	2°
拧紧力矩	5～50 N·m	1 N·m
试验压力	2 倍工作压力(42 MPa)	

3.3.3　试验结果与分析

1. 最小拧紧力矩的测定试验结果分析

本次试验共测定 30 根管路连接件试验件的最小拧紧力矩,试验件标号分别为 1～30,并将试验件分成 3 组,每组 10 根。每次试验时长为 20 min,试验中持续观察管路连接件螺纹连接副附近位置是否有油滴渗出及液压表示数是否下降,在开始前 10 min 内每隔 1 min 记录液压表的示数变化,之后 10 min 每隔 5 min 记录液压表的示数变化。最终得到 30 组不同拧紧力矩下导管内压力随时间变化的曲线,以 1 号试验件为例,其导管内压力随时间的变化曲线如图 3-47 所示。

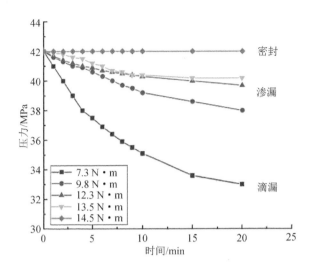

图 3 - 47 1 号试验件导管内压力随时间的变化曲线

最终列出 30 根试验件的试验结果,见表 3 - 13。

表 3 - 13 30 根试验件最小拧紧力矩试验结果

试验件标号	1	2	3	4	5	6	7	8	9	10
最小拧紧力矩/(N·m)	14.5	14.5	13.5	14.5	14.5	14.5	13.5	13.5	12.9	14.5
试验件标号	11	12	13	14	15	16	17	18	19	20
最小拧紧力矩/(N·m)	13.5	13.5	13.5	12.3	14.5	14.5	14.5	14.5	14.5	14.5
试验件标号	21	22	23	24	25	26	27	28	29	30
最小拧紧力矩/(N·m)	14.5	14.5	14.5	13.5	14.5	14.5	14.5	14.5	14.5	14.5

可以看出,30 根试验件中满足密封性的拧紧力矩最小值为 12.3 N·m,最大值为 14.5 N·m,造成满足密封性所需力矩之间存在差距的原因主要与扩口管和管接头接触面加工质量有关。加工表面较光滑的满足密封性所需的力矩较小,而加工表面较为粗糙的,满足密封性所需的力矩较大,且由于每根导管需要拆装多次,导致接触面存在压痕、涂层脱落,会对密封性产生影响。因此,为了保证不同加工质量下的管路连接件密封可靠性,选择 14.5 N·m 的力矩作为 $d_0 = 4$ mm 的管路连接件最小拧紧力矩,这与仿真得到最小拧紧力矩 15.6 N·m 基本一致,相对误差为 7.1%。

2. 装配偏差下密封性试验结果分析

轴向偏差、径向偏差及角向偏差试验中分别测定 10 个管路连接件试验件在不同偏差值下的最小拧紧力矩,通过所需最小拧紧力矩大小反映试验件的密封性能好坏,在最小拧紧力矩探究试验基础上继续试验。

轴向偏差下的管道密封性试验采用最小拧紧力矩探究试验第一组的管道继续试验,将试验偏差值等比例转换成 100 mm 下的管道偏差,得到 10 组轴向偏差与拧紧力矩之间的关系,如图 3 - 48 所示。径向偏差下的管道密封性试验采用最小拧紧力矩探究试验第二组的管道继续试验,将试验偏差值等比例转换成 100 mm 下的管道偏差,得到 10 组径向偏差与拧紧力矩之间的关系,如图 3-49 所示。角向偏差下的管道密封性试验采用最小拧紧力矩探究试验第三组的管道继续试验,得到 10 组角向偏差与拧紧力矩之间的关系,如图 3-50 所示。

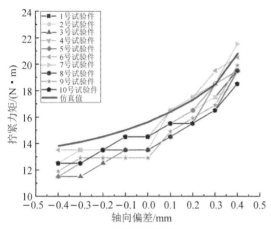

图 3-48　不同轴向偏差下管路连接件
最小拧紧力矩变化曲线

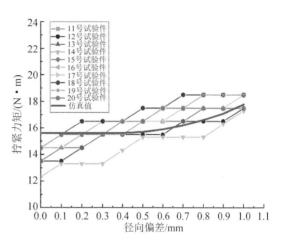

图 3-49　不同径向偏差下管路连接件
最小拧紧力矩变化曲线

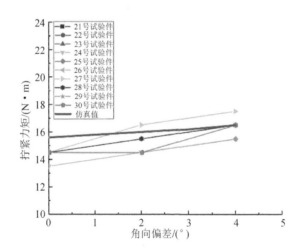

图 3-50　不同角向偏差下管路连接件最小拧紧力矩变化曲线

根据以上三幅图,可以总结如下规律。

① 仿真曲线与试验曲线在变化趋势上较为一致,轴向偏差试验与仿真值最大相对误差为 17.3%,径向偏差试验与仿真值最大相对误差为 21.2%,角向偏差试验与仿真值最大相对误差为 13.4%,基本验证了仿真结果的可靠性。

② 轴向偏差相较于其余两种偏差对管路连接件的密封性影响较大。在国军标允许偏差范围内,轴向偏差由 0 mm 增加到 0.3 mm,试验所需拧紧力矩平均需要增加 3.6 N·m,增幅为 22.5%;径向偏差由 0 mm 增加到 0.3 mm,试验拧紧力矩平均需要增加 1.2 N·m;增幅为 8.4%;角向偏差由 0° 增加到 2°,试验拧紧力矩平均需要增加 1.1 N·m,增幅为 7.5%。

3.4　基于有限元计算代理模型的管路密封性能预测与评估

3.4.1　概　述

为了研究在一定拧紧力矩下,如何控制管接头的安装偏差以达到控制管接头泄漏的目的,需要得到安装偏差、摩擦系数以及拧紧力矩与管接头密封性能之间的关系。由于有限元计算效率太低,因此需要对一定数量的仿真结果进行数据拟合,得到一个有限元计算代理模型,并以此获取在一定拧紧力矩、摩擦系数以及安装偏差下的密封性能,从而实现管路密封性能的预测和评估。

图 3-51 所示为基于有限元计算代理的飞机液压系统管路密封性能评估方法流程,该流程主要包括三个部分,即管道密封性能的有限元仿真、仿真数据拟合及管道密封性能预测与评估。其中,管道密封性能的有限元仿真分析需要首先建立复杂的有限元模型,然后利用拉丁超立方采样方法得到拧紧力矩、摩擦系数和轴向偏差在参数域的样本点,最后通过有限元仿真分析得到管道密封参数,获取大量仿真数据样本;仿真数据拟合需要利用 SVM 回归分析方法对仿真数据进行拟合,基于输入-输出等效的原则,得到管路密封性能的有限元计算代理模型;管道密封性能预测与评估是指在实际管道设计和装配中,输入不同的拧紧力矩、摩擦系数和轴向偏差,代入代理模型,预测出当前参数下的密封性能,并对管路密封状态进行评估。

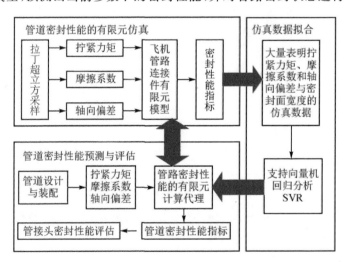

图 3-51　基于有限元计算代理的飞机液压系统管路密封性能评估方法流程

3.4.2　关键技术

1. 管道密封性能的有限元仿真

图 3-52 所示为管道密封性能的有限元仿真分析过程,首先根据管理连接件的尺寸标准,利用 CATIA 软件建立几何模型;然后利用 Hypermesh 软件进行有限元网格划分,并定义接触和约束、施加螺栓预紧力和管道轴向偏差等;最后将所建立的有限元模型导入 ANSYS 软件,在不同的拧紧力矩、摩擦系数和装配偏差下进行仿真分析,得到管道密封面宽度。

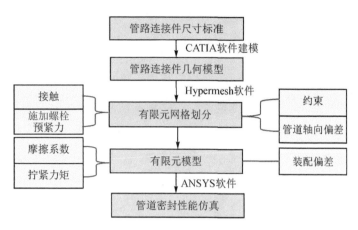

图 3 - 52　管道密封性能的有限元仿真流程

2. 仿真数据拟合

在得到大量仿真样本后,需要对数据进行非线性拟合,从而得到反映拧紧力矩、摩擦系数及轴向安装偏差对管道密封性能的影响关系表达式,并以此作为有限元模型的计算代理,用于对其他参数下的管道密封性能进行预测和评估。其方法流程如图 3 - 53 所示。

图 3 - 53　管道密封性能仿真数据回归分析

由于该问题为典型的多元非线性回归分析问题,本文引入具有小样本优越学习能力的支持向量回归(support vector regression,SVR)方法对样本数据进行回归分析和建模,从而得到管路连接件拧紧力矩、摩擦系数及装配偏差与密封性能之间的函数关系表达式。

对于给定的训练样本 $\{(\boldsymbol{x}_i,\boldsymbol{y}_i),i=1,2,\cdots,n\}$,$\boldsymbol{x}_i$ 为输入向量,$\boldsymbol{y}_i$ 为与之对应的期望输出向量。SVM 用一个非线性映射将输入向量映射到一个高维特征空间,并进行线性回归,其回归函数为

$$f(x)=\boldsymbol{w}\cdot\boldsymbol{\phi}(\boldsymbol{x})+b \tag{3-29}$$

式中,w,b 分别为权向量和阈值;$\boldsymbol{w}\cdot\boldsymbol{\phi}(\boldsymbol{x})$ 为 w 与 $\boldsymbol{\phi}(\boldsymbol{x})$ 的内积,并且满足结构风险最小化原理。

对优化目标函数求极值

$$\begin{cases} \min \dfrac{1}{2}\parallel \boldsymbol{w}\parallel^2+C\sum_{i=1}^{n}(\xi_i+\xi_i^*) \\ \text{s.t.}\begin{cases} y_i-f(\boldsymbol{x}_i)\leqslant\varepsilon+\xi_i \\ f(\boldsymbol{x}_i)-y_i\leqslant\varepsilon+\xi_i^* \ (i=1,2,\cdots,n) \\ \xi_i,\xi_i^*\geqslant0 \end{cases} \end{cases} \tag{3-30}$$

式中,C 为惩罚因子,实现在经验风险和置信范围之间的折中;ε 为不敏感函数,可以确保对偶变量的稀疏性,同时确保全局最小解的存在和可靠泛化界的优化;ξ_i,ξ_i^* 为松弛变量。

引入拉格朗日函数,式(3 - 30)可以转化为求解拉格朗日算子 α_i,α_i^* 的对偶形式。SVR

模型采用径向基函数(radial basis functions,RBF),即

$$K(\boldsymbol{x}_i,\boldsymbol{x}_j)=\exp\{\gamma\mid\boldsymbol{x}_i-\boldsymbol{x}_j\mid^2\} \tag{3-31}$$

其中,γ 为核函数参数。用核函数 $K(\boldsymbol{x}_i,\boldsymbol{x}_j)$ 来替代内积运算,可以实现由低维空间到高维空间的映射,从而使低维空间的非线性问题转化为高维空间的线性问题。

引入核函数后,优化目标函数式变为如下形式:

$$\max\sum_{i=1}^{n}y_i(\alpha_i-\alpha_i^*)-\varepsilon\sum_{i=1}^{n}(\alpha_i+\alpha_i^*)-\frac{1}{2}\sum_{i=1,j=1}^{n}(\alpha_i-\alpha_i^*)(\alpha_j-\alpha_j^*)K(\boldsymbol{x}_i,\boldsymbol{x}_j)$$

$$\mathrm{s.t.}\sum_{i=1}^{n}(\alpha_i-\alpha_i^*)=0,\quad \alpha_i,\alpha_i^*\in[0,C] \tag{3-32}$$

相应的预测函数式变为

$$f(\alpha,\alpha^*,x)\sum_{i=1}^{n}(\alpha_i-\alpha_i^*)K(x,x_i)+b \tag{3-33}$$

利用式(3-33)可直接建立 SVM 的回归模型。

基于结构风险最小化的 SVR 预测方法,在理论上保证了小样本学习下的模型泛化能力。因此,在取值范围合理的情况下,SVM 模型采用不多的训练样本就能够准确逼近非线性函数。

3.4.3　管道密封性能的预测与评估

图 3-54 所示为管道密封性能的预测和评估流程,在设计和装配过程中,需要研究在一定的拧紧力矩和密封面的摩擦系数配合下,能够容许的轴向装配偏差。因此,可以利用所得到的有限元代理模型,进行准确快速地预测和评估,避免了大量的有限元计算工作,从而大大提升了管道设计和装配工作效率,同时,也可为指定合适的制造和装配标准和规范提供指导。

图 3-54　管道密封性能的预测与评估

3.4.4　算例分析

本章以第 1 系列管径为 16 mm 的铝合金扩口管在轴向偏差下密封性能的预测结果为例进行管道密封性能的预测与评估。该导管的尺寸系列、规格、材料及拧紧力矩要求如表 3-14 所列。按照本章的有限元建模方法建立管路连接有限元模型,并基于该模型进行有限元计算。

表 3-14　导管的尺寸系列、规格、材料及拧紧力矩要求

尺寸系列	导管规格(外径×壁厚)	扩口管材料	拧紧力矩
第 1 系列	16 mm×1 mm	5A020	31.35~47.00 N·m

1. 有限元计算代理模型及其验证

(1) 多参数空间的拉丁超立方采样结果

图 3-55 所示为摩擦系数、拧紧力矩及轴向偏差三个参数的拉丁超立方抽样结果,其中摩擦系

数的范围为 0.05～0.3,根据表 3－14 所列的拧紧力矩要求,设定拧紧力矩的范围为 30～50 N·m,
轴向偏差为－0.3～0.3 mm,采样点数为 100。从图中可以看出所抽取出来的样本点均匀地分
布在整个参数空间。

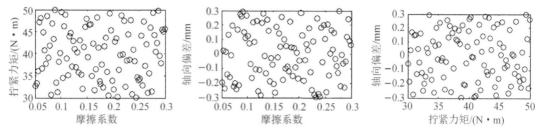

图 3－55　三个参数空间的拉丁超立方抽样结果

（2）基于 SVR 的回归分析结果

通过仿真计算得到摩擦系数、拧紧力矩及轴向偏差与 4 个密封性能指标(最小密封宽度、
平均密封宽度、密封面积、平均接触压力)的数据集。对 4 个仿真数据集进行 SVR 分析建模得
到反映 4 个密封指标的 SVR 模型,训练中采用 10 折交叉验证和网格搜索法得到最优的模型
参数,利用所有仿真数据测试模型的拟合能力,比较预测值和实际值的差异,并以此评定拟合
模型的准确性和有效性。图 3－56 所示为各个密封指标的预测值和实际值的比较结果,表 3－15
所列为预测值和实际值的均方误差以及平方相关系数。从表 3－15 和图 3－56 的结果可以看出,
SVR 回归分析达到了较高的拟合精度和推广能力。

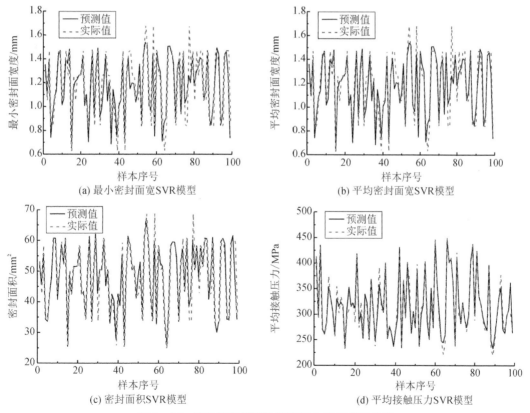

图 3－56　SVR 回归模型的预测值与实际值的比较

表 3 – 15 最优回归模型参数及评定指标

数据集名	γ	C	ε	均方误差	平方相关系数
最小密封面宽/mm	0.004	1 024	0.001	0.013 2	0.82
平均密封面宽/mm	0.001	256	0.001	0.012 6	0.84
密封面积/mm²	0.001	1 024	0.001	0.006 0	0.83
平均接触压力/MPa	0.062 5	1 024	0.001	0.004 6	0.95

（3）摩擦系数对密封性能的影响

为了验证 SVR 预测模型的正确有效性。分别利用得到的 4 个 SVR 回归模型预测摩擦系数对密封性能的影响，并与有限元仿真结果进行对比。计算条件:拧紧力矩为 40 N·m,轴向装配偏差为 0,摩擦系数为 0.05~0.3。图 3 – 57 所示为最小密封面宽 SVR 模型、平均密封宽度 SVR 模型、密封面积 SVR 模型及平均密封压力 SVR 模型的预测结果与有限元仿真结果的比较。从图中可以看出,4 个有限元代理模型与有限元仿真结果达到了较高的一致性。表明在拧紧力矩一定的情况下,密封面上的摩擦系数越大,密封面宽度和面积均有一定程度增加,但是密封面平均压力将出现下降,即密封性能变差。

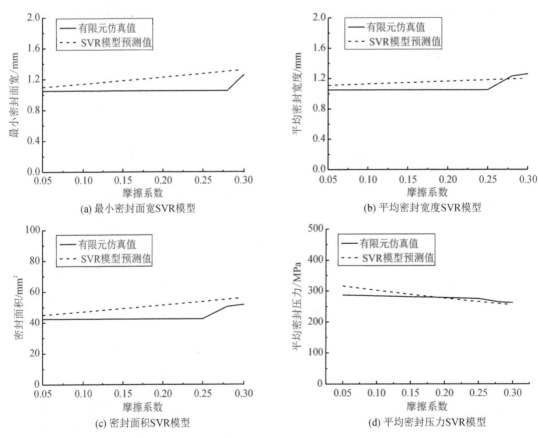

(a) 最小密封面宽SVR模型

(b) 平均密封宽度SVR模型

(c) 密封面积SVR模型

(d) 平均密封压力SVR模型

图 3 – 57 摩擦系数对密封性能的影响规律比较

（4）拧紧力矩对密封性能的影响

为了验证 SVR 预测模型的正确有效性，分别利用得到的 4 个 SVR 回归模型预测拧紧力矩对密封性能的影响规律，并与有限元仿真结果进行对比。计算条件：摩擦系数为 0.1，轴向装配偏差为 0，拧紧力矩从 30～50 N·m 变化。图 3-58 所示为最小密封面宽度 SVR 模型、平均密封宽度 SVR 模型、密封面积 SVR 模型及平均密封压力 SVR 模型的预测结果与有限元仿真结果的比较。从图中可以看出，4 个有限元代理模型与有限元仿真结果达到了较高的一致性。表明在摩擦系数一定的情况下，拧紧力矩越大，密封面宽、密封面积和密封压力均增加，即密封性能越好。

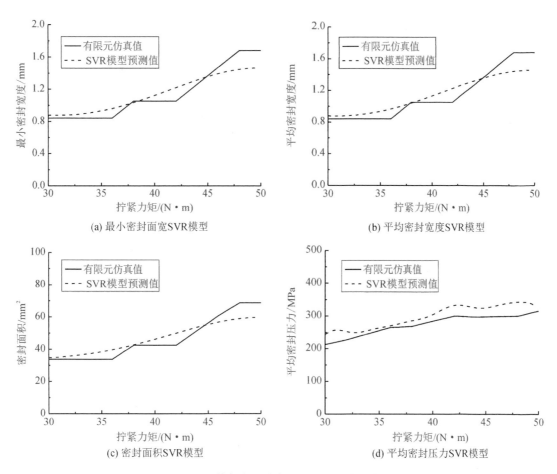

图 3-58　拧紧力矩对密封性能的影响规律比较

（5）装配偏差对密封性能的影响

为了验证 SVR 预测模型的正确有效性。分别利用得到的 4 个 SVR 回归模型预测装配偏差对密封性能的影响规律，并与有限元仿真结果进行对比。计算条件：摩擦系数为 0.1，拧紧力矩为 40 N·m，轴向偏差从 -0.3～0.3 mm 变化。图 3-59 所示为最小密封宽度 SVR 模型、平均密封宽度 SVR 模型、密封面积 SVR 模型及平均密封压力 SVR 模型的预测结果与有限元仿真结果的比较。从图中可以看出，4 个有限元代理模型与有限元仿真结果达到了较高的一致性。表明在摩擦系数和拧紧力矩一定的情况下，轴向偏差对密封性能有一定影响，轴向偏差从负增加到正,密封性能变得更好,密封面宽度和面积逐渐增加,但是密封面压力表现为先减后增。

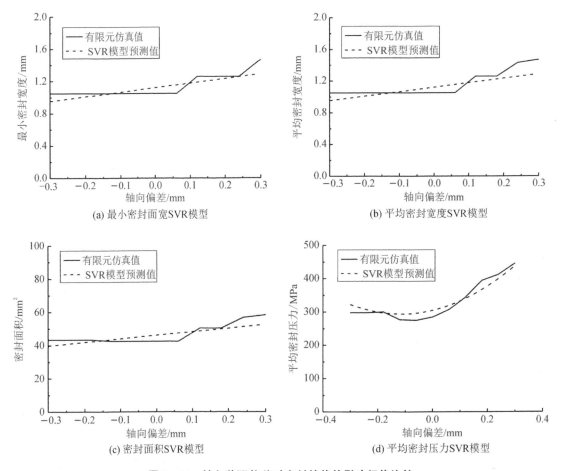

图 3 - 59　轴向装配偏差对密封性能的影响规律比较

2. 基于有限元代理模型的装配偏差控制

（1）轴向装配偏差对密封性能的影响分析

本节的目的是研究轴向偏差、拧紧力矩和摩擦系数对密封面宽度的影响,其中摩擦系数在 0.1~0.25 范围内变化,拧紧力矩在 30~50 N·m 范围内变化,轴向偏差在 -0.3~0.3 mm 范围内变化。将得到的最小密封面宽数据记录下来,利用 SVR 方法拟合得到最小密封面宽与轴向偏差、拧紧力矩及摩擦系数的函数关系,即

$$S_w = f(\Delta a, T, \mu) \tag{3-34}$$

式中,Δa 为轴向偏差,mm;T 为拧紧力矩,N·m;μ 为摩擦系数。

选择拧紧力矩为 30 N·m,37 N·m,43 N·m,50 N·m 的仿真结果,得到轴向偏差、摩擦系数和最小密封面宽的关系,如图 3 - 60 所示。

选择摩擦系数为 0.1,0.15,0.2,0.25 的仿真结果,得到拧紧力矩、轴向偏差和最小密封面宽的关系图,如图 3 - 61 所示。

选择轴向偏差为 -0.3 mm,0 mm,0.1 mm,0.3 mm 的仿真结果,得到拧紧力矩、摩擦系数和最小密封面宽的关系,如图 3 - 62 所示。

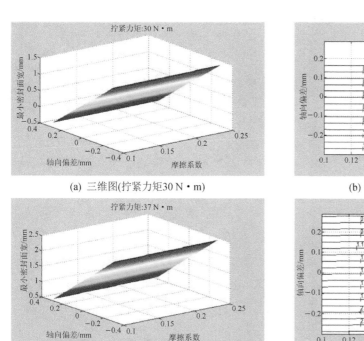
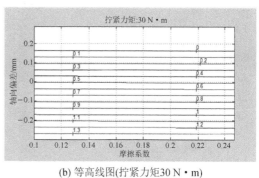

(a) 三维图(拧紧力矩30 N·m)　　　　　　　(b) 等高线图(拧紧力矩30 N·m)

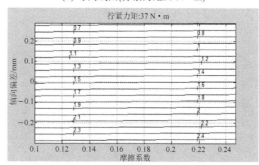

(c) 三维图(拧紧力矩37 N·m)　　　　　　　(d) 等高线图(拧紧力矩37 N·m)

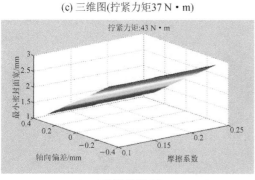
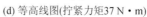
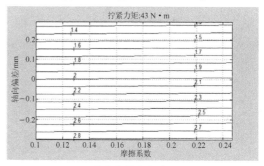

(e) 三维图(拧紧力矩43 N·m)　　　　　　　(f) 等高线图(拧紧力矩43 N·m)

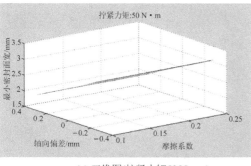
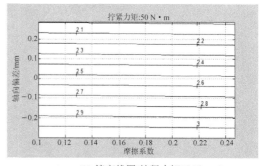

(g) 三维图(拧紧力矩50 N·m)　　　　　　　(h) 等高线图(拧紧力矩50 N·m)

图 3 - 60　不同拧紧力矩下最小密封面宽与轴向偏差和摩擦系数的关系

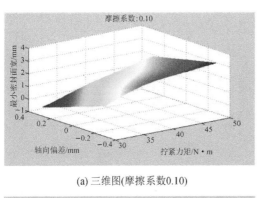

(a) 三维图(摩擦系数0.10)

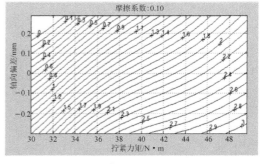

(b) 等高线图(摩擦系数0.10)

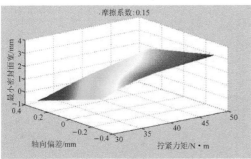

(c) 三维图(摩擦系数0.15)

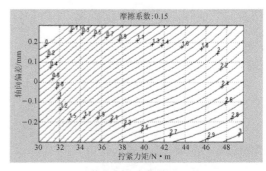

(d) 等高线图(摩擦系数0.15)

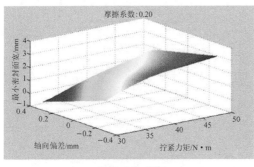

(e) 三维图(摩擦系数0.20)

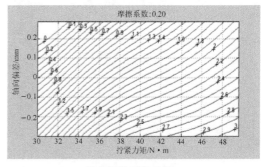

(f) 等高线图(摩擦系数0.20)

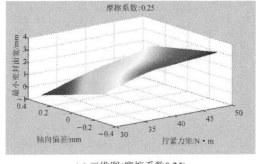

(g) 三维图(摩擦系数0.25)

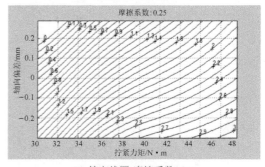

(h) 等高线图(摩擦系数0.25)

图 3-61   不同摩擦系数下最小密封面宽与轴向偏差和拧紧力矩的关系

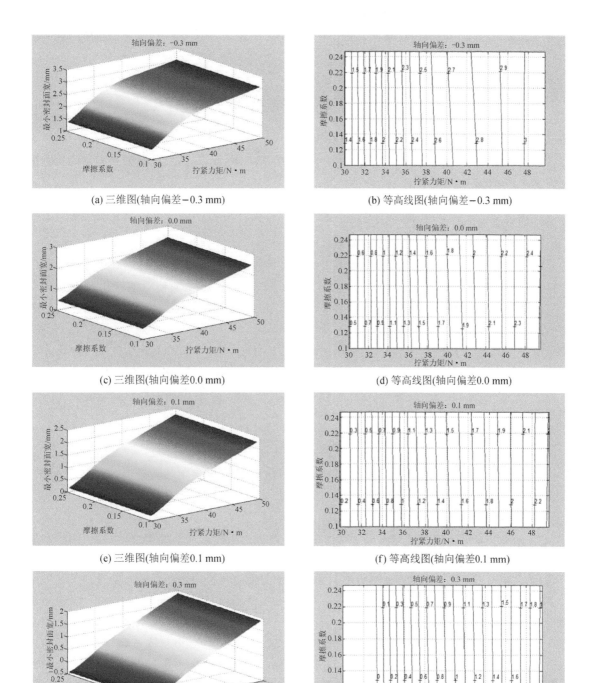

(a) 三维图(轴向偏差−0.3 mm)　　　　(b) 等高线图(轴向偏差−0.3 mm)

(c) 三维图(轴向偏差0.0 mm)　　　　(d) 等高线图(轴向偏差0.0 mm)

(e) 三维图(轴向偏差0.1 mm)　　　　(f) 等高线图(轴向偏差0.1 mm)

(g) 三维图(轴向偏差0.3 mm)　　　　(h) 等高线图(轴向偏差0.3 mm)

图 3 - 62　不同轴向偏差下最小密封面宽与摩擦系数和拧紧力矩的关系

（2）径向偏差对密封性能的影响分析

本节的目的是研究径向偏差、拧紧力矩和摩擦系数对最小密封面宽度的影响,其中摩擦系

数在 $0.1\sim0.25$ 范围内变化,拧紧力矩在 $30\sim50$ N·m 范围内变化,径向偏差在 $0\sim0.3$ mm 范围内变化。将得到的最小密封面宽数据记录下来,利用 SVR 方法拟合得到最小密封面宽与径向偏差、拧紧力矩及摩擦系数的函数关系,即

$$S_w = f(\Delta r, T, \mu) \tag{3-35}$$

式中,Δr 为径向偏差,mm,T 为拧紧力矩,N·m,μ 为摩擦系数。

选择拧紧力矩为 30 N·m,37 N·m,43 N·m,50 N·m 的仿真结果,得到拧紧力矩、摩擦系数和最小密封面宽的关系,如图 3-63 所示。

选择摩擦系数为 0.1,0.15,0.2,0.25 的仿真结果,得到拧紧力矩、径向偏差和最小密封面宽的关系,如图 3-64 所示。

选择径向偏差为 0 mm,0.1 mm,0.2 mm,0.3 mm 的仿真结果,得到拧紧力矩、摩擦系数和最小密封面宽的关系,如图 3-65 所示。

(3)角向偏差对密封性能的影响分析

本节的目的是研究角向偏差、拧紧力矩和摩擦系数对密封面宽度的影响,其中摩擦系数的变化范围为 $0.1\sim0.25$,拧紧力矩的变化范围为 $30\sim50$ N·m,角向偏差的变化范围为 $0°\sim3°$。将得到的最小密封面宽数据记录下来,利用 SVR 方法拟合得到密封面宽与径向偏差、拧紧力矩及摩擦系数的函数关系,即

$$S_w = f(\Delta\theta, T, \mu) \tag{3-36}$$

式中,$\Delta\theta$ 为角向偏差,°;T 为拧紧力矩,N·m;μ 为摩擦系数。

选择拧紧力矩为 30 N·m,37 N·m,43 N·m,50 N·m 的仿真结果,得到角向偏差、摩擦系数和最小密封面宽的关系,如图 3-66 所示。

选择摩擦系数为 0.1,0.15,0.2,0.25 的仿真结果,得到拧紧力矩、角向偏差和最小密封面宽的关系图,如图 3-67 所示。

选择角向偏差为 0°,1°,2°,3°的仿真结果,得到拧紧力矩、摩擦系数和最小密封面宽的关系图,如图 3-68 所示。

3. 分析结论

① 由不同摩擦系数下密封面宽与轴向偏差和拧紧力矩的关系三维图可以看出,当轴向偏差一定且拧紧力矩在 $30\sim50$ N·m 范围内时,随着摩擦系数的增大,最小密封面宽也随之减小,但总体减小速度较为缓慢;由不同拧紧力矩下密封面宽与径向偏差和摩擦系数的关系三维图可以看出,在轴向偏差一定且摩擦系数在 $0.1\sim0.3$ 范围内时,随着拧紧力矩的增大,最小密封面的宽度也随之增大,但总体增长速度较为缓慢;由不同轴向偏差下最小密封面宽与摩擦系数和拧紧力矩的关系三维图可以看出,当轴向偏差为"+"时,在 $0\sim0.3$ mm 范围内,随着偏差值的增大,扩口管与管接头的距离也变大,密封性能随之降低且最小密封面宽显著减小;当轴向偏差为"-"时,在 $0\sim0.3$ mm 范围内,随着偏差值的增大,扩口管与管接头贴合更加紧密,挤压作用明显增强,密封性能也随之增强且平均最小密封面宽显著增加,这说明在摩擦系数和拧紧力矩一定的情况下,轴向偏差对最小密封面宽影响相对较大。当轴向偏差为正值时,轴向偏差和拧紧力矩对密封面宽度存在耦合关系,即针对不同轴向偏差需要与之对应的拧紧力矩才能保证管道连接件不发生泄漏。

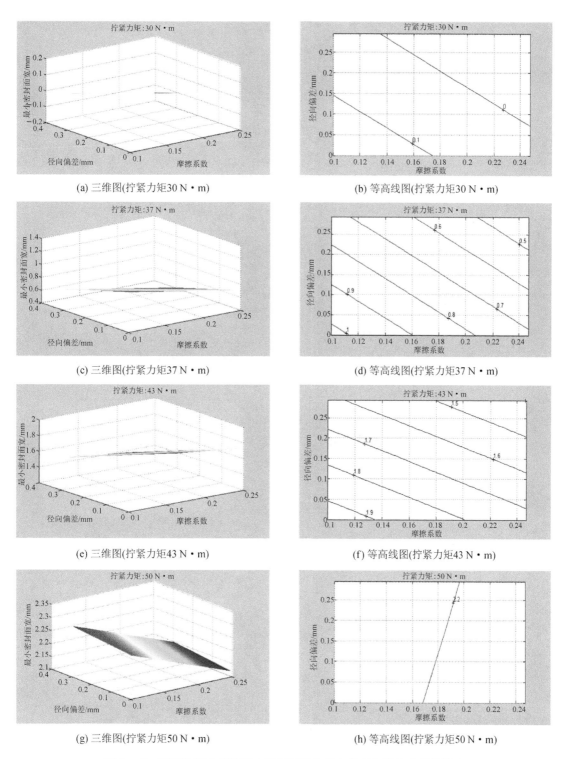

图 3 - 63　不同拧紧力矩下最小密封面宽与径向偏差和摩擦系数的关系

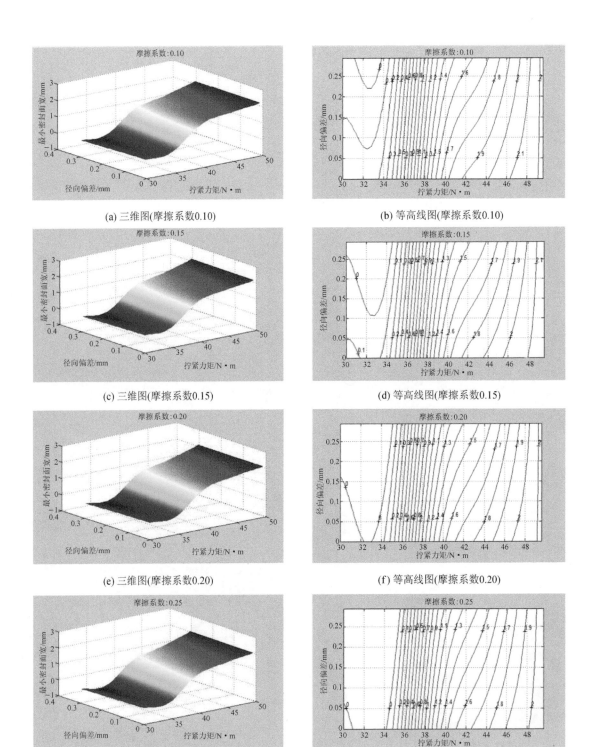

(a) 三维图(摩擦系数0.10)　　　　　(b) 等高线图(摩擦系数0.10)

(c) 三维图(摩擦系数0.15)　　　　　(d) 等高线图(摩擦系数0.15)

(e) 三维图(摩擦系数0.20)　　　　　(f) 等高线图(摩擦系数0.20)

(g) 三维图(摩擦系数0.25)　　　　　(h) 等高线图(摩擦系数0.25)

图 3 - 64　不同摩擦系数下最小密封面宽与径向偏差和拧紧力矩的关系

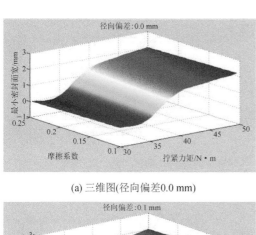

(a) 三维图(径向偏差0.0 mm)

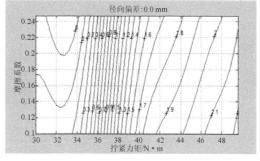

(b) 等高线图(径向偏差0.0 mm)

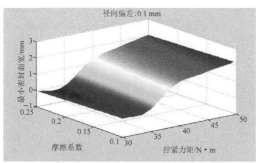

(c) 三维图(径向偏差0.1 mm)

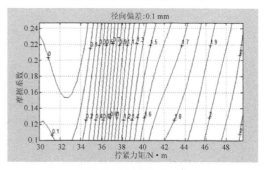

(d) 等高线图(径向偏差0.1 mm)

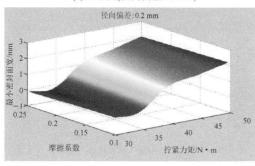

(e) 三维图(径向偏差0.2 mm)

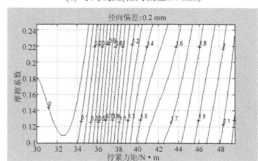

(f) 等高线图(径向偏差0.2 mm)

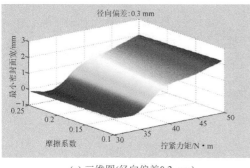

(g) 三维图(径向偏差0.3 mm)

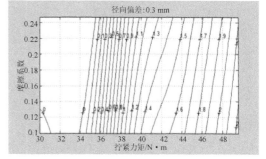

(h) 等高线图(径向偏差0.3 mm)

图 3 - 65　不同径向偏差下密封面宽与摩擦系数和拧紧力矩的关系

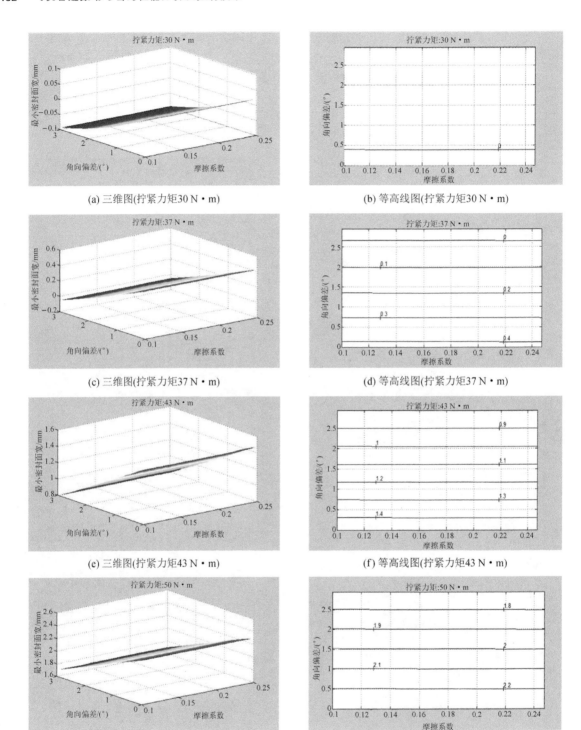

(a) 三维图(拧紧力矩30 N・m)　　　　　　　(b) 等高线图(拧紧力矩30 N・m)

(c) 三维图(拧紧力矩37 N・m)　　　　　　　(d) 等高线图(拧紧力矩37 N・m)

(e) 三维图(拧紧力矩43 N・m)　　　　　　　(f) 等高线图(拧紧力矩43 N・m)

(g) 三维图(拧紧力矩50 N・m)　　　　　　　(h) 等高线图(拧紧力矩50 N・m)

图 3-66　不同拧紧力矩下最小密封面宽与角向偏差和摩擦系数的关系

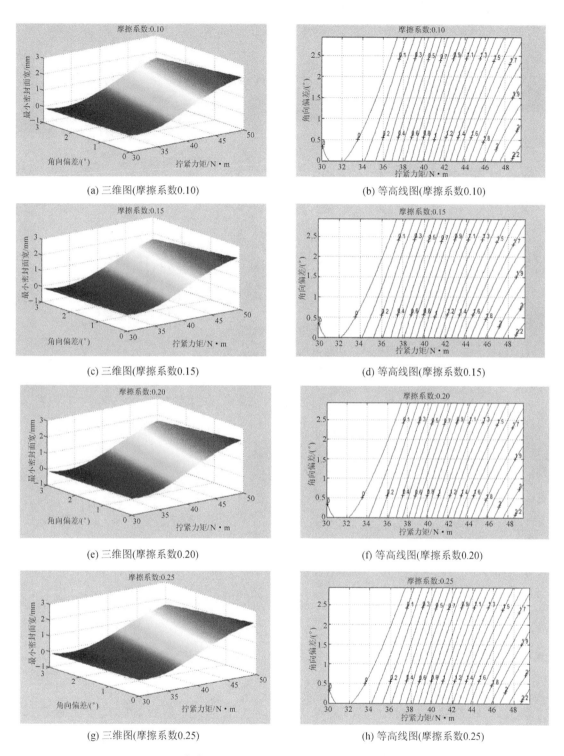

(a) 三维图(摩擦系数0.10)　(b) 等高线图(摩擦系数0.10)

(c) 三维图(摩擦系数0.15)　(d) 等高线图(摩擦系数0.15)

(e) 三维图(摩擦系数0.20)　(f) 等高线图(摩擦系数0.20)

(g) 三维图(摩擦系数0.25)　(h) 等高线图(摩擦系数0.25)

图 3-67　不同摩擦系数下最小密封面宽与角向偏差和拧紧力矩的关系

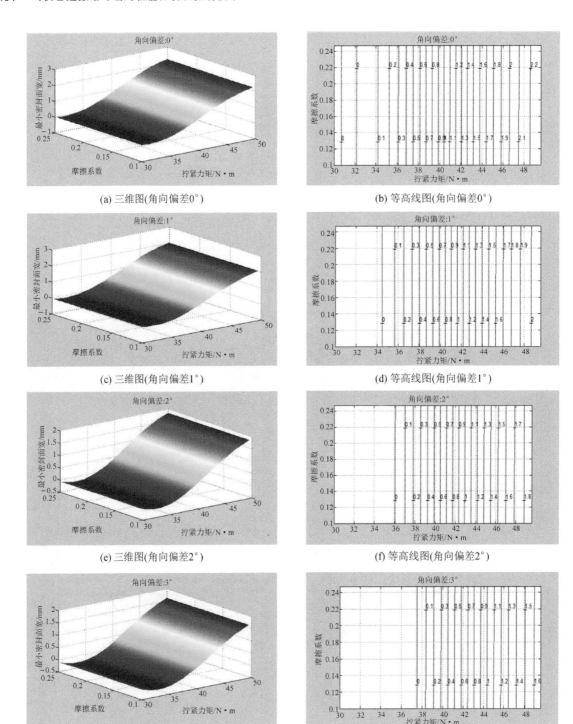

(a) 三维图(角向偏差0°) (b) 等高线图(角向偏差0°)

(c) 三维图(角向偏差1°) (d) 等高线图(角向偏差1°)

(e) 三维图(角向偏差2°) (f) 等高线图(角向偏差2°)

(g) 三维图(角向偏差3°) (h) 等高线图(角向偏差3°)

图 3 – 68　不同角向偏差下最小密封面宽与摩擦系数和拧紧力矩的关系

② 由不同摩擦系数下最小密封面宽与径向偏差和拧紧力矩的关系三维图可以看出,当径向偏差一定且拧紧力矩在 30～50 N · m 范围内时,随着摩擦系数的增大,最小密封面的宽度也随之减小,但总体减小速度较为缓慢;由不同拧紧力矩下密封面宽与径向偏差和摩擦系数的

关系三维图可以看出,在径向偏差一定且摩擦系数在 0.1～0.3 范围内时,随着拧紧力矩的增大,最小密封面的宽度也随之增大;由不同径向偏差下最小密封面宽与摩擦系数和拧紧力矩的关系三维图可以看出,在拧紧力矩一定且摩擦系数在 0.05～0.2 范围内时,随着径向偏差的增加,最小密封面的宽度随之减小,但减小量较小,这说明径向偏差对最小密封面宽度的几乎没影响。

③ 由不同摩擦系数下密封面宽与角向偏差和拧紧力矩的关系三维图可以看出,当角向偏差一定且拧紧力矩在 30～50 N·m 范围内时,随着摩擦系数的增大,最小密封面的宽度也随之减小,但总体减小速度较为缓慢;由不同拧紧力矩下密封面宽与径向偏差和摩擦系数的关系三维图可以看出,在角向偏差在 0°～3°范围内且摩擦系数在 0.1～0.3 范围内时,随着拧紧力矩的增加,最小密封面的宽度随之增大。由不同角向偏差下最小密封面宽与摩擦系数和拧紧力矩的关系三维图可以看出,在拧紧力矩一定且摩擦系数在 0.1～0.3 范围内时,随着角向偏差的增加,最小密封面的宽度随之减小,但减小量较小,这说明角向偏差对最小密封面宽度的影响较小。但在航标规定的拧紧力矩范围内,最小拧紧力矩无法保证在偏差 0°～2°内密封,满足偏差要求的最小拧紧力矩为 40 N·m。

④ 在摩擦系数为 0.2,且标准规定的拧紧力矩、管道达到密封性能要求的前提下,所能够容许的轴向、径向和角向偏差如表 3-16 所列。

表 3-16　摩擦系数为 0.2 时容许的轴向、径向和角向偏差

标准中规定的拧紧力矩/(N·m)	轴向偏差/mm	径向偏差/mm	角向偏差/(°)
31.35～47.00	−0.3～0	0～0.3	0～0.5

注:原标准规定为轴向偏差为 −0.3～0.3 mm,径向偏差为 0～0.3 mm,角向偏差为 0°～2°。

3.5　本章小结

本章主要针对影响管路连接件密封性能的几个关键因素进行试验及仿真工作,根据金属密封机理总结出保证管路连接件基本密封性能的三个密封准则,并将其进行量化处理,基于 ANSYS 软件的 APDL 语言编写了密封参量提取程序,随后建立管路连接件有限元模型,针对轴向预紧力、轴向偏差、径向偏差及角向偏差对密封性的影响规律进行探讨,并进行了管路密封性综合验证试验,最后建立了有限元计算代理模型,得到了摩擦系数、拧紧力矩及装配偏差对密封性能参数的定量影响关系,并基于该代理模型实现了管道密封性能的评价和控制。具体结论如下。

① 通过加工与管路连接件相同材料的板件进行摩擦系数测定试验,最终得到 1Cr18Ni9Ti 和 45#钢之间的静摩擦系数为 0.151,动摩擦系数为 0.127,45#钢和 45#钢之间的静摩擦系数为 0.154,动摩擦系数为 0.130。

② 设计并进行了 1Cr18Ni9Ti 和 45#钢的管材拉伸试验,得出 1Cr18Ni9Ti 的屈服强度为 205 MPa,45#钢的屈服强度为 355 MPa。1Cr18Ni9Ti 的强度极限为 545 MPa,45#钢的强度极限为 597 MPa。

③ 推导了 M12×1 的普通螺栓连接件的扭拉关系式,通过搭建普通螺栓扭拉关系试验台对有限元仿真及理论关系式进行验证,结果表明在小力矩下理论关系是非常精准的,但当力矩

大于 12 N·m 时,螺纹部分弹性变形增加,导致螺纹的牙形角不断增大,使得轴向预紧力逐渐小于理论值,此时需要引进修正系数进行修正。

④ 根据普通螺栓连接件的扭拉关系式推导出管路连接件的扭拉关系式,并对带螺纹的管路连接件有限元模型进行力学分析,结果与普通螺栓结论相似,在较大力矩下需要引进修正系数。通过对不同拧紧力矩下的数据进行线性拟合,得到描述 M12×1 的管路连接件扭拉关系式。

⑤ 通过仿真得到 $d_0 = 4$ mm 管路连接件保证基本密封性的最小拧紧力矩为 15.6 N·m,保证结构不发生破坏的最大拧紧力矩为 25.3 N·m。负轴向偏差会适当增加管路密封性能,使得满足密封性所需拧紧力矩较小;正轴向偏差会削弱管路密封性能,使满足密封性所需拧紧力矩较大,在航标规定的最小拧紧力矩及仿真得到的最小拧紧力矩仅能保证负轴向偏差的要求,要满足此要求需要最小拧紧力矩至少达到 18.5 N·m。取仿真得到最小拧紧力矩 15.6 N·m 进行装配,基本可以保证 0~0.4 mm 的径向偏差下管路连接件密封性能,以及在 0.5°角向偏差范围内的密封性能。并且通过进行管路密封性综合验证试验,得到保证管路密封性最小拧紧力矩为 14.5 N·m,与仿真得到的最小拧紧力矩 15.6 N·m 基本一致,相对误差为 7.1%;三种偏差下的密封性能仿真结果与试验结果基本一致,充分验证了仿真结果的准确性。

⑥ 为了得到拧紧力矩、摩擦系数和装配偏差与管道密封性能的关系,需要基于管道连接件有限元模型建立其计算代理模型,其基本思路如下:首先建立复杂管道连接件有限元模型;然后利用拉丁超立方采样方法得到拧紧力矩、摩擦系数和装配偏差在参数域的样本点,保证样本点均匀充满整个参数空间;接下来,将不同样本的拧紧力矩、摩擦系数和装配偏差值输入有限元模型,通过有限元仿真分析得到管路密封性能指标,获取大量仿真数据样本;最后,基于大量仿真数据,利用 SVM 回归分析方法对仿真数据进行拟合,基于输入-输出等效的原则,得到管路密封性能的有限元计算代理模型。利用该有限元代理模型,可以进行管路密封性能预测与评估。即在实际管道设计和装配中,输入不同的拧紧力矩、摩擦系数和装配偏差,代入代理模型,预测出当前参数下的密封性能,并对管理密封状态进行评估。

参考文献

[1] 欧阳小平,方旭,朱莹,等.航空液压管接头综述[J].中国机械工程,2015,26(16):2262-2271.

[2] 中国钢铁工业协会.金属材料 薄板和薄带 摩擦系数试验方法(YB/T 4286—2012)[S].北京:中华人民共和国工业和信息化部,2012.

[3] 中国钢铁工业协会.金属材料 拉伸试验 第1部分:室温试验方法(GB/T 228.1—2021)[S].北京:国家市场监督管理总局,国家标准化管理委员会,2021.

[4] 刘娟,鄂大辛,张敬文.小直径薄壁管直接拉伸方法研究[J].实验技术与管理,2012,29(3):56-58.

[5] 成大先,王德夫.新中国成立后第一部大型《机械设计手册》[C]// 第三届中日机械技术史国际学术会议,2002:124-128.

[6] 徐卫秀,王淑范,杨帆,等.考虑螺纹细节的螺栓预紧过程仿真分析研究[J].宇航总体技术,2018,2(5):50-56.

[7] FUKUOKA T, NOMURA M, MORIMOTO Y. Proposition of helical thread modeling with accurate geometry and finite element analysis[J]. Journal of Pressure Vessel Technology,2008,130(1):135-140.

[8] 《中国航空材料手册》编辑委员会.中国航空材料手册 第1卷 结构钢 不锈钢[M].北京:中国标准出版社.

2002.

[9] 丁建春,王细波,杨燕,等. 拧紧力矩对典型管接头密封带宽度影响研究[J]. 强度与环境,2012,39(2):
9-13.

[10] 税晓菊,司会柳,曹文利,等.24°管路堵头密封性能研究[J].导弹与航天运载技术,2021(3):16-21.

[11] ISICHENKO M B. Percolation, statistical topography, and transport in random media[J]. Reviews of
Modern Physics,1992,64(4):961-1043.

[12] 马彬钶,颜培,余建杭,等.高压静密封表面微织构设计及其密封性能的有限元分析[J].表面技术,2021,
50(8):237-246.

[13] MILBERGER L J, RADI A. Evolution of metal seal principles and their application in subsea drilling and
production[C]//Offshore Technology Conference, OTC, 1992: OTC-6994-MS.

[14] 中国航空工业第一集团公司.扩口管路连接件通用规范(HB 4-1—2002)[S].北京:国防科学技术工业
委员会,2002.

[15] 中国航空工业第一集团公司.导管扩口(HB 4-52—2002)[S].北京:国防科学技术工业委员会,2002.

[16] 中国航空工业第一集团公司.扩口式组合导管 第1尺寸系列(HB 4-31-43—2002)[S].北京:国防科学
技术工业委员会,2002.

[17] 中国航空工业第一集团公司.扩口式 A 型直通管接头(HB 4-5—2002)[S].北京:国防科学技术工业委
员会,2002.

[18] 中国航空工业总公司三〇一研究所.飞机液压管路系统设计、安装要求(GJB 3054—1997)[S].北京:国
防科学技术工业委员会,1997.

[19] 中国航空工业第一集团公司. 螺纹连接的导管(软管)安装拧紧参数的确定方法(HB 6999—2002)[S].
北京:国防科学技术工业委员会,2002.

第 **4** 章
管道共振疲劳性能分析

　　航空液压管道在服役过程中所处的环境极其复杂,在共振环境极易产生共振疲劳,同时,管道安装应力又将大大削弱管道的疲劳强度,从而加剧管道的疲劳断裂。通常,管道发生断裂的部位往往位于管路连接件的平管嘴内部,导致当有裂纹萌生时难以被发现。本章基于静力学及动力学联合仿真分析的方法对管路连接件强度进行分析,确定在共振环境下管道危险点的位置,基于疲劳累计损伤理论和 S-N 曲线对带应力安装下的管道进行共振疲劳寿命预估,并设计带应力安装下的管道共振疲劳试验,将试验结果与仿真结果进行对比,验证仿真方法的可行性。

4.1　带安装应力的管道疲劳分析理论

4.1.1　方法流程

　　航空液压导管由于定位不准确等因素将产生装配偏差,使得导管受到拉伸载荷的作用,导致在振动环境下导管平均应力大于 0,将严重削减导管疲劳寿命;通过对典型导管疲劳裂纹位置进行分析,发现在共振振动环境下管道危险点的位置及应力,从而依据疲劳累计损伤理论进行管道疲劳寿命预测。

　　管道疲劳寿命分析的具体计算步骤如下:

　　① 建立带管道连接件的管道有限元模型;

　　② 对管道施加安装应力利用有限元静力学仿真计算得到管道安装应力;

　　③ 对带安装应力的管道进行给定幅值的正弦激励下的谐响应分析,得到管道危险点位置及其应力幅值;

　　④ 将静力学计算得到的安装应力及谐响应分析得到的动应力幅值代入 Goodman 公式,得到对称循环(即循环比 $R=-1$)时的应力幅值;

　　⑤ 将对称循环下的应力幅值代入材料的 S-N 曲线,依据线性累计损伤理论,得到安装应力下的管道疲劳寿命。

　　安装应力下的疲劳寿命计算流程如图 4-1 所示。

4.1.2　关键技术

1. 线性疲劳累积损伤理论

　　线性疲劳累积损伤理论又称 Miner 理论,是指在循环载荷下,疲劳损伤是线性累加的,且

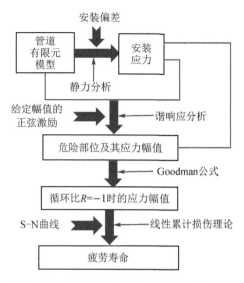

图 4-1　安装应力下的疲劳寿命计算流程

各个应力相互独立互不相关,当损伤累加到某一个数值时,结构就会发生破坏。该理论假设一个循环造成的损伤为

$$D = \frac{1}{N} \qquad (4-1)$$

式中,D 为损伤度;N 为当前应力水平下的疲劳寿命。

等幅载荷下,n 个循环造成的损伤为

$$D = \frac{n}{N} \qquad (4-2)$$

变幅载荷条件下,n 个循环造成的损伤为

$$D = \sum_{i=1}^{n} \frac{n}{N_i} \qquad (4-3)$$

式中,N_i 为当前应力水平下的疲劳寿命。

对于常幅循环载荷,当循环次数 n 等于其疲劳寿命 N 时,疲劳裂纹萌生,结构发生破坏,可以得到

$$D = 1 \qquad (4-4)$$

2. Goodman 公式

为了估算不同应力水平下的管道疲劳寿命,需要对管材的 S-N 进行测定,因此本章针对管路连接件结构特点结合悬臂梁弯曲试验方法设计了管道 S-N 曲线试验。

为了估算试件或构件在外力作用下的疲劳寿命,通常需要建立应力与试件疲劳寿命的关系,这种表示应力 S 与疲劳寿命 N 关系的曲线称为 S-N 曲线。其常用若干个试样在一定应力比 R 下进行疲劳试验,测试出试件断裂时的应力与循环次数,并把试验结果以疲劳寿命 N 为横坐标,应力幅 S_a 或者最大应力 S_{max} 为纵坐标画点连线形成曲线。大量试验表明,试件的 S-N 曲线的斜率是变化的,根据该特点可将 S-N 曲线分为三个区域:① 高周疲劳区域;② 低周疲劳区域;③ 亚疲劳区域,如图 4-2 所示。对于振动疲劳而言,大部分为高周疲劳。

在得到疲劳试验数据后,需要对试验数据进行拟合才能得到 S-N 曲线,目前常用的描述

S-N 曲线的主要公式如下。

① 指数函数公式为

$$Ne^{aS} = C \tag{4-5}$$

式中,a 和 C 均为与材料有关的常数。

② 幂函数公式为

$$S_{max}^{a} N = C \tag{4-6}$$

式中,a 和 C 均为与材料有关的常数。

③ Basquin 公式为

$$S_a = S_f (2N)^b \tag{4-7}$$

式中,S_f 为疲劳强度系数;b 为与材料有关的常数。

④ Weibull 公式为

$$N = a(S_a - A)^b \tag{4-8}$$

式中,a,b 及 A 为与材料有关的常数,其中 $b<0$,A 为理论应力的疲劳极限值。

以上均为标准的 S-N 曲线的数学模型,而实际中构件通常处于变幅载荷下,此时应力比 R 并不等于 -1,因此需要进行平均应力修正。目前平均应力修正方法主要采用 Goodman 公式、Gerber 公式,二者可利用等寿命图进行描述。对于任意给定寿命,其应力幅 S_a 与平均应力 S_m 之间的关系可以画出如图 4-3 所示的无量纲形式,图中给出了 $N = 10^7$ 时的 $S_a - S_m$ 关系,分别用疲劳极限 S_{-1} 和材料的强度极限 S_u 进行归一化。那么当平均应力为 0 时,应力比 $R = -1$,$S_a = S_{-1}$;当载荷为静载荷时,在强度极限 S_u 下破坏,此时 $S_m = S_u$。此时等寿命条件下的 $S_a - S_m$ 关系可表示为

$$\frac{S_a}{S_{-1}} + \left(\frac{S_m}{S_u}\right)^2 = 1 \tag{4-9}$$

此公式即为 Gerber 公式。图 4-3 中的直线即 Goodman 公式,其表达式为

$$\frac{S_a}{S_{-1}} + \frac{S_m}{S_u} = 1 \tag{4-10}$$

可以看出,其所有试验点基本都位于直线上方,因此使用 Goodman 公式估算疲劳寿命偏于保守,在工程实践中被广泛使用。

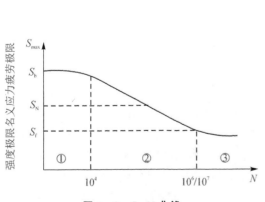

图 4-2　S-N 曲线

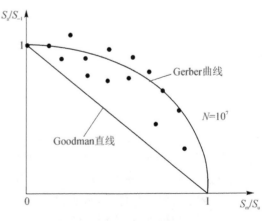

图 4-3　等寿命图

4.2　管材 1Cr18Ni9Ti 的 S－N 曲线测试

4.2.1　试验系统及试验设备

管材 1Cr18Ni9Ti 的 S－N 曲线测定试验系统如图 4－4 所示。

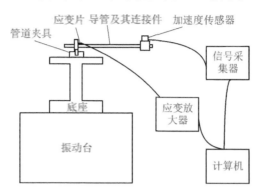

图 4－4　管材 1Cr18Ni9Ti S－N 曲线测定试验系统

本次试验所用到的设备包括苏试振动台及控制系统、应力监测设备及 S－N 曲线测试试验台。下面对这些设备进行简单介绍。

1. 苏试振动台及控制系统

为模拟管道振动情况,试验激振源采用苏州苏试试验集团股份有限公司的 DC－300 型电动振动台,如图 4－5 所示,主要由振动台、功率放大器、控制器及控制系统四部分组成。DC－300 型电动振动台广泛应用于汽车零部件、电子元器件、航空航天产品的应力筛选等多种典型振动、模拟试验场景,具有承载能力强、工作频带宽、工作台共振频率低、刚性好、一阶谐振频率高的特点。其具体性能参数如表 4－1 所列。

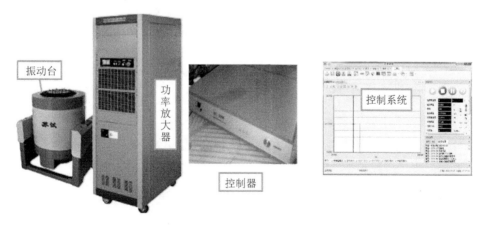

图 4－5　苏试 DC－300 型电动振动台

表 4-1　DC-300 型电动振动台技术指标

参　数	量　级	参　数	量　级
外形尺寸/mm×mm×mm	720×660×540	最大加速度/(m·s⁻²)	980
台体重量/kg	454	最大速度/(m·s⁻¹)	2
台面直径/mm	150	最大位移/mmp-p	400
频率范围/Hz	5～5 000	最大载荷/kg	120
额定正弦推力/N	29 400	最大输出功率/kVA	3

2. 应力监测设备

应力监测设备主要包括电阻式应变片、应变放大器、数据采集器及应力监测系统。其中电阻式应变片主要粘贴于扩口管与平管嘴连接末端,此位置测试的应力作为导管试验件最大测试应力,应变片连接实物如图 4-6(a)所示,应力监测软件界面如图 4-6(b)所示,应力监测系统主要由信号放大器、数据采集器组成。

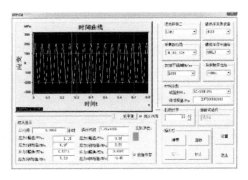

(a) 应变片连接实物　　　　　　　　　　(b) 应力监测软件界面

图 4-6　应力监测设备及软件

3. S-N 曲线测试试验台

为了得到应力比 $R=-1$ 下的扩口管道 S-N 曲线,设计了 S-N 曲线测试试验台 CATIA 图,如图 4-7(a)所示。试验台主要由飞机管道试验件、H 形底座、法兰盘、管接头支座及配重块组成,实物如图 4-7(b)所示。

(a) S-N曲线测试试验台CATIA图　　　　(b) S-N曲线测试试验台实物

图 4-7　S-N 曲线测试试验台

4.2.2　试验方案

所采用的试验方案如下：

① 选取一根扩口管路连接件并使用锁紧螺母将管接头固定至夹具上。

② 将在扩口管与平管嘴末端连接处的管道表面用砂纸打磨光滑且保持清洁,粘贴应变片并将应变片与信号放大器、数据采集器相连。

③ 在管道自由端添加配重块,并在配重块上安装加速度传感器。

④ 启动振动台施加 1 g 的正弦激励,进行扫频试验,得到管路连接件共振频率 f_0。利用应力检测软件实时监测振动应力水平及循环次数,当振动应力开始快速上升时,则认为此时裂纹萌生,而此时的循环次数为该应力水平下的疲劳寿命。

⑤ 每种应力水平下试验 3 次,试验完成后采用幂函数对数据进行拟合。

4.2.3　试验结果

本次试验共对 21 根管道进行 S-N 曲线测定,利用幂函数对 S-N 曲线进行拟合,得到的 S-N 曲线如图 4-8 所示,其表达式为

$$S = 2\,729.63\,N^{-0.15} \tag{4-11}$$

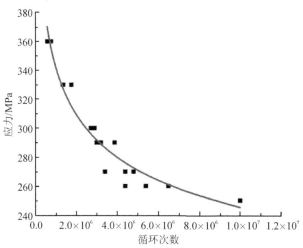

图 4-8　S-N 曲线

4.3　带安装应力的管路疲劳寿命分析

4.3.1　建立三维实体模型

为了验证带安装应力的疲劳寿命分析方法,建立一段带管道连接件的管道疲劳试验件进行建模分析和疲劳试验。用于疲劳寿命研究的管路连接件模型包括 2 个外套螺母、2 个平管嘴、2 个管接头、1 根扩口管及 1 个配重块,建立好的管路连接件如图 4-9 所示。

图 4 - 9　扩口管路连接件三维实体模型

4.3.2　基于 Workbench 的有限元建模

将建立好的 CATIA 三维实体模型导入 Workbench 中,利用其中的 Mesh 模块进行网格划分,对接触部位进行网格加密,得到网格数量为 128 313。$d_0 = 4$ mm 扩口式管路连接件有限元模型网格划分如图 4 - 10 所示。在 Workbench 工作空间主界面新建 Static Structural 项目组,在 Engineering Data 栏中可以进行材料属性设置。其中,1Cr18Ni9Ti 及 45♯钢的密度、弹性模量、屈服强度等材料参数通过试验得到,即 1Cr18Ni9Ti 的弹性模量为 198 GPa,45♯钢的弹性模量为 208 GPa。由于两种材料均没有明显的屈服阶段,因此采用材料的 0.2% 残余伸长时的应力作为屈服强度,测量得出 1Cr18Ni9Ti 的屈服强度为 205 MPa,45♯钢的屈服强度为 355 MPa。

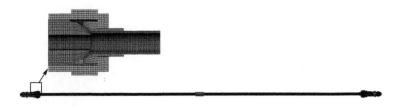

图 4 - 10　扩口式管路连接件有限元模型网格划分

为模拟实际管道安装情况,将建立好的管路有限元模型在一侧管接头处施加固定约束,外套螺母处施加 10 584 N 的轴向预紧力。对于轴向偏差,在一侧的管接头处施加 X 方向的位移载荷;对于径向偏差,在一侧的管接头处施加 Y 方向的位移载荷;对于角向偏差,通常采用远端位移功能,在管接头上施加绕 Y 轴的远端位移载荷,施加的边界条件如图 4 - 11 所示。

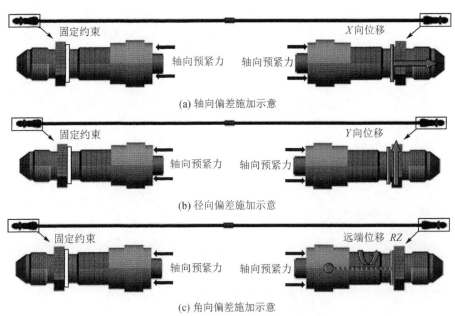

(a) 轴向偏差施加示意

(b) 径向偏差施加示意

(c) 角向偏差施加示意

图 4 - 11　边界条件施加示意

4.4 装配偏差对管路疲劳寿命的影响分析

由于存在装配偏差,使得管道在循环载荷下的平均应力大于 0,这往往会加速疲劳裂纹的萌生。为得到装配偏差对疲劳寿命的影响,本节首先对不同装配偏差进行模拟,利用静力学模块进行仿真分析,研究其对管道安装应力的影响规律;随之进行动力学分析,探究装配偏差对结构的动态响应的影响规律;最终根据动力学分析确定管道危险点位置及危险点应力响应幅值,结合 S - N 曲线对管道的疲劳寿命进行预测。

4.4.1 轴向偏差对管路疲劳寿命的影响分析

1. 安装应力分析

通过修改 Displacement X 方向数值即可实现不同轴向偏差的模拟,分别设置轴向偏差为 0 mm,0.2 mm,0.4 mm,0.6 mm,0.8 mm 及 1 mm 进行静力学分析。如图 4 - 12 所示,以 0.6 mm 轴向偏差下管路连接件应力分布为例,轴向偏差使整根扩口管上均处于拉伸状态,因此可认为轴向偏差会影响整根扩口管的应力分布。

图 4 - 12 0.6 mm 轴向偏差下管路连接件应力分布

分别提取施加不同轴向偏差一侧的管路连接件接触部位下的主应力分布,如图 4 - 13 所示。从

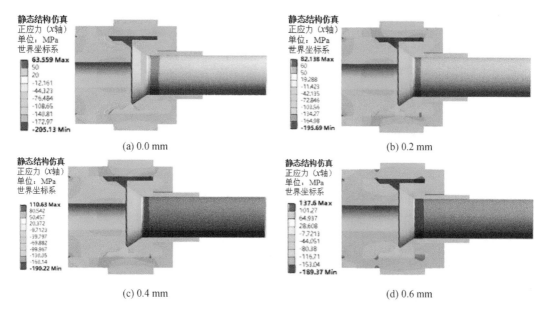

(a) 0.0 mm (b) 0.2 mm

(c) 0.4 mm (d) 0.6 mm

图 4 - 13 不同轴向偏差下的主应力分布

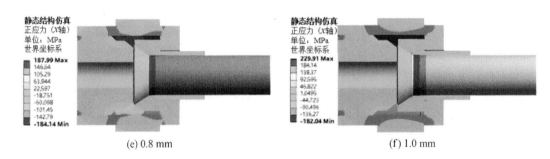

(e) 0.8 mm   (f) 1.0 mm

图 4 - 13   不同轴向偏差下的主应力分布(续)

图中可以看出,随着轴向偏差的增大,扩口管上的最大主应力逐渐增大且逐渐向扩口管的根部靠近。由于在试验过程中,扩口管上的最大应力位置均位于平管嘴接触部位内部,无法使用应变片测量,因此以扩口管的管体与平管嘴末端接触部位的最大主应力作为安装应力值。将不

同轴向偏差下的扩口管上安装应力及最大主应力列出,如图 4 - 14 所示。从图中可以看出,在无偏差情况下,扩口管上最大主应力达到 255 MPa,这是在轴向预紧力的作用下,为满足密封性的需求产生的初始预应力;在轴向偏差小于 0.8 mm 时,管道上的安装应力与扩口管上的最大应力值均小于材料 1Cr18Ni9Ti 的屈服强度,即此时处于微小的弹性变形阶段;当轴向偏差超过 0.8 mm 时,扩口管上的最大主应力大于 205 MPa,此时扩口管开始产生塑性变形,会大大削弱管道的连接强度。

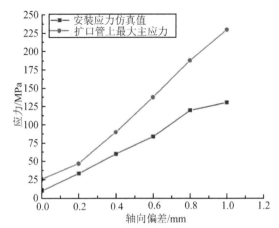

**图 4 - 14   不同轴向偏差下扩口管上
安装应力及最大主应力**

2. 模态分析

为了更好地了解轴向装配偏差对管路动态特性的影响,需要对管路连接件进行模态响应分析。通过模态分析得到不同轴向装配偏差下管路连接件的前 6 阶固有频率,如表 4 - 2 所列。从表中可以看出,随着轴向偏差的增加,每阶固有频率均随之增长,根据结构动力学理论可知,结构的固有频率可表述为

$$\omega_0 = \sqrt{\frac{k}{m}} \qquad (4-12)$$

式中,k 为系统结构刚度;m 为结构质量。

表 4 - 2   不同轴向偏差下管路连接件的前 6 阶固有频率

轴向偏差/mm	1 阶固有频率/Hz	2 阶固有频率/Hz	3 阶固有频率/Hz	4 阶固有频率/Hz	5 阶固有频率/Hz	6 阶固有频率/Hz
0	20.683	20.711	157.95	158.14	238.68	238.95
0.2	24.044	24.09	172.71	173.17	250.28	251.0

续表 4-2

轴向偏差/mm	1 阶固有频率/Hz	2 阶固有频率/Hz	3 阶固有频率/Hz	4 阶固有频率/Hz	5 阶固有频率/Hz	6 阶固有频率/Hz
0.4	26.853	26.965	185.16	186.33	259.81	261.6
0.6	29.717	29.75	198.91	199.22	271.5	272.04
0.8	32.359	32.396	212.08	212.44	283.15	283.76
1.0	34.754	34.798	224.15	224.57	293.91	294.62

由此可知,由于轴向偏差的增大,管道被不断拉紧,管道的横向刚度不断增加,产生应力钢化效应,最终使固有频率增加。由于管路连接件属于对称结构,使本构矩阵的特征值成对出现,从而导致每两阶固有频率几乎一致。

以 0.8 mm 轴向偏差为例,提取前 6 阶模态分布,如图 4-15 所示。

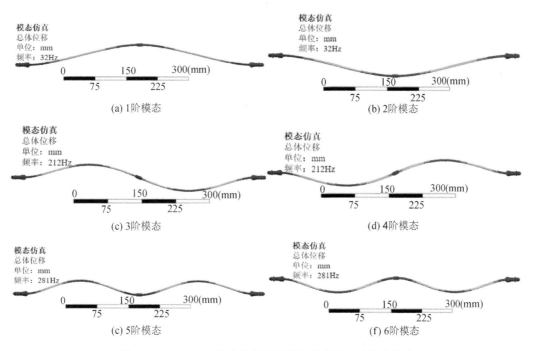

图 4-15　0.8 mm 轴向偏差下管路连接件前 6 阶模态分布

3. 谐响应分析

通过模态分析得知安装应力会对管路连接件的固有频率产生影响,但其得到的振型的位移、应力等值是关于质量矩阵归一化得到的相对值,为了获取管路连接件在一阶固有频率处的实际响应值,需要对其进行谐响应分析。由于模态叠加法可以考虑预应力等,其对结构的固有频率处的响应结果求解更加精确且求解效率更高,因此本文采用基于模态叠加法的谐响应分析,对不同装配偏差下的管路连接件进行求解。

在管路有限元模型管接头固定处的 Y 方向施加幅值为 $1g$ 的加速度作为输入激励。根据模态分析的结果设置谐响应分析激励范围为 0～300 Hz,阻尼比设置为 0.045,通过仿真计算得到不同轴向偏差下的一阶固有频率处的扩口管响应应力分布,如图 4-16 所示。从图中可以看出,扩口管上的应力响应最大点位置均处于管体上,且随着轴向偏差的增大,响应应力最大点位置不断由管体移动至扩口与管体连接处。根据疲劳寿命分析理论可知,材料失效发生在应力最大的临界单元处,即图中响应应力最大单元处为管道的危险点位置。对危险点位置的应力响应曲线进行提取得到不同轴向偏差下管道危险点应力响应曲线,如图 4 - 17 所示。由图可以看出,随着轴向偏差的增大,危险点应力响应幅值逐渐降低。这主要是因为激励的能量一定,随着轴向偏差的增加管道被拉紧,结构之间摩擦加剧,消耗了大量输入到结构的能量,进而导致响应幅值逐渐降低。

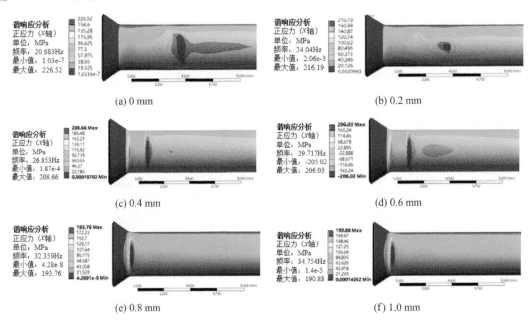

图 4 - 16　不同轴向偏差下的扩口管响应应力分布

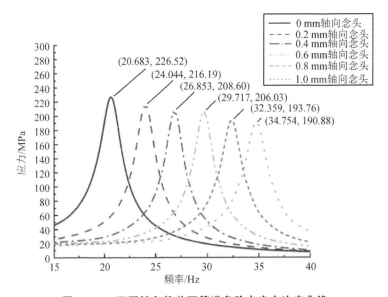

图 4 - 17　不同轴向偏差下管道危险点应力响应曲线

4. 疲劳寿命计算

首先,根据谐响应分析结果确定危险点位置的应力响应幅值 S_a,利用静力学分析模块提取危险点位置的最大主应力 S_{max} 作为管道的应力均值;然后,根据式(4-10)的 Goodman 公式将应力响应幅值 S_a 等寿命转换为对称循环($R=-1,S_m=0$)下的应力水平 $S_{a(R=-1)}$;最后,将等寿命转换得到的应力 $S_{a(R=-1)}$ 代入式(4-11)即可得到相应的疲劳寿命,将疲劳寿命以小时为单位表示,如图 4-18 所示。从图中可以看出,轴向偏差的存在会使得管道疲劳寿命快速下降,在轴向偏差从 0.0 mm 增加到 0.8 mm 的过程中,管道疲劳寿命下降了 87.8%,已经严重影响到管路连接件的使用寿命,因此在实际安装过程中应避免正轴向偏差的产生。

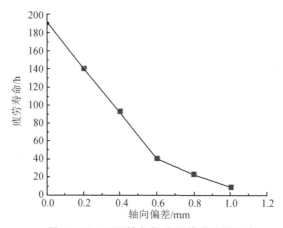

图 4-18　不同轴向偏差下管道疲劳寿命

4.4.2　径向偏差对管路疲劳寿命的影响分析

1. 安装应力分析

通过修改位移载荷 Y 方向数值即可实现不同径向偏差的模拟,根据密封性的仿真结果分别设置径向偏差为 0.8 mm、1.6 mm、2.4 mm 及 3.6 mm 并进行静力学分析。如图 4-19 所示,以 2.4 mm 径向偏差下的管路连接件应力分布为例,由于径向偏差相当于把一侧的管接头在空间上的 Y 方向提高了,而 800 mm 管道挠度较大,因此另外一侧的管道结构未发生明显变化。

图 4-19　2.4 mm 径向偏差下的管路连接件应力分布

分别提取不同径向偏差下的一侧管路连接件接触部位的主应力云图,如图 4-20 所示。从图中可以看出,径向偏差的存在使得被提高一侧的扩口管上方管壁处于被拉伸状态,而位于下方的扩口管管壁则处于被压缩状态,扩口管最大主应力位置均位于扩口管与内壁的过度圆角处。同样提取扩口管上的安装应力(即最大主应力),如图 4-21 所示,在径向偏差从 0.8 mm 增加到 3.6 mm 的过程中,扩口管上的最大主应力从 62.759 MPa 增加到了 76.231 MPa,安装应力从 17.7 MPa 增加到 28.4 MPa,远小于扩口管的屈服强度 205 MPa,说明径向偏差对结构强度的影响较小。

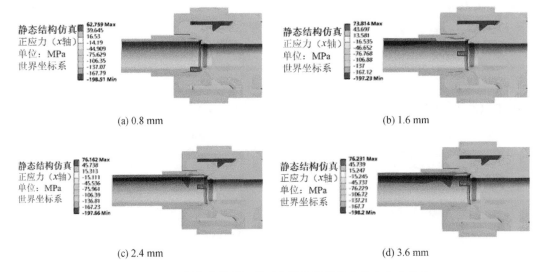

(a) 0.8 mm　　　　　　　　　　　　　　(b) 1.6 mm

(c) 2.4 mm　　　　　　　　　　　　　　(d) 3.6 mm

图 4 - 20　不同径向偏差下管路连接件接触部位的主应力分布

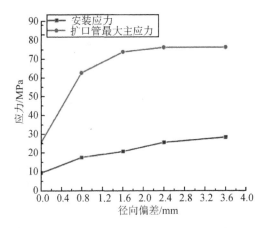

图 4 - 21　不同径向偏差下扩口管上安装应力及最大主应力

2. 模态分析

通过模态分析得到不同径向装配偏差下的管路连接件前 6 阶固有频率,如表 4 - 3 所列,可以看出随着径向偏差的增加,每阶固有频率仅有微小增加,说明径向偏差对管路连接件的整体结构动态特性影响较小。

表 4 - 3　不同径向偏差下管路连接件前 6 阶固有频率

径向偏差/mm	1 阶固有频率/Hz	2 阶固有频率/Hz	3 阶固有频率/Hz	4 阶固有频率/Hz	5 阶固有频率/Hz	6 阶固有频率/Hz
0.8	20.685	20.737	157.95	158.32	238.57	239.12
1.6	20.707	20.722	158.02	158.34	238.73	239.16
2.4	20.722	20.738	158.13	158.49	238.84	239.19
3.6	20.805	20.824	158.51	158.9	239.19	239.4

以 2.4 mm 径向偏差为例,提取前 6 阶模态位移分布如图 4 - 22 所示。

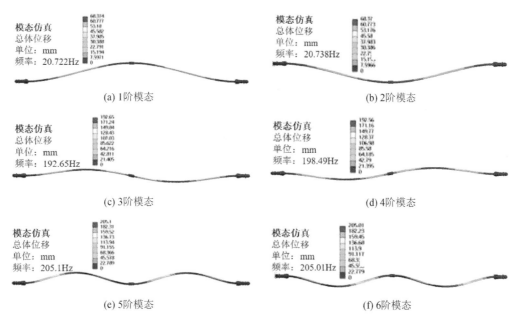

(a) 1阶模态　　　　　　　　　　　　　　　　(b) 2阶模态

(c) 3阶模态　　　　　　　　　　　　　　　　(d) 4阶模态

(e) 5阶模态　　　　　　　　　　　　　　　　(f) 6阶模态

图 4 - 22　2.4 mm 径向偏差下管路连接件前 6 阶模态分布

3. 谐响应分析

在管路有限元模型管接头固定处的 Y 方向施加 $1g$ 的加速度作为输入激励,对不同径向偏差下的管路连接件进行谐响应分析。根据模态分析的结果,谐响应分析激励范围设置为0～300 Hz,阻尼比设置为 0.045,仿真得到不同径向偏差下的扩口管应力分布,如图 4 - 23 所示。从图中可以看出,危险点位置均为扩口管与平管嘴末端接触部位,为了后续计算管道裂纹萌生寿命,同样提取不同径向偏差下管道危险点应力响应曲线,如图 4 - 24 所示。从图中可以看出,随着径向偏差的增加,危险点应力响应幅值小幅度下降。

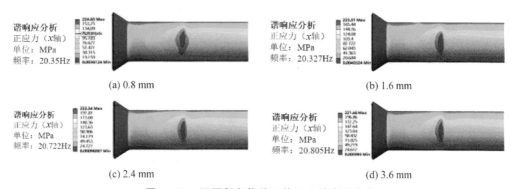

(a) 0.8 mm　　　　　　　　　　　　　　　　(b) 1.6 mm

(c) 2.4 mm　　　　　　　　　　　　　　　　(d) 3.6 mm

图 4 - 23　不同径向偏差下的扩口管应力分布

4. 疲劳寿命计算

首先根据谐响应分析结果确定危险点位置的应力响应幅值 S_a,由于危险点即为安装应力测量点位置,因此安装应力即为危险点的平均应力 S_m。然后根据式(4 - 10)的 Goodman 公式将应力响应幅值等寿命转换为对称循环($R = -1$,$S_m = 0$)下的应力水平 $S_{a(R=-1)}$,并代入式(4 - 11)计算,即可得到相应的裂纹萌生寿命,同样以小时为单位,得到径向偏差与管道疲劳

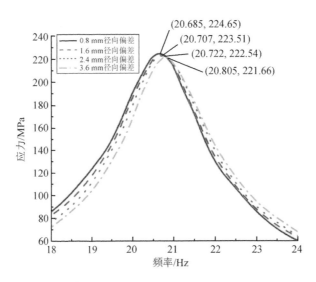

图 4 - 24　不同径向偏差下危险点应力响应曲线

寿命的关系,如图 4 - 25 所示。从图中可以看出,随着径向偏差的增加,管道的疲劳寿命不断下降,但下降幅度较小。在径向偏差从 0.0 mm 增加到 3.6 mm 的过程中,导管疲劳寿命从 190.8 h 下降到了 174.8 h,下降率为 8.3%,在工程可接受范围内,因此在实际管道定位部件加工过程中可适当允许一定的径向偏差存在,结合第 3 章中的径向偏差对密封性影响规律,仍可将 0.4 mm 径向偏差作为偏差阈值。

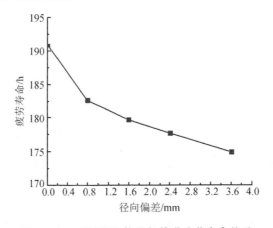

图 4 - 25　不同径向偏差与管道疲劳寿命关系

4.4.3　角向偏差对管路疲劳寿命的影响分析

1. 安装应力分析

分别设置管接头处的远端位移载荷绕 Z 轴的值为 1°,2°,3°及 4°,并进行静力学分析。如图 4 - 26 所示,以 2°角向偏差下管路连接件应力分布为例,可以看出角向偏差的存在使得空间上一侧的扩口管在空间上呈现"拱桥"形状,同样由于挠度较大的原因,另外一侧的扩口管在结构上未发生明显变化。

分别提取施加不同角向偏差下的一侧管路连接件左侧扩口管部位的应力分布,如图 4 - 27

图 4 - 26　2°角向偏差下管路连接件应力分布

所示。从图中可以看出,由于角向偏差的存在,扩口管的扩口受到挤压,而管体受到拉伸作用使得扩口管根部出现明显应力集中部位,且随着角向偏差的增加,扩口管上侧应力集中部位明显增多,而下侧管体根部受拉应力作用区域逐渐减少,导致应力集中区域减少。同样提取扩口管上的安装应力即最大主应力,如图 4 - 28 所示,角向偏差从 1°增加到了 4°,扩口管上的安装应力从 15.56 MPa 增加到了 63.9 MPa,但由于扩口管的根部明显出现应力集中,4°时扩口管上的最大主应力已经增加到了 193.39 MPa,接近扩口管材料的屈服强度,此时对管路连接件的连接强度产生较大影响。

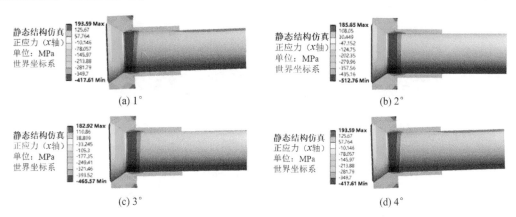

图 4 - 27　不同角向偏差下的管路连接件左侧扩口管部位的应力分布

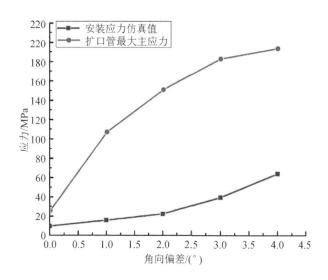

图 4 - 28　不同角向偏差下提取扩口管上安装应力及最大主应力

2. 模态分析

通过模态分析得到不同角向装配偏差下的管路连接件前 6 阶固有频率,如表 4 - 4 所列,可以看出随着角向偏差的增加,每阶固有频率均呈上升趋势,但增加量较小,说明角向偏差对管路连接件的整体结构的动态特性影响较小。

表 4 - 4 不同角向偏差下管路连接件前 6 阶固有频率

角向偏差/(°)	1 阶固有频率/Hz	2 阶固有频率/Hz	3 阶固有频率/Hz	4 阶固有频率/Hz	5 阶固有频率/Hz	6 阶固有频率/Hz
1	20.721	20.725	151.86	151.99	229.09	229.24
2	20.746	20.749	151.92	152.09	229.26	229.52
3	20.754	20.756	151.98	152.12	229.11	229.72
4	20.768	20.769	152.09	152.33	229.47	229.88

以 2°角向偏差为例,提取前 6 阶模态位移分布如图 4 - 29 所示。

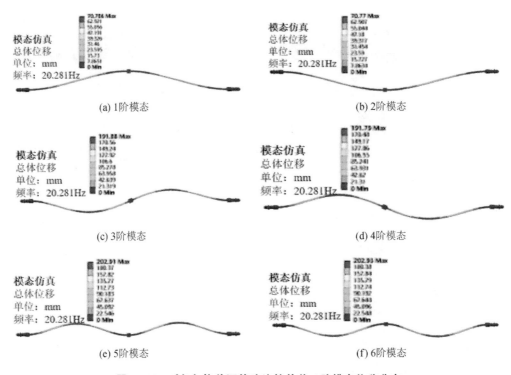

(a) 1阶模态   (b) 2阶模态

(c) 3阶模态   (d) 4阶模态

(e) 5阶模态   (f) 6阶模态

图 4 - 29 2°角向偏差下管路连接件前 6 阶模态位移分布

3. 谐响应分析

同样在管路有限元模型管接头固定处的 Y 方向施加 $1g$ 的加速度作为输入激励,对不同角向偏差下的管路连接件进行谐响应分析。根据模态分析的结果,谐响应分析激励范围设置为 0~300 Hz,阻尼比为 0.045,仿真得到不同角向偏差下的扩口管应力分布,如图 4 - 30 所示。从图中可以看出,扩口管上的危险点位置均为扩口管与平管嘴接触末端位置处,而在静力学分析中应力集中位置(即扩口管根部)的响应应力幅值远小于危险点的响应应力幅值。说明角向偏差的存在虽然会导致扩口管根部应力集中,但应力集中的位置振动应力很小,从而导致裂纹萌生点在扩口管与平管嘴接触末端位置处。对危险点位置的应力响应曲线进行提取得到图 4-31。

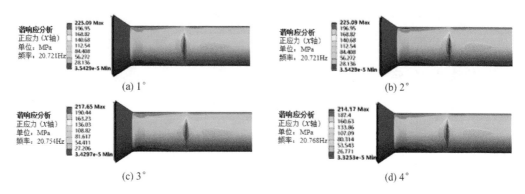

(a) 1°　　(b) 2°　　(c) 3°　　(d) 4°

图 4-30　不同角向偏差下的扩口管应力分布

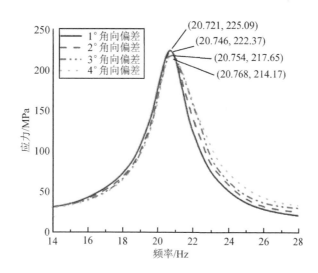

图 4-31　不同角向偏差下管道危险点位置的应力响应曲线

4. 疲劳寿命计算

首先根据谐响应分析结果确定危险点位置的应力响应幅值 S_a，由于危险点即为安装应力测量点位置，因此安装应力即为危险点的平均应力 S_m；然后根据式（4-10）的 Goodman 公式将应力响应幅值 S_a 等寿命转换为对称循环（$R=-1$，$S_m=0$）下的应力水平 $S_{a(R=-1)}$；最后将等寿命转换得到的应力 $S_{a(R=-1)}$ 代入式（4-11）中即可得到相应的疲劳寿命，同样以小时为单位，得到角向偏差与管道疲劳寿命关系如图 4-32 所示。从图中可以看出，随着角向偏差的增大，扩口管的疲劳寿命不断下降，当角向偏差从 0°增加到 3°时，疲劳寿命下降速度较为平缓，

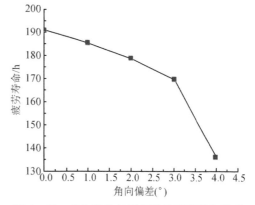

图 4-32　角向偏差与扩口管的疲劳寿命关系

总共下降了 10.9%;而当角向偏差继续增加到 4°时,疲劳寿命下降速度急剧增加,下降率达到 28.6%,对管路连接件的使用寿命产生比较大的影响,因此在实际装配过程中应当避免超过 3° 的角向偏差。但结合第 3 章中角向偏差对密封性的影响研究,超过 0.5°的角向偏差会影响管路连接件的密封性,综合考虑应将 0.5°作为 $d_0=4$ mm 扩口管路连接件的角向偏差阈值。

4.5　管路共振疲劳试验研究

本试验以仿真分析中使用的 800 mm 含管路连接件的疲劳试验件为对象展开试验研究,通过对不同安装应力下的航空液压管道进行共振疲劳试验,获取真实条件下的管道疲劳寿命数值。

4.5.1　含装配应力的疲劳试验系统

本试验系统示意及试验现场分别如图 4-33(a)及图 4-33(b)所示。

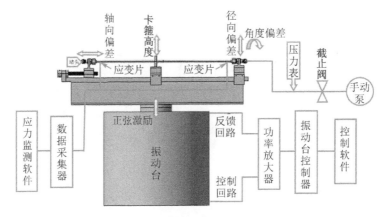

(a) 疲劳试验系统示意

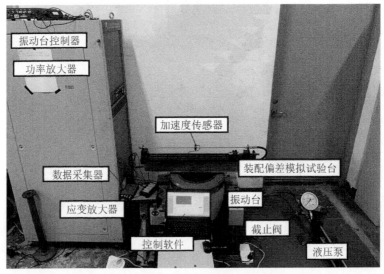

(b) 疲劳试验现场

图 4-33　疲劳试验系统及现场

疲劳试验设备主要包含装配偏差模拟试验台、苏试 DC-300 型振动台及其控制器、手动液压泵、截止阀、电子力矩扳手、应力检测系统等,试验设备均已在前面章节进行了介绍,本节不再赘述。

4.5.2　试验方案

本次研究共分为 3 个试验:轴向偏差下管道疲劳寿命试验、径向偏差下管道疲劳寿命试验以及角向偏差下管道寿命疲劳试验。

1. 轴向偏差下管道疲劳寿命试验方案

① 取一根试验件安装在管道装配偏差模拟试验台上,在平管嘴与扩口管连接处各贴上一个应变片,按航标规定的最大拧紧力矩进行装配,一端管接头与手动液压泵相连接,另一端管接头与堵头相连,通过轴向偏差机构调节丝杆产生轴向偏差,以 0.2 mm 步长(丝杆转动 48°)施加轴向偏差,并通过应力监测软件读取此时扩口管处的安装应力值。

② 通过手动液压泵给管道施加 42 MPa 油液压力,并拧紧截止阀。

③ 启动振动台对管道施加 1g 的正弦激励,进行扫频试验,得到共振频率 f_0。

④ 在共振频率 f_0 下进行疲劳试验,利用应力检测软件实时检测振动应力数值及循环次数。当振动应力开始上升时,认为此时为裂纹萌生,而此时的循环次数即为该偏差下管道的疲劳寿命。如果试验件在振动次数达到 10^7 时还没产生裂纹,则停止试验,认为该应力水平下管道为无限寿命。

⑤ 按照以上步骤每种偏差重复三次试验,最终取平均值,得到该偏差下的管道疲劳寿命。

2. 径向偏差下管道疲劳寿命试验方案

径向偏差下管道疲劳寿命试验方案与轴向偏差试验方案类似,仅步骤有所区别,径向偏差的调节通过径向偏差机构调节丝杆产生,其中径向偏差的步长为 0.8 mm(丝杆转动 144°)。

3. 角向偏差下管道疲劳寿命试验方案

角向偏差下管道疲劳寿命试验方案与轴向偏差试验方案亦类似,仅步骤有所区别,角向偏差的调节通过更换角向偏差机构实现,其中角向偏差步长为 2°。

4.5.3　试验结果分析

1. 安装应力试验结果与分析

分别提取三种不同装配偏差下的平管嘴与扩口管接触部位安装应力仿真值与安装应力试验平均值进行对比,如图 4-34 所示。从图中可以看出,三种装配偏差安装应力仿真值与试验平均值在趋势上基本一致。其中,轴向偏差下管道安装应力试验与仿真值的最大相对误差为 8.2%,径向偏差下管道安装应力试验与仿真值的最大相对误差为 13.3%,角向偏差下管道安装应力试验与仿真值的最大相对误差为 11.2%,均在工程可接受范围内,基本验证了安装应力仿真的准确性。

2. 疲劳寿命试验结果与分析

不同装配偏差下的管道共振疲劳裂纹位置如图 4-35 所示,其中,轴向偏差 0~0.4 mm、径向偏差 0~3.6 mm、角向偏差 2°及 4°下的管道振动次数达到 10^7 均未产生裂纹。

从图 4-35 可以发现,实际管道裂纹萌生位置与谐响应分析得到的危险点位置一致。其中,0.6 mm 轴向偏差下的前两根管道仅有磨损但未产生裂纹,第三根管道产生裂纹,0.8 mm

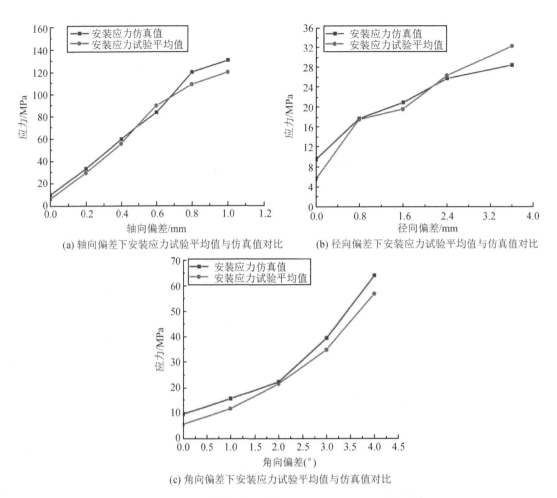

(a) 轴向偏差下安装应力试验平均值与仿真值对比   (b) 径向偏差下安装应力试验平均值与仿真值对比

(c) 角向偏差下安装应力试验平均值与仿真值对比

图 4 - 34   三种装配偏差下安装应力试验平均值与仿真值对比图

(a) 0.6 mm 轴向偏差管道   (b) 0.8 mm 轴向偏差管道   (c) 1.0 mm 轴向偏差管道

图 4 - 35   不同装配偏差下管道共振疲劳裂纹位置

和 1.0 mm 下的管道均有裂纹产生。可以看出,随着轴向偏差的增大,裂纹萌生位置右管体部分逐渐向扩口根部移动。导致裂纹萌生的主要原因是交变的拉压应力导致了金属原子之间的脱键与错位,而在轴向偏差小于 0.6 mm 时裂纹萌生位置位于平管嘴与扩口管接触管体中间位置,此时由于在共振环境下二者之间的磨损,导致扩口管管体上的危险点部位变薄,同时由于装配偏差的存在,使得局部管道平均应力大于 0,在振动应力叠加下,加快了裂纹的萌生;对 0.8 mm 及 1.0 mm 轴向偏差下管道裂纹萌生位置部位进行观察,均未发生磨损痕迹,这是由于裂纹萌生位置位于扩口与管体过渡部位,该位置因发生颈缩效应使其管壁变薄与平管嘴之间产生间隙,从而未受到磨损的影响。

　　由于 $0\sim0.4$ mm 轴向偏差、$0\sim3.6$ mm 径向偏差、2°及 4°角向偏差下的管道振动次数达到 10^7 均没有裂纹产生,而仿真计算以上偏差下管道疲劳寿命也大于 10^7,因此不再比较,仅将发生断裂的 $0.6\sim1.0$ mm 轴向偏差下管道疲劳寿命进行仿真与试验对比,如图 4-36 所示。从图中可以看出,试验结果与仿真预测结果在趋势上较为一致,仿真预测结果小于试验结果。主要是因为利用 Goodman 公式对 S-N 曲线进行修正会使得寿命偏于保守,这也是 Goodman 公式在工程上被广泛使用的原因。

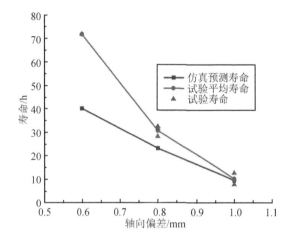

图 4-36　0.6~1.0 mm 轴向偏差下管道疲劳的仿真与试验寿命对比

　　综合以上试验与仿真计算得到的裂纹萌生位置与疲劳寿命结果可以看出,本节的试验研究充分验证了带装配应力的疲劳寿命预测方法的正确有效性。

4.6　本章小结

　　本章首先设计管材 S-N 曲线测定试验得到材料 1Cr18Ni9Ti 的 S-N 曲线,随后建立 800 mm 含管路连接件的管道试验件有限元模型,通过静力学分析的方式对螺栓预紧力及装配偏差进行模拟,获取了导管安装应力;采用动力学分析的方法研究不同装配偏差对管路连接件结构影响的规律,确定结构在共振条件下的危险点位置及响应应力幅值,再提取静力学分析中危险点位置的初始应力作为平均应力,利用 Goodman 公式对标准 S-N 曲线进行修正,并对不同装配偏差下的管路连接件的疲劳寿命进行预估;最后设计管路共振疲劳试验对疲劳分析方法进行了验证,得到如下结论。

　　① 通过对管材 1Cr18Ni9Ti 进行 S-N 曲线测定试验,对试验数据采用幂函数拟合,得到材料 1Cr18Ni9Ti 的 S-N 曲线。

   ② 正轴向偏差的存在会大大缩短导管的疲劳寿命,在实际装配过程中应避免产生;正轴向偏差使得导管处于拉伸状态,导致管路连接件固有频率有明显上升,随着轴向偏差的增加,扩口管上的危险点逐渐向管体根部移动。

   ③ 径向偏差对管路连接件结构连接强度及疲劳寿命的影响相对较小。

   ④ 角向偏差会导致扩口管根部产生应力集中,但共振时的危险点位置与应力集中点位置不一致,从而使得在振动环境下对疲劳寿命的影响相对较小。

   ⑤ 综合试验与仿真计算得到的裂纹萌生位置与疲劳寿命结果可以看出,本节的试验研究充分验证了带装配应力的疲劳寿命预测方法的正确有效性。

参考文献

[1] 傅祥炯.结构疲劳与断裂[M].西安:西北工业大学出版社,1995.

[2] 赵正大,寸文渊,赵旭升,等.考虑初始装配应力的管路疲劳寿命分析[J].机械强度,2023,45(4):977-984.

[3] 赵正大,寸文渊,钱进,等.飞机管道疲劳性能仿真分析与试验验证[J].噪声与振动控制,2023,43(5):239-244,279.

[4] 侯世远.螺纹联接松动机理研究[D].北京:北京理工大学,2015.

[5] DIRLIK T. Application of computers in fatigue analysis[J/OL]. University of Warwick,1985. http://www.researchgate.net/publication/42538467-Application-of-computer_in_fatigue_analysis.

[6] CHABOCHE J L,LESNE P M A. A non-linear continuous fatigue damage model[J]. Fatigue&Fracture of Engineering Materials&Structures,1988,11(1):1-17.

[7] KUN F,CARMONA H A,ANDRADE J S,et al. Universality behind basquin's law of fatigue[J/OL]. Physical Review Letters,2008. DOI:10.1103/physrevlett.100.094301.

[8] GOPE P C . Determination of sample size for estimation of fatigue life by using weibull or log-normal distribution[J]. International Journal of Fatigue,1999,21(8):745-752.

[9] 赵旭升.带应力安装下的飞机管道密封与疲劳性能分析[D].南京:南京航空航天大学,2023.

第5章
管道减振技术研究

本章研究了三种无须施加卡箍和改变管形的管道减振技术,即管道动力吸振器、管道颗粒减振器、管道减振涂层,详细介绍了三种减振技术的减振原理、试验验证以及工程应用情况等。本章介绍的管道减振技术对于降低管道振动、有效控制飞机管道系统故障、提高管道使用安全性和可靠性具有极其重要的理论意义和工程实用价值。

5.1 管道动力吸振器

在管路系统减振设计中,经常受安装条件限制,使得施加卡箍和改变管形等常用减振方法无法实施。而动力吸振器是一种对安装条件依赖相对较少的被动减振方法,为此本节基于动力吸振思想,设计了一种适于管路系统减振的弹簧片式动力吸振器。

5.1.1 动力吸振器原理

为了将动力吸振器(dynamic vibration absorber,DVA)应用于管路系统的减振,需要对管系进行有针对性的吸振器设计,首先对管系的振动特性和DVA的特性进行说明。

管系是一个连续系统,工程中利用有限元法或传递函数法将该连续系统转化为一个多自由度的模型。虽然多自由度振动系统的振动包含了各阶振型,若各阶模态频率相隔较远,在共振频率处,通常表现为单一模态的振动,此时可忽略各模态之间的相互影响,将各模态分别处理。目前,很多减振研究工作都是针对系统的某一模态进行的,在实际的管路工况中,工作频率段附近的共振点为主要讨论的频率,因此管路系统可以简化为单一共振频率下的单自由度模型。

DVA是由质量块、弹簧、阻尼器组成的振动系统,它一般悬挂安装在需要减振的系统上,不需要额外支承。它的工作机理是,当结构振动时带动DVA振动,DVA的运动产生的惯性力又反作用到结构上,从而有效地抑制主结构的振动。

把原系统称为主系统,DVA称为子系统,由于调谐阻尼器是单自由度系统,因此它与主结构组合后构成一个二自由度系统,如图5-1所示。图中,m_1,c_1,k_1分别为主结构的质量、阻尼和弹簧刚度;m_2,c_2,k_2为吸振器的质量、阻尼和弹簧刚度。将子系统和主系统分离,设子系统与主系统的对接力$p(t)$的Fourier变换为

$$P(\omega) = -m_2\omega^2 U_2 = -m_2\omega^2 \frac{k_2}{k_2 - m_2\omega^2} U_1(\omega) \tag{5-1}$$

式中,$U_1(\omega)$和$U_2(\omega)$分别是主系统位移$u_1(t)$和子系统位移$u_2(t)$的Fourier变换。由动力

学原理,可以得到 m_1 处的原点频响函数为

$$H_{11}(\omega) = \frac{(k_2 - m_2\omega^2)H(\omega)}{(k_2 - m_2\omega^2) - k_2 m_2 \omega^2 H(\omega)} \tag{5-2}$$

式中,ω 为激振频率,它的一个重要特征是若激励频率满足 $\omega = \sqrt{k_2/m_2}$,则 $|H_{11}(\omega)| = 0$。即当外激励频率与子系统的固有频率相等时,质量 m_1 将不振动,DVA 就是利用此原理对主系统进行吸振的。

5.1.2　总体结构设计

由于管道是圆柱形,呈现周向特性,振动的方向也可能是沿径向的任一方向,而弹簧和阻尼器都是单向元件,表现出单向性,因此须有针对性地设计具有各向振动特性且便于安装的吸振器。

针对管路设计的 DVA 结构如图 5-2 所示。

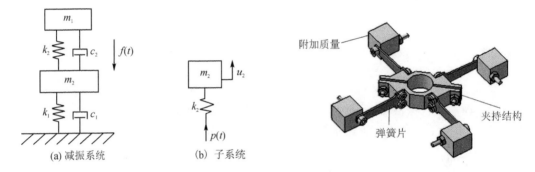

(a) 减振系统 (b) 子系统	
图 5-1　主系统与子系统减振	图 5-2　针对管路设计的 DVA 结构

吸振器采用螺栓连接安装在管道上,由于系统需要子结构质量尽量小,因此内圈夹持件采用密度较小的合金铝 6061,周向通过弹簧片固定 4 个质量块;又由于 DVA 在动载荷环境条件下工作,因此弹簧片采用弹性较好且屈服强度高的弹簧钢 65Mn。整个 DVA 结构包括两个夹持结构、多个弹簧片、与弹簧片数量相等的附加质量块及其他连接螺钉等,其主要结构材料的基本数据见表 5-1。将 DVA 安装到管路中实现减振效果。

表 5-1　DVA 主要结构材料的基本数据

名　称	材　料	密度/(kg · m⁻³)	弹性模量/Pa	泊松比
夹持件	6061 合金铝	2.8×10^3	6.89×10^{10}	0.330
弹簧片	65Mn	7.85×10^3	1.96×10^{11}	0.226
质量块	Q235	7.85×10^3	2×10^{11}	0.300

5.1.3　参数选取及结构实现过程

在上文设计的 DVA 结构中,需要根据减振对象的结构来选择其结构参数。为说明 DVA 的参数选择过程,本节首先设计了一段空间走向的管道,然后以该管道为对象,介绍 DVA 结构参数选择的过程。

1. 管路系统的设计

主结构为空间 3 个方向上的管路,如图 5 - 3 所示,管路由 4 根管道通过管接头连接而成,管道所用材料为镀锌钢,外径为 21 mm,壁厚为 3 mm,两固定支承间管路总重为 3.45 kg。

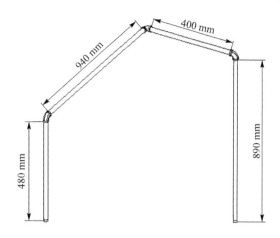

图 5 - 3　主结构模型

本文将主系统阻尼 ζ_1 假设为比例阻尼,即 $\boldsymbol{C}=\alpha_0\boldsymbol{M}+\alpha_1\boldsymbol{K}$,其中,$\alpha_0,\alpha_1$ 为常数,可以得到第 i 阶阻尼比为

$$\xi_i=\frac{1}{2}\left(\frac{\alpha_0}{\omega_i}+\alpha_1\omega_i\right) \tag{5-3}$$

通过模态实验可以获得主系统任意两阶的固有频率和阻尼比,通过它们解出 α_0,α_1,从而可以得到系统的阻尼系数矩阵 $\boldsymbol{C}$。这里通过实测与计算,解得 $\alpha_0=0.244,\alpha_1=6\mathrm{e}-5,\zeta_1=0.004$。其他仿真参数的取值与试验一致:管系的质量为 $m_1=3.45$ kg,目标频率为 $\omega_1=97.5$ Hz,$k_1=1.3\mathrm{e}6$ N/m。

2. 结构参数选择

设计的 DVA 由于包含 4 个弹簧-质量系统,所以结构类似于单自由度系统安装多个 DVA。为了模拟 DVA 对系统响应的影响,对系统建立数学模型进行模拟计算。对于系统受迫振动的情况,其微分动力学方程为

$$\begin{cases} m_1\ddot{x}_1+\sum_{i=1}^{5}c_i\dot{x}_1-\sum_{n=2}^{5}c_n\dot{x}_n+\sum_{p=1}^{5}k_px_1-\sum_{j=2}^{5}k_jx_j=f(t) \\ m_2\ddot{x}_2+c_2\dot{x}_2-c_2\dot{x}_1+k_2x_2-k_2x_1=0 \\ m_3\ddot{x}_3+c_3\dot{x}_3-c_3\dot{x}_1+k_3x_3-k_3x_1=0 \\ m_4\ddot{x}_4+c_4\dot{x}_4-c_4\dot{x}_1+k_4x_4-k_4x_1=0 \\ m_5\ddot{x}_5+c_5\dot{x}_5-c_5\dot{x}_1+k_5x_5-k_5x_1=0 \end{cases} \tag{5-4}$$

令激励 $f(t)=F\mathrm{e}^{\mathrm{j}\omega t}$,将响应 $x_1=X_1\mathrm{e}^{\mathrm{j}\omega t}$ 代入可得到系统的位移频响函数为

$$H(\omega)=\frac{X_1}{F}=\frac{1}{-m_1^2\omega+\mathrm{j}\sum_{i=1}^{5}(c_i\omega)+\sum_{p=1}^{5}k_p-\sum_{n=1}^{5}\dfrac{(\mathrm{j}c_n\omega+k_n)^2}{-m_n\omega^2+\mathrm{j}c_n\omega+k_n}} \tag{5-5}$$

DVA 的阻尼由空气阻尼产生,对给定环境下工作的 DVA 来说为一定值,其阻尼值可以

通过模态测试试验测得,实测大小为 $\zeta_i = 0.02(i=2,3,4,5)$,所以只须对弹簧的刚度进行调整,即可达到减振效果。

当 4 个子系统的频率完全一致时,对系统的位移频响函数幅值进行模拟,可以看出,质量比 α 太小时,这两个固有频率很接近反共振频率。DVA 质量增大时,可避免上述问题,但实际结构希望质量尽可能少,所以质量比 $\mu_i = m_i/m_1(i=2,3,4,5)$ 通常取值为被调谐质量的 1% 或稍大一些,本文取每个质量块质量大小为 45 g。由此可确定弹簧的刚度:

$$k_i = \mu_i \alpha_i^2 k_1, \quad i=2,3,4,5 \tag{5-6}$$

由于实际应用系统中存在泵、动力系统等部件,管路中的压力脉动以及转子转动中的振动等因素会在管路上加载一个恒定的频率载荷,使整个管系以这个频率作受迫振动,因此需要分析管路在频域上的特性。本文分别计算了管路系统在安装 DVA 前、后基础激励下的响应,并利用 MATLAB 分别模拟了不同频率比下的频响函数幅值。子结构不同频率组合情况如表 5-2 所列,分为 4 个子结构频率全部相等、3 个相等、2 个相等,全部不等 4 种情况,模拟结果如图 5-4 所示。从图中可以看出,管路在安装 DVA 后,系统在原共振频率附近产生了不同个数振幅有限的共振峰。当 4 个子系统频率相等时,共振峰为 2 个;当子系统中存在不同频率时,峰数增加;当频率全部错开时,出现 5 个峰值。可以看出,在质量比相同的情况下,附加的子结构的固有频率错开一定值,对峰值的抑制效果较好。

表 5-2　子结构不同频率组合情况

序　号	ω_1	ω_2	ω_3	ω_4	ω_5
1	97.5	97.5	97.5	97.5	97.5
2	97.5	97.5	97.5	97.5	85
3	97.5	97.5	97.5	90	85
4	97.5	97.5	105	90	85

5.1.4　吸振性能的模拟仿真

为验证设计的 DVA 的减振效果,本节首先使用 CATIA 对 DVA 和管路系统进行三维建模,然后进一步使用 ANSYS 对管路系统在未使用和使用 DVA 两种情况下的谐响应进行了仿真对比。

首先,将建好的管路系统三维模型导入到 ANSYS 中,在前处理时管路三维数模的边界条件是管系右端进行固定支承,左端施加基础激励。在 ANSYS 模态分析模块中对管系进行模态分析,得到需要减振频率处(97.5Hz)的振型,如图 5-5 所示。从图 5-5 可以看出管路中间位置振动位移较大,从而确定了吸振器安装的位置。

然后,将建立的 DVA 三维模型装配到上述管路振动较大的部位,最后将模型导入 ANSYS 中,边界条件是管系右端固定支承,左端施加基础激励,激励幅值为 1.0×10^{-3} m,如图 5-6 所示。

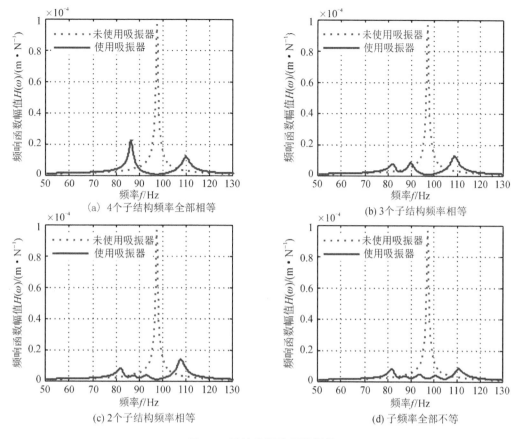

(a) 4个子结构频率全部相等

(b) 3个子结构频率相等

(c) 2个子结构频率相等

(d) 子频率全部不等

图 5 - 4　系统的频响函数幅值

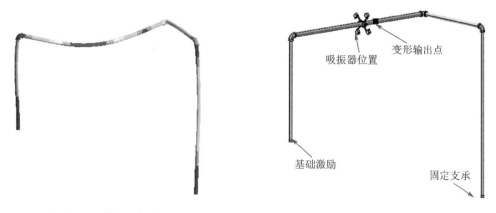

图 5 - 5　管路的振型

图 5 - 6　安装动力吸振器位置

同 5.1.3 小节一样,需要验证子结构不同频率组合下的频响幅值。通过在 CATIA 中改变质量块装配位置,实现子结构频率的不同组合,并在模态计算模块中对 DVA 模态进行计算。确定完模态后在谐响应模块中分别计算各种情况下系统的位移谐响应,在振动幅值较大的部位选择一个点输出变形幅值的大小,结果如图 5 - 7 所示。从图 5 - 7 的仿真结果可以看出,管路在安装 DVA 后,系统的幅值得到很大抑制,当子系统频率全部相等时,共振峰为 2 个,

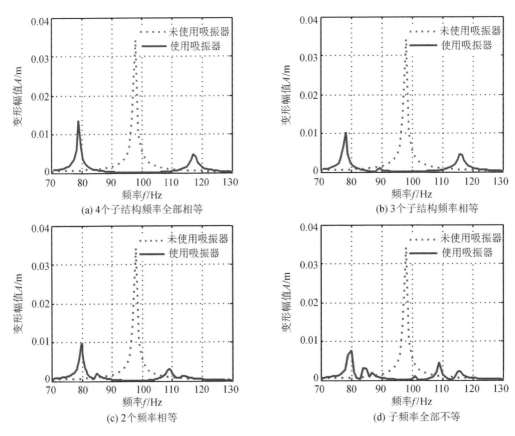

图 5-7　系统的频响幅值

共振峰随着不同频率的增加而增加,且对振动的抑制效果越来越好,和 5.1.3 小节模拟计算的规律相仿。

5.1.5　管道动力吸振器的试验验证

为进一步验证 DVA 的实际减振效果,本节首先设计空间管道振动试验台,加工了 DVA,然后对管道分别进行了未使用和使用 DVA 情况下的振动试验以及模态测试试验,并将两种情况下的振动加速度和频率响应函数进行了对比分析。同时为了验证其他结构参数带来的影响,即 DVA 夹持到管路中后附加质量的影响,在振动测试部分增加了在系统中装配与 DVA 相同质量的质量块的测试情况,并与其他两种情况进行了对比。

实验管路如图 5-8 所示,管路左端通过夹具固定在振动台台面上,右端通过夹具固定在基础平台,管系由左端的振动台产生激振,提供正弦波信号。DVA 实物如图 5-9 所示,其结构主要由夹持结构,弹簧片和质量块构成,在装配时,通过移动质量块在弹簧片上的位置,使4 个子结构的频率错开一定值。

首先通过振动试验说明在共振频率处 DVA 对管路系统的减振效果。试验中,通过控制台将振动台频率调整到管路共振频率处(97.5 Hz),对管路左端进行基础激励,从而使整个管路系统产生剧烈振动,加速度传感器布置在图 5-8 所示位置。为了对比减振效果,分 3 种情况对管路进行测试:① 没有安装 DVA;② 拆卸减振器 DVA 后,在振动最大值处将与 DVA 等

图 5-8　实验管路

重的质量块安装到夹持结构上进行试验（见图 5-10）；③ 在振动最大值处安装 DVA。测得 3 种情况下的加速度响应如图 5-11 所示。

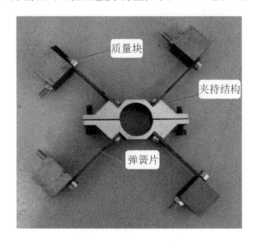

图 5-9　DVA 实物

图 5-10　加等效质量实验

　　对比图 5-11 可以看出：当 DVA 自振频率接近或等于主结构的固有频率时，管路测点的加速度响应在 20g 左右；当安装质量块时，测点的加速度响应降低到 10g 左右；当安装 DVA 后，测点的响应降为 0.5g。由此可知，DVA 在原共振频率处对管路系统振动的减小量在 90% 以上，可以有效地减小共振点处的振动加速度；在管系中安装质量块，改变系统固有频率，虽然也能在一定程度上抑制振动，但不如 DVA 的吸振效果显著。

　　为了验证 DVA 在频域上对系统的振动抑制效果，本文对是否在管路系统使用 DVA 分别进行模态测试。如图 5-12 所示，试验时，力锤敲击点选在吸振器安装位置附近原振动位移最大处，加速度测点布置在敲击点位置，力锤敲击后得到两种情况下的频率响应函数，如图 5-13 所示。从图中可以看出，加速度的频响幅值得到很大抑制。由于子结构的频率全部错开，因此在原共振频率附近产生了 5 个幅值有限的共振频率，表明该 DVA 对管路系统振动有良好的减振效果，可以有效地应用于实际管路系统减振设计中。

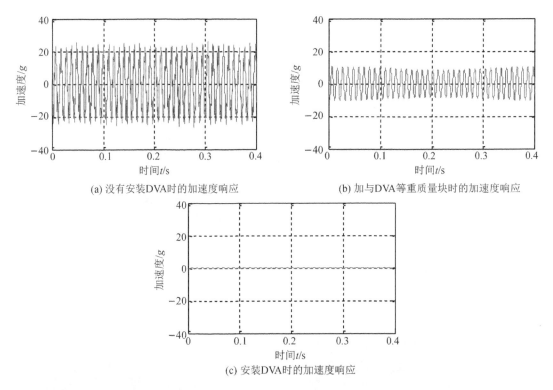

(a) 没有安装DVA时的加速度响应   (b) 加与DVA等重质量块时的加速度响应

(c) 安装DVA时的加速度响应

图 5 - 11　管路振动加速度响应

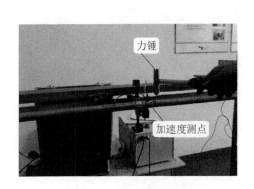

图 5 - 12　管路模态测试

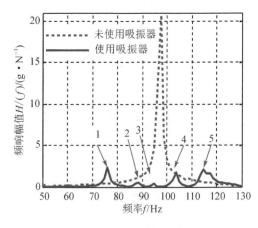

图 5 - 13　DVA 频域减振效果

5.2　新型管道颗粒减振器

  对颗粒碰撞阻尼技术的研究由来已久,该技术起源于 Pagat 针对涡轮机叶片的振动问题发明的一种冲击减振器。由于其冲击噪声比较大,慢慢地人们用许多小颗粒替代单一质量块。随着该应用的发展,颗粒阻尼减振器的应用也变得多样化。颗粒阻尼的应用也早已深入生活,将装满沙子的袋子压在发生振动的物体上面,可以很好地降低其振动幅度;将封砂结构用于工厂生产车间的车床上面,可以降低车床的振动十多倍;Panossion 利用颗粒阻尼减振器解决了航天飞机主发动机液氧入口导管振动的问题。

　　根据颗粒与腔体数量的不同,颗粒阻尼器划分为单单元单颗粒阻尼器、多单元单颗粒阻尼器、单单元多颗粒阻尼器和多单元多颗粒阻尼器,如图 5-14 所示。而随着人们对颗粒阻尼技术更多的应用,又衍生出克服方向依赖性的梁式冲击阻尼器、用软质材料包裹颗粒的豆包阻尼器或者缓冲冲击阻尼器、掺杂其余阻尼剂的碰撞阻尼器等。对于颗粒碰撞阻尼减振耗能机理的研究包括:颗粒间接触点的非线性变形及颗粒的共振、颗粒间及颗粒与容器壁间的干摩擦、耗损结构体辐射的声能、非完全弹性碰撞产生的能量损失、碰撞过程中动量的交换以及颗粒作用于主系统动反作用力的大小和相位等。

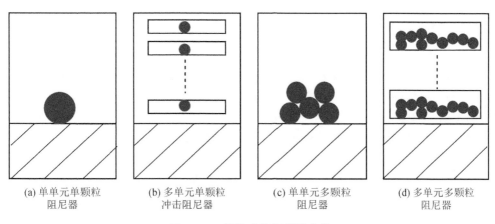

(a) 单单元单颗粒　　　　(b) 多单元单颗粒　　　　(c) 单单元多颗粒　　　　(d) 多单元多颗粒
　　阻尼器　　　　　　　冲击阻尼器　　　　　　　阻尼器　　　　　　　　　阻尼器

图 5-14　颗粒碰撞阻尼器分类

　　颗粒碰撞阻尼技术在航空航天及机械等领域已有多方面成功应用的案例:针对雷达天线和印刷线路板实施的减振保护;降低细高挠性建筑物因大风而发生的振动;抑制继电器、飞行器及金属切削机床结构的自激振动等。在应用颗粒碰撞阻尼技术的过程中,学者们就如何得到更大的阻尼、如何在工程机械上进行实践进行了丰富的研究:在用冲击阻尼器控制飞行器的振动时,当冲击质量和主体结构相位角相差 180°时,减振效果最好;假定在每个周期对称碰撞两次的基础上得到主体结构的振动响应,其在共振及材料恢复系数较大时能得到更多阻尼。将颗粒阻尼器置于振动主体位移最大处可以使结构体的减振效果更好,颗粒可通过剧烈的非弹性碰撞将系统能量耗散掉。将颗粒阻尼器用于空间,发现系统响应衰减率与最小有效振幅是阻尼器设计的重要参数,采用上千个小颗粒阻尼器使系统成为高度非线性,可在较广频率带上提供大阻尼。在实际工程实践中,颗粒碰撞阻尼技术可以用于控制航天器上的导管振动;用于印刷装置减振降噪;用于低温状态下工作的火箭引擎涡轮系统高速转子减振;用于稳定绘图仪支撑系统;利用颗粒阻尼器改进机械工件的振动稳定性。

5.2.1　颗粒碰撞阻尼技术耗能理论

　　振动工程领域中,随着阻尼技术的大量应用,必然导致其理论研究的深入,技术与理论在发展过程中是相辅相成的。而随着颗粒碰撞阻尼技术在各个工程领域的大范围应用,学者们对颗粒间碰撞行为的研究也日益精深,并在不断深入的探究中提出了许多科学的分析方法,其中离散元素法是比较成熟的分析颗粒间力学行为的分析方法。

本节主要介绍颗粒间碰撞的力学接触模型和针对颗粒间运动行为分析的离散元素法,阐释颗粒碰撞阻尼耗散能量的基本原理,并分析了颗粒阻尼耗散能量的影响因素。

1. 颗粒碰撞的力学模型

颗粒材料在自然界和实际工程中极为常见,通常表现为分体或散体。不论是分体还是散体,都是由大量颗粒组成,且颗粒间存在较强的相互作用。颗粒材料的力学特征主要表现在颗粒本身的物理特性、粒度和形状的分散,以及运动过程中颗粒间瞬态、波动、碰撞作用、颗粒凝聚和颗粒团破裂、破碎等特性。

针对颗粒的研究最早起源于对岩石等非线性介质力学行为的研究,因为颗粒在相互作用的过程中会耗散能量的缘故,人们将其视为一种新兴的阻尼技术,应用在工程减振领域。最简单的颗粒碰撞分析是将碰撞的颗粒简化为小球,通过在小球间建立力学接触模型,探究颗粒的运动和能量耗散的规律。

(1) 两球碰撞力学模型

简化成球体的颗粒模型一般分为硬球和软球两种。硬球模型要求只考虑两个球体间瞬时的碰撞,且碰撞过程中球体间不会产生明显的塑性变形;软球模型则考虑多个球体同时发生在一段时间范围之内的碰撞,根据球体之间的交叠量,利用牛顿第二定律计算颗粒间的接触力。通常情况下认为颗粒的运动是相对独立的,只有在彼此接触时才会产生作用力。颗粒的离散性决定颗粒运动的复杂性,其接触模型的建立也十分艰难。

简单来说,在封闭空间中,颗粒与颗粒间的相对运动包括颗粒间的对心碰撞和偏心碰撞。颗粒的对心碰撞会在球体间接触面产生法向力,使球体向相反方向运动,如图 5-15(a)所示。针对颗粒对心碰撞,由于只产生法向力,且与球体运动方向一致,因此其能量耗散的原因是球体间的碰撞冲击作用。颗粒的偏心碰撞在球体间产生法向力和切向力,使球体不规则运动且发生转动,图 5-15 中,R_1、R_2 分别相互碰撞的两个颗粒半径,F_n 为法向碰撞力,F_s 为切向摩擦力,M 为外力矩,v_1、v_2 为两个颗粒的运动速度。

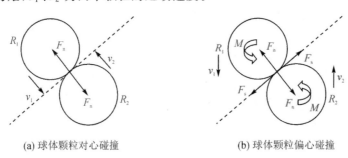

(a) 球体颗粒对心碰撞　　(b) 球体颗粒偏心碰撞

图 5-15　两球体颗粒间碰撞运动受力分析

将两球体间的碰撞过程描述成振动运动模型,如图 5-16 所示。

式(5-7)为颗粒的法向振动运动方程,式(5-8)、式(5-9)为颗粒间切向滑动和颗粒滚动的振动运动方程。

$$\frac{m_{1,2}\mathrm{d}^2 u_n}{\mathrm{d}t^2} + \frac{c_n \mathrm{d}u_n}{\mathrm{d}t} + K_n u_n = F_n \tag{5-7}$$

$$\frac{m_{1,2}\mathrm{d}^2 u_s}{\mathrm{d}t^2} + \frac{c_s \mathrm{d}u_s}{\mathrm{d}t} + K_s u_s = F_s \tag{5-8}$$

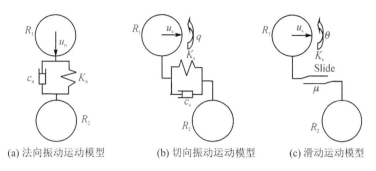

图 5 - 16　两球体颗粒间碰撞振动运动模型

$$\frac{I_{1,2}\mathrm{d}^2\theta}{\mathrm{d}t^2} + \left(\frac{c_s\mathrm{d}u_s}{\mathrm{d}t} + K_s u_s\right)s = M \tag{5-9}$$

式中, $m_{1,2}$ 为碰撞的两球体颗粒的等效质量, $I_{1,2}$ 为其等效的转动惯量; u_n 和 u_s 分别为颗粒的法向和切向相对位移; F_n 和 F_s 分别为颗粒所受到外力的法向和切向分量; K_n 和 K_s 分别为接触过程中等效的法向及切向刚度系数; c_n 和 c_s 分别为接触过程中等效的法向及切向阻尼系数; s 是颗粒滚动过程中的旋转半径; θ 是颗粒自身的转动角度; M 是其受到的外力矩。

（2）球壁碰撞力学模型

工程中研究颗粒碰撞行为多与颗粒容器的结构相关,如球磨机、螺旋运输机等。颗粒容器的运动使得其内部颗粒运动,颗粒在与容器内壁的碰撞中获得动能。图 5 - 17 所示为颗粒与平壁碰撞的运动受力分析。

将球体颗粒与平壁间碰撞描述成振动运动模型,如图 5 - 18 所示。

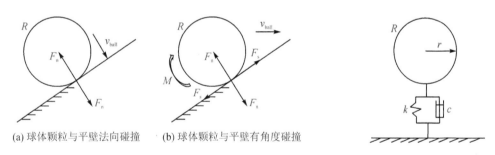

(a) 球体颗粒与平壁法向碰撞　　(b) 球体颗粒与平壁有角度碰撞

图 5 - 17　球体颗粒与平壁碰撞的运动受力分析　　　**图 5 - 18　球体颗粒与平壁碰撞振动运动模型**

当球体颗粒与平壁仅有法向碰撞时,颗粒与平壁间只会产生法向接触力;当球体颗粒成非直角与平壁碰撞时,不仅会在接触点上产生法向和切向接触力,还会使得小球发生滚动摩擦。球体颗粒与平壁碰撞过程中,法向力表示为

$$F_n = ku_n + 2\xi\sqrt{mk}\,\dot{u}_n \tag{5-10}$$

$$u_n = r - l \tag{5-11}$$

$$\omega = \frac{k}{m}, \quad \xi = \frac{c}{2m\omega} \tag{5-12}$$

式中, k 为接触刚度; c 为阻尼系数; ξ 为临界阻尼比; ω 为角频率; r 为球体颗粒半径; l 为球体颗粒与平壁间距离; u_n 为球体颗粒与平壁间的法向相对位移, $\dot{u}_n$ 为球体颗粒与平壁间的法向相对速度。通过改变 ω 的值,可以模拟刚性壁。而各种恢复系数可以通过调节 ξ 的值来实现。

采用库仑摩擦力模型,切向接触力可以表示为

$$\boldsymbol{F}_{s} = \frac{-\mu_{s}F_{n}\dot{u}_{s}}{|\dot{u}_{t}|} \tag{5-13}$$

式中,μ_{s} 是球体颗粒与平壁的摩擦系数;$\dot{u}_{s}$ 为球体颗粒与平壁的切向相对速度。其所受外力矩为

$$M = \frac{I\mathrm{d}^{2}\theta}{\mathrm{d}t^{2}} + \left(\boldsymbol{F}_{s} - \frac{m\mathrm{d}^{2}u_{s}}{\mathrm{d}t^{2}}\right)s \tag{5-14}$$

2. 颗粒碰撞能量耗散求解方法

球体颗粒碰撞阻尼能量耗散的机理是球体颗粒间的冲击作用、滑动摩擦和滚动摩擦作用消耗了球体颗粒的动能,而球体颗粒的动能来源于系统的振动能量,所以球体颗粒碰撞阻尼技术是通过颗粒间的冲击、摩擦作用消耗系统的振动能量,从而达到降振的目的。

针对颗粒运动分析的复杂性,学者们提出了一种求解散体力学的数值方法——离散元素法(discrete element method,DEM)。应用离散元素法,可以比较快捷地计算颗粒间的力学特征、行为特征和耗散的能量。

(1)离散元素法

离散元素法是 Peter Cundall 在 1971 年攻读博士学位时首次提出的,其最初的研究对象主要是岩石等非连续介质的力学行为。后来经历了持续的发展,在理论方面,二维离散元素法、三维离散元素法、可变形块体离散元素法持续完善;在工程方面,如 EDEM 等颗粒流计算的仿真软件得到了实际应用。

离散元素法是一种广义的有限元方法,它将每个颗粒看作一个独立的单元,着重关注单元与单元之间力的相互作用。在一个多颗粒系统中,通过计算颗粒间力的相互作用,判断颗粒的实时位置,循环迭代并更新颗粒单元的接触力和位移,达到分析整个系统的目的。图 5 - 19 所示为其计算循环过程。

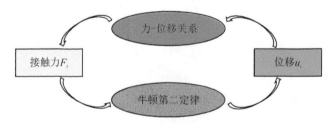

图 5 - 19　计算循环过程

通过力-位移关系可以由位移计算得到颗粒所受到的作用力,而位移则需要依据牛顿第二定律计算得出。

根据牛顿第二定律,颗粒 i 的运动方程为

$$\begin{cases} m_{i}\ddot{u}_{i} = \sum\boldsymbol{F} \\ I_{i}\ddot{\theta}_{i} = \sum M \end{cases} \tag{5-15}$$

式中,$\sum\boldsymbol{F}$ 和 $\sum M$ 分别是颗粒 i 在质心处所受的合力和合力矩;m_{i} 和 I_{i} 是颗粒 i 的质量和转动惯量;$\ddot{u}$ 和 $\ddot{\theta}$ 是颗粒 i 的加速度和角加速度。

利用中心差分法对式(5-15)求解,得到以两次迭代的时间步长中间点表示的更新速度为

$$\begin{cases} (\dot{u}_i)_{N+\frac{1}{2}} = (\dot{u}_i)_{N-\frac{1}{2}} + \left[\dfrac{\sum F}{m_i}\right]_N \Delta t \\ (\dot{\theta}_i)_{N+\frac{1}{2}} = (\dot{\theta}_i)_{N-\frac{1}{2}} + \left[\dfrac{\sum M}{I_i}\right]_N \Delta t \end{cases} \quad (5-16)$$

式中,Δt 是时间步长;N 对应时间 t。

对式(5-16)进行积分,可得到位移方程

$$\begin{cases} (u_i)_{N+1} = (u_i)_N + (\dot{u}_i)_{N+\frac{1}{2}} \Delta t \\ (\theta_i)_{N+1} = (\theta_i)_N + (\dot{\theta}_i)_{N+\frac{1}{2}} \Delta t \end{cases} \quad (5-17)$$

利用欧拉法对式(5-15)求解,得到下一时间步长的更新速度是

$$\begin{cases} (\dot{u}_i)_N = (\dot{u}_i)_{N-1} + \left[\dfrac{\sum F}{m_i}\right]_N \Delta t \\ (\dot{\theta}_i)_N = (\dot{\theta}_i)_{N-1} + \left[\dfrac{\sum M}{I_i}\right]_N \Delta t \end{cases} \quad (5-18)$$

两边积分得到位移的更新方程

$$\begin{cases} (u_i)_{N+1} = (u_i)_N + (\dot{u}_i)_N \Delta t \\ (\theta_i)_{N+1} = (\theta_i)_N + (\dot{\theta}_i)_N \Delta t \end{cases} \quad (5-19)$$

(2) 颗粒接触模型

使用离散元素法描述颗粒体碰撞的过程其实是刻画接触产生和发生作用的过程。在分析颗粒体碰撞过程中,对于不同的仿真对象要建立不同的接触模型,所以选择恰当的接触模型是十分关键的。在 EDEM 仿真软件中,常用的接触模型包括 Hertz-Mindlin 无滑动接触模型、Hertz-Mindlin 黏结接触模型、线性黏附接触模型、运动表面接触模型、线弹性接触模型和摩擦电荷接触模型 6 类。本章主要应用 Hertz-Mindlin 无滑动接触模型对颗粒体间的运动状态进行仿真分析研究。

设两颗粒的半径分别为 R_1 和 R_2,碰撞前的速度分别为 v_1 和 v_2。颗粒间的法向力 F_n、法向阻尼力 F_n^d 可由下式求得:

$$\begin{cases} F_n = \dfrac{4}{3} E^* (R^*)^{\frac{1}{2}} \alpha^{\frac{3}{2}} \\ F_n^d = -2\sqrt{\dfrac{5}{6}} \beta \sqrt{S_n m^*} v_n^{rel} \end{cases} \quad (5-20)$$

式中,E^*、R^*、m^* 分别为是等效弹性模量、等效粒子半径和等效接触质量,可由式(5-21)求得。

$$\begin{cases} \dfrac{1}{E^*} = \dfrac{1-v_1^2}{E_1} + \dfrac{1-v_2^2}{E_2} \\ \dfrac{1}{R^*} = \dfrac{1}{R_1} + \dfrac{1}{R_2} \\ m^* = \dfrac{m_1 m_2}{m_1 + m_2} \end{cases} \quad (5-21)$$

式中,系数 β、法向重叠量 α、法向刚度 K_n 和相对速度的法向分量 v_n^{rel},可由式(5-22)和式(5-23)求得。

$$\beta = \frac{\ln e}{\sqrt{\ln^2 e + \pi^2}} \qquad (5-22)$$

$$\begin{cases} \alpha = R_1 + R_2 - |r_1 - r_2| \\ K_n = 2E^* \sqrt{R^* \alpha} \\ v_n^{\text{rel}} = (v_1 - v_2) \cdot n \end{cases} \qquad (5-23)$$

式中,r_1 和 r_2 是球体颗粒球心的位置矢量;n 是法向单位矢量;e 为恢复系数。

颗粒间的切向力 F_s 和切向阻尼力 F_s^d 可由式(5-24)求出。

$$\begin{cases} F_s = -K_s \delta \\ F_s^d = -2\sqrt{\frac{5}{6}}\beta \sqrt{K_s m^*}\, v_s^{\text{rel}} \end{cases} \qquad (5-24)$$

式中,δ 为切向重叠量。切向刚度 K_s 和等效剪切模量 G^* 由式(5-25)求得。

$$\begin{cases} K_s = 8G^* \sqrt{R^* \alpha} \\ G^* = \frac{2 - v_1^2}{G_1} + \frac{2 - v_2^2}{G_2} \end{cases} \qquad (5-25)$$

仿真过程中球体颗粒的滚动摩擦可以通过接触面上的力矩 M 来说明

$$M = -\mu_r F_n R_i \omega_i \qquad (5-26)$$

(3) 时间积分步长

利用离散元素法对颗粒系统进行分析时的基本假设是在一个计算时步内,颗粒所受到的力和加速度是不变的。如果计算时步选择过大,会导致数值计算发散,颗粒间的接触描述不精确,甚至出现碰撞漏检等;如果计算时步选择过小,又会极大地增大计算量。因此,选择合适的计算时步是颗粒碰撞系统仿真计算分析的关键。

可以利用单自由度的无阻尼质量-弹簧系统计算离散元素法的迭代时间步长 Δt,其运动方程为

$$m\ddot{u}(t) + ku(t) = 0 \qquad (5-27)$$

由中心差分原理可以得到加速度

$$\ddot{u}(t) = \frac{\left[\ddot{u}\left(t + \frac{1}{2}\right) - \dot{u}\left(t + \frac{1}{2}\right)\right]}{\Delta t} \qquad (5-28)$$

将式(5-28)代入式(5-27)可得

$$u(t+1) + \left[\frac{k(\Delta t)^2}{m} - 2\right]u(t) + u(t-1) = 0 \qquad (5-29)$$

解得

$$u(t) = \frac{2 - \frac{k}{m}(\Delta t)^2 \pm \sqrt{\left(\frac{k}{m}\right)^2 (\Delta t)^2 - 4\frac{k}{m}(\Delta t)^2}}{2} \qquad (5-30)$$

因为 $u(t)$ 具有往复运动的振动特性,所以解为复数,应满足

$$\left(\frac{k}{m}\right)^2 (\Delta t)^2 - 4\frac{k}{m}(\Delta t)^2 < 0 \qquad (5-31)$$

则

$$\Delta t < 2\sqrt{\frac{k}{m}} = \frac{2}{\omega_n} \tag{5-32}$$

系统的固有频率 $\omega_n = 2\pi/T$，则式(5-32)可变为

$$\Delta t < \frac{T}{\pi} \tag{5-33}$$

在系统中，每一个单元的最小固有振动周期均小于系统本身的最小固有振动周期。所以时间步长 Δt 的计算条件应为

$$\Delta t \leqslant \frac{T_{min}}{\pi} \tag{5-34}$$

其中

$$T_{min} = 2\pi \min_{1 \leqslant i \leqslant N} \left(\sqrt{\frac{m_i}{k_i}} \right) \tag{5-35}$$

若系统为欠阻尼系统，则通过中心差分法求得计算时间步长为

$$\Delta t \leqslant \frac{2}{\omega_{max}} \left(\sqrt{1-\xi^2} - \xi \right) \tag{5-36}$$

当系统振动圆频率取最大值 ω_{max} 时，阻尼比为 ξ。

（4）能量耗散计算方法

颗粒阻尼技术主要是运用颗粒之间的弹性碰撞耗能与摩擦耗能达到减振的效果。因此，计算能量的耗损也从这两个方面入手。同样以两个碰撞接触的颗粒为例，来计算其接触过程中耗散的能量。其弹性碰撞消耗的能量用公式表达为

$$\Delta E_e = \frac{1}{2} \frac{m_1 m_2}{m_1 + m_2} (1 - e^2) |v^{rel}|^2 \tag{5-37}$$

式中，m_1 和 m_2 分别为两个颗粒的质量；e 为两颗粒的弹性碰撞恢复系数；v^{rel} 为两颗粒的相对运动速度。

两颗粒碰撞时的摩擦耗能大小取决于两球之间的摩擦力大小与相对切向位移的大小。所以，其摩擦耗能表达式为

$$\Delta E_f = \mu |F_{X1,2} u^{rel}| \tag{5-38}$$

式中，μ 是两颗粒之间的摩擦系数；u^{rel} 为两颗粒之间的相对位移量。

同样的，颗粒与器壁之间的能量耗损也分为弹性碰撞耗能与摩擦耗能，且公式表达同两颗粒之间能量耗损一样。所以，整个系统的颗粒阻尼的耗能大小就是将所有的颗粒与颗粒之间和颗粒与器壁之间的弹性碰撞耗能量与摩擦耗能量相加，即

$$E_{loss} = \sum \Delta E_e + \sum \Delta E_f \tag{5-39}$$

3. 颗粒碰撞阻尼耗能影响因素

颗粒体在碰撞过程中，影响其耗能效率的因素很多，如封闭结构形状、颗粒粒径、颗粒形状、颗粒材料、颗粒的填充率等，甚至系统的振动环境对颗粒体耗能效率的影响也不容忽视。

（1）颗粒容器结构

颗粒容器结构的形状会影响颗粒的运动状态，进而影响颗粒的耗能效率。如图 5-20 所示，若激励方向是单一的，仿真过程中显示，颗粒在具有平直内壁的容器中的运动状态（见图 5-20(a)）是沿激励方向有规律的，这种状态下颗粒间的碰撞作用较多，但摩擦作用较少；颗粒在具有曲面内壁的容器中的运动状态（见图 5-20(b)）是散乱不规则的，这种状态下颗粒

间及颗粒与容器内壁间碰撞频繁,且摩擦作用较多。

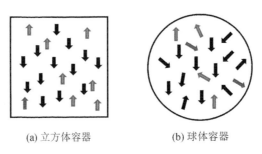

(a) 立方体容器   (b) 球体容器

图 5-20   颗粒在封闭结构中的运动状态

此外还有填充橡胶的软内壁结构、使用囊状结构的豆包阻尼器等,适当地选择颗粒容器的结构能够在很大程度上提高颗粒碰撞阻尼的耗能效率。

（2）颗粒物理参数

填充颗粒本身的物理参数也是影响颗粒阻尼耗能的重要因素之一。

颗粒碰撞阻尼技术研究过程中,不仅有球形颗粒,还有对椭圆形颗粒、不规则形状颗粒以及添加阻尼剂的研究;颗粒的材料也多种多样,如铜颗粒、碳化钨颗粒,添加的阻尼剂如活性炭、润滑颗粒等;颗粒的粒径大小对固定容积的容器填充率有影响,间接地影响颗粒的耗能效率,这其中也有对单体冲击减振的研究以及 NOPD 微颗粒减振的研究。合理地选择颗粒的形状、材料及大小,有助于在仿真模拟和试验中达到更好的减振效果。

（3）颗粒的填充率

对于多颗粒系统来说,颗粒的填充率是影响颗粒耗能效率的主要因素。当颗粒容器受单一方向激振力时,颗粒如果填充不够,且容器的位移又很小,在仿真过程中就很容易造成颗粒在运动过程中只与下方内壁接触或处于悬空的状态,颗粒的运动不充分导致颗粒体间碰撞与摩擦作用很小,无法达到耗散能量的目的;如果颗粒填充太多甚至被填满,也容易导致颗粒由于挤压而无法运动,从而极大地降低颗粒间的碰撞与摩擦作用,进而降低颗粒间能量的耗散。

在仿真过程中,应合理地选择颗粒容器的振动位移,这样得出的最优填充率才能与试验结果相对应;在试验过程中,应尽可能多地选择不同填充率,根据减振效果得到最优的填充率。

5.2.2   管道颗粒减振器设计

被动减振装置是附加在导管结构上的一种无源降振结构。通常地,导管上附加卡箍和支架是为导管提供一种固定支承条件,从而改变导管的固有振动属性,避免其发生共振。而被动减振装置则是利用导管的共振特性,通过附加质量和阻尼的方式转移或者消耗系统的振动能量,从而达到减振降噪的目的。相比于卡箍和支架结构,被动减振装置能够更加灵活地在复杂的空间导管系统中安装,并能有效处理一些悬空导管的振动问题。

运用颗粒碰撞阻尼技术,综合多方面因素研究并设计导管减振器。导管减振器的设计要求是:① 可以容纳足够多颗粒的腔体结构;② 结构体封闭效果良好;③ 减振器质量远小于导管结构质量;④ 因为装配空间限制,减振器体积应足够小;⑤ 导管减振器安装应灵活方便。

1. 形制与材料简介

设计的导管减振器三维结构和形制参数如表 5-3 所列。出于验证颗粒碰撞阻尼减振效果的目的,设计并加工钢结构导管减振器。钢结构导管减振器整体由两个半圆形腔体组成,每个腔体内部又由固定的铁片分隔成 3 个小腔室。腔体外部最大直径为 110 mm,壁厚为 2.5 mm,安装直径为 21 mm,整体厚度为 20 mm。每个腔体前后有两个厚度为 2 mm 的半圆形薄片通过螺栓固定用来密封腔体,腔体每面预制有 14 个螺栓孔,孔深为 6 mm。在上下两个半圆形腔体圆断面两侧延伸的金属板上打对齐的直径 3 mm 的通孔,在两侧通孔处安装螺栓将其夹紧在导管上。

在验证颗粒碰撞阻尼应用在导管减振器中确有实效后,为了减小导管减振器的质量,设计并加工铝合金 I 型导管减振器,将原有的质量较大的铸铁材料更换成质量较轻的铝合金材料,并减小了导管减振器的设计最大直径,增加了结构体的整体厚度,而且结构体内部小腔室隔板更改成可调节的灵活可插取结构。更改设计后,腔体外部最大直径降低至 80 mm,壁厚为 3 mm,安装直径为 21 mm,整体厚度为 30 mm,封闭盖板厚度为 1 mm,腔体两面的预制螺栓孔个数由原来的 14 个改为 6 个,孔深为 6 mm。在上下两个半圆形腔体圆断面两侧延伸的金属板上打对齐的直径为 5 mm 的通孔,在两侧通孔处安装螺栓将其夹紧在导管上。

在验证铝合金结构强度合适的条件下,为了减小导管减振器的质量和体积,优化导管减振器结构设计,设计并加工铝合金 II 型导管减振器。在铝合金 I 型导管减振器基础上将上下两个半圆形腔体圆断面两侧延伸金属板改为向圆内开宽度为 10 mm,纵深为 6 mm 的凹槽,在凹槽内的铝合金平面上开 4 mm 通孔,通过在凹槽内金属平面上通孔处安装螺栓将其夹紧在导管上。

表 5 - 3　设计的导管减振器三维结构和形制参数

名　　称	钢结构导管减振器		铝合金 I 型导管减振器		铝合金 II 型导管减振器	
设计样式	多单元圆外固定		可变单元圆外固定		可变单元圆内固定	
设计模型						
加工实物						
总质量	366.4 g		109.6 g		81.2 g	
最大直径	110 mm		80 mm		50 mm	
安装螺栓	封装	安装	封装	安装	封装	安装
	M1.4	M3	M1.4	M5	M1.4	M4
盖板厚度	2 mm		1 mm		1 mm	
壁厚	2.5 mm		3 mm		3 mm	

2. 适配与安装说明

设计的导管减振器安装直径均为 21 mm,实际工程中可根据导管管径的不同改变腔体的安装半径。如果管径较小,可适当减小结构体的质量体积;如果管径较大,可根据集中质量对导管的影响分析适当修改结构体或腔体的大小。除此之外,还可以寻找更加合适的结构体材料,填充颗粒的形状、粒径、材料都可以尝试调整。

导管减振器腔体内填充适量颗粒后,应将盖板用螺栓压紧,防止内部颗粒掉落。导管减振器上下两个半圆形腔体结构拼接到一起后,断面间有 2 mm 间距,使用螺栓可以将其夹紧在导管上。导管减振器应尽量安装在导管振动位移最大处,所以在试验与实际应用时应通过实测或仿真确定导管的振动状态。

5.2.3　管道颗粒减振器减振试验验证

针对所设计的颗粒碰撞阻尼导管减振器,通过监测试验中导管振动加速度的变化,验证导管减振器的有效性和工程实用性。

1. 基于振动台的管道试验件减振试验

(1)试验方案

采用比较分析的方法,设计了数组导管减振试验,具体方案如表 5-4 所列。其中包括简单直管的扫频减振试验、受压力脉动作用的真实液压动力源回油管减振试验。

表 5-4　导管减振试验方案

导管减振器	单元类型	颗粒粒径	试验条件	激励条件	质量填充率/%
钢结构 导管减振器	多单元	1 mm	扫频试验	5～100 Hz	0/30/50/80/100
		2 mm			
		3 mm		250～500 Hz	
铝合金Ⅰ型 导管减振器	单单元	1 mm	扫频试验	300～440 Hz	0/10/20/30/40/50/ 60/70/80/90/100
		2 mm			
	多单元	3 mm			
铝合金Ⅱ型 导管减振器	单单元	1 mm	扫频试验	300～440 Hz	0/10/20/30/40/50/ 60/70/80/90/100
		2 mm			
	多单元	3 mm			
	多单元	1 mm	压力脉动 激励	0 MPa/5 MPa/10 MPa	95

在导管减振器设计初期,选择结构材料为成本低廉且易加工的普通钢。针对钢结构导管减振器进行一系列试验验证,目的在于确定颗粒碰撞阻尼技术应用在导管减振方面的有效性。在验证基于颗粒碰撞阻尼技术的导管减振器的有效性之后,将减振器的结构材料更改为铝合金,由此减小了减振器的质量和装配半径。对铝合金Ⅰ型导管减振器进行一系列试验验证,目的在于确定改变材料后导管减振器的减振效率变化,进一步对比单单元结构和多单元结构、颗粒粒径、颗粒质量填充率对导管减振器减振效果的影响。最后继续优化结构设计,制造出铝合

金Ⅱ型导管减振器,再一次减小了减振器的质量和装配半径。对铝合金Ⅱ型导管减振器进行
一系列试验验证,目的在于在确定减振效果的前提下,对其在实际工程中进行简单的应用研
究。图 5-21 所示为总体结构设计优化方案和试验目标规划流程。

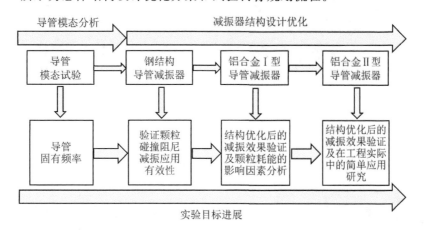

图 5-21　总体结构设计优化方案和试验目标规划流程

（2）导管模态试验

应用敲击模态试验法,采用单点测量多点敲击的方式以及分析原点频响的方法测量导管
的固有频率。导管模态试验的目的是测量得到导管的固有频率。试验分别在导管未夹装空减
振器和导管夹装空减振器两种情况下采用敲击法进行。首先,通过简单的模态仿真识别导管
第 1 阶固有频率和第 2 阶固有频率振型,并在导管上相对应的振动最大点处设置加速度传感
器,采用单点测量多点敲击的方式和单点测量原点敲击的方式识别导管的固有频率。表 5-5
所列为试验导管参数,图 5-22 所示为直导管模态试验台。

表 5-5　试验导管参数

伸出长度/mm	外径/mm	内径/mm	泊松比	密度/(kg·m^{-3})	弹性模量/Pa
478	20.7	16	0.300	7850	2e11

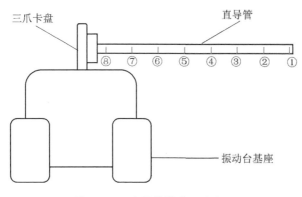

图 5-22　直导管模态试验台

1）试验设备

图 5-23 所示为 B&K 冲击力锤;图 5-24 所示为 B&K 振动加速度传感器;图 5-25 所

示为计算机、NI9178 采集箱及 NI9234 采集器。

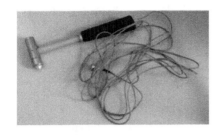

图 5-23   B&K 冲击力锤

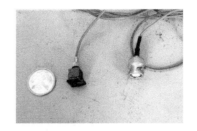

图 5-24   B&K 振动加速度传感器

图 5-26 所示为导管振动试验台,包括苏试电动振动台、功率放大器、试验导管和导管减振器。振动试验台能够提供正弦激励、冲击激励和随机激励。

图 5-25   计算机、NI9178 采集箱及 NI9234 采集器

图 5-26   导管振动试验台

2) 原点频响测试结果

在直导管上均匀布设 8 个测量点,如图 5-22 所示。通过在其中两个测量点附近敲击,分析其原点频响,确定直导管的固有频率。首先将加速度传感器布置在位置②,并在位置②附近敲击导管,经 3 次敲击得到的导管振动响应频谱如图 5-27 所示,在 1 000 Hz 以内有两阶振动加速度幅值较突出的固有频率,分别为 68 Hz 和 435 Hz。

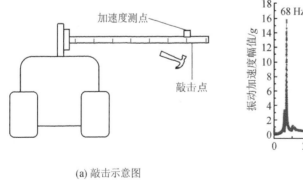

(a) 敲击示意图   (b) 振动响应频谱

图 5-27   位置②敲击模态试验结果(未加减振器)

将加速度传感器移动布置到位置⑤,并在位置⑤附近敲击导管,经 3 次敲击得到的导管振动响应频谱如图 5-28 所示,在 1 000 Hz 范围以内有两阶振动加速度幅值较突出的固有频率,分别为 68 Hz 和 434 Hz。

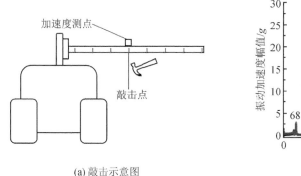
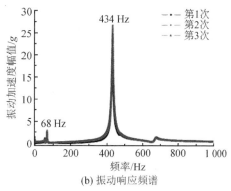

(a) 敲击示意图   (b) 振动响应频谱

图 5 - 28 位置⑤敲击模态试验结果(未加减振器)

　　将空减振器夹装在导管最右端,空减振器总质量为 366.4 g。将加速度传感器布置在位置②,并在位置②附近敲击导管,经 3 次敲击得到的导管振动响应频谱如图 5 - 29 所示,在 1 000 Hz 以内振动加速度幅值较突出的固有频率为 40 Hz、393 Hz 和 958 Hz。

　　将空减振器和加速度传感器同时移动到位置⑤附近,并在位置⑤附近敲击导管,经 3 次敲击得到的导管振动响应频谱如图 5 - 30 所示,在 1 000 Hz 以内振动加速度幅值较突出的固有频率为 53 Hz、317 Hz 和 910 Hz。表 5 - 6 所列为原点频响识别导管固有频率列表。

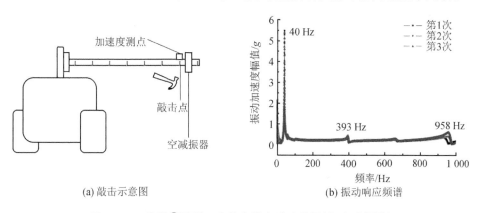

(a) 敲击示意图   (b) 振动响应频谱

图 5 - 29 位置②附近 3 次敲击模态试验结果(加空减振器)

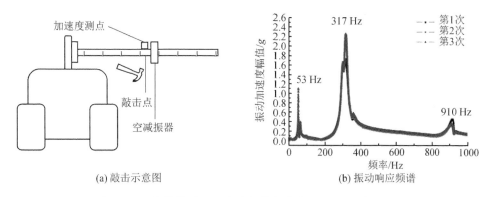

(a) 敲击示意图   (b) 振动响应频谱

图 5 - 30 位置⑤附近 3 次敲击模态试验结果(加空减振器)

表 5 - 6　原点频响识别导管固有频率列表

单位:Hz

固有频率	未加减振器		加空减振器	
	位置②	位置⑤	位置②	位置⑤
第 1 阶	68	68	40	53
第 2 阶	435	434	393	317
第 3 阶	—	—	958	910

3) 单点测量多点敲击模态测试结果

图 5 - 31 是在未加减振器的情况下将加速度测点布置在位置②时,分别在位置①、位置③、位置⑤、位置⑦和位置⑧敲击后得到的频响函数对比图,从图中可以识别导管的固有频率是 68 Hz 和 438 Hz;图 5 - 32 是在未加减振器的情况下将加速度测点布置在位置⑤时,分别在上述 5 个位置敲击后得到的频响函数对比图,从图中可以识别导管的固有频率是 68 Hz 和 432 Hz;图 5 - 33 是在位置②附近夹装空减振器的情况下将加速度传感器布置在位置②时,分别在上述 5 个位置敲击后得到的频响函数对比图,从图中可以识别导管的固有频率是 40 Hz、393 Hz 和 913 Hz;图 5 - 34 是在位置⑤附近夹装空减振器的情况下将加速度传感器布置在位置⑤时,分别在上述 5 个位置敲击后得到的频响函数对比图,从图中可以识别导管的固有频率是 53 Hz、303 Hz 和 922 Hz。表 5 - 7 所列为单点测量多点敲击模态试验结果。

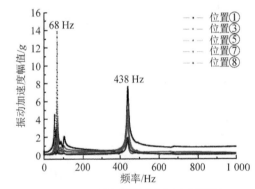

图 5 - 31　测点②频响(未加减振器)

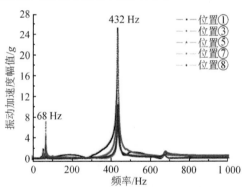

图 5 - 32　测点⑤频响(未加减振器)

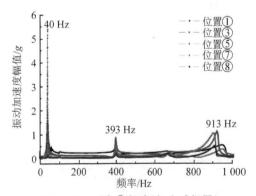

图 5 - 33　测点②频响(加空减振器)

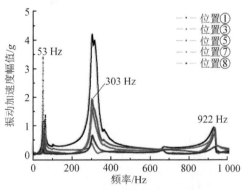

图 5 - 34　测点⑤频响(加空减振器)

表 5-7　单点测量多点敲击模态试验结果

单位:Hz

固有频率	未加减振器		加空减振器	
	位置②	位置⑤	位置②	位置⑤
第 1 阶	68	68	40	53
第 2 阶	438	432	393	303
第 3 阶	—	—	913	922

由表 5-6 和表 5-7 可以看出,未夹装减振器时在不同位置采用不同方式测量得到的导管固有频率几近相同,在 1 000 Hz 以内导管有两阶固有频率,分别在 68 Hz 和 435 Hz 左右。由于减振器自身质量,当夹装了空减振器后,导管的固有频率会发生变化,改变空减振器的位置,导管的固有频率也会发生变化。

（3）钢结构导管减振器减振试验

由于颗粒粒径偏小,若通过数量判断腔体内颗粒的填充率过于耗费时间,所以选择通过质量来判断填充率的大小。具体方法是首先用颗粒将腔体填满,对填满的颗粒利用电子秤称重,认为此时的重量对应的腔体填充率为 100%,然后分别将此重量乘以试验选定的填充率,将对应填充率的一定质量的颗粒加入腔体中。试验中使用的颗粒的物理参数如表 5-8 所列,实物如图 5-35 所示,电子秤如图 5-36 所示,钢结构导管减振器如图 5-37 和图 5-38 所示。

表 5-8　填充颗粒物理参数

外　形	直　径	材　料	密　度	弹性模量	泊松比	滚动摩擦系数	静摩擦系数	恢复系数
实心球体	1 mm/2 mm/3 mm	铸铁	7 850 kg/m³	2×10^{11} Pa	0.300	0.15	0.15	0.45

图 5-35　填充铸铁颗粒

图 5-36　电子秤

图 5-37　钢结构导管减振器（颗粒填充）

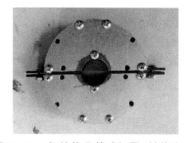

图 5-38　钢结构导管减振器（封装外形）

1）第 1 阶固有频率下的减振试验

通过导管模态试验可知，导管在空载状态和夹装减振器时的第 1 阶固有频率均在 5～100 Hz 范围内。试验设定振动条件为 5～100 Hz 扫频，扫频速率为 60 Hz/min，正弦激励幅值为 1g。

图 5-39 所示为导管未夹装减振器时的扫频加速度频谱。试验重复三次，发现导管固有频率与敲击模态试验相近，幅值达到 25.7g。图 5-40 所示为填充 1 mm 颗粒时的减振试验结果，图 5-41 所示为填充 2 mm 颗粒时的减振试验结果，图 5-42 所示为填充 3 mm 颗粒时的减振试验结果，图中不同的线型表示不同的质量填充率。从图中可以看出，夹装空减振器改变了导管的固有频率，且在 5～100 Hz 频率范围内的加速度幅值也随之增大到 26.7g。在减振器中填装不同质量的颗粒后，加速度幅值得到了不同程度的抑制。无论颗粒大小，在质量填充率为 80％时降振效果最好，其中 1 mm 颗粒在此时降振达到 75％以上。

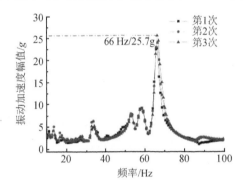

图 5-39 导管空载扫频加速度频谱

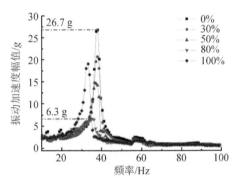

图 5-40 填充 1 mm 颗粒时的减振试验频谱图

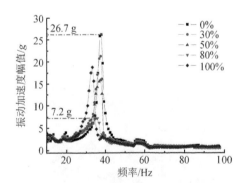

图 5-41 填充 2 mm 颗粒时的减振试验频谱图

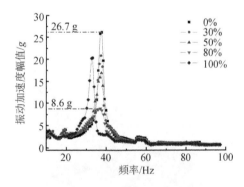

图 5-42 填充 3 mm 颗粒时的减振试验频谱图

图 5-43 所示为不同质量填充率下不同粒径的颗粒的减振效果折线对比图。从图中可以看出，随着质量填充率的增大，颗粒减振器的降振效果也明显变化，质量填充率为 80％时效果最好，当填充率接近 100％时颗粒减振器的降振效果减小。由此推测：当颗粒减振器空腔内没有被颗粒充满时，颗粒之间持续碰撞摩擦的能量消耗会随着颗粒的增多而增大；而随着颗粒不断充满减振器空

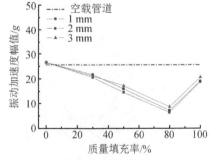

图 5-43 不同粒径减振效果对比图

腔,达到一个临界值时,由于颗粒活动空间的压缩,颗粒之间的碰撞摩擦受到限制,导致能量消耗能力减弱,降振效果也自然会降低。图中显示不同粒径间,就微弱的减振差别来看,在不同质量填充率下 1 mm 颗粒减振效果最为明显。由此推测:当填充体积一定时,颗粒数目越多,越能够使颗粒间碰撞摩擦更频繁,耗能效果也最好。

2)第 2 阶固有频率下的减振试验

通过导管模态试验可知,导管在空载状态和夹装减振器时的第 2 阶固有频率均在 250～500 Hz 范围内。试验设定振动条件为 250～500 Hz 扫频,扫频速率为 60 Hz/min,正弦激励幅值为 1g。

图 5-44 所示为导管未夹装减振器时的扫频加速度频谱,试验重复 3 次,发现导管固有频率与敲击模态试验相近,幅值达到 68.7g。图 5-45 是填充 1 mm 颗粒的减振试验结果,图 5-46 是填充 2 mm 颗粒的减振试验结果,图 5-47 是填充 3 mm 颗粒的减振试验结果,图中不同的线型表示不同的质量填充率。从图中可以看出,夹装空减振器改变了导管的固有频率,且在 250～500 Hz 频率范围内的加速度幅值降低到 39.4g。在减振器中填装不同数量的颗粒后,加速度幅值得到了不同程度的抑制。无论颗粒大小,在质量填充率为 80% 时降振效果最好,其中 2 mm 颗粒在此时降振达到 91% 以上。

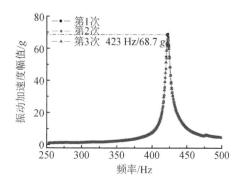

图 5-44 导管空载扫频加速度频谱

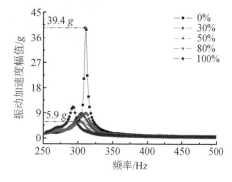

图 5-45 填充 1 mm 颗粒时的减振试验频谱图

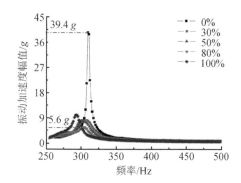

图 5-46 填充 2 mm 颗粒时的减振试验频谱图

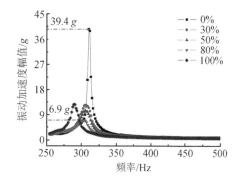

图 5-47 填充 3 mm 颗粒时的减振试验频谱图

图 5-48 为不同质量填充率下不同粒径的颗粒减振效果折线对比图。从图中可以看出随着质量填充率的增大,颗粒减振器的降振效果也明显变化,质量填充率为 80% 时降振效果最好,当填充率接近 100% 时颗粒减振器的降振效果减小。图中显示不同粒径间,降振效果接

近,就微弱的减振差别来看,在不同质量填充率下 2 mm 颗粒减振效果稍好。

(4) 铝合金Ⅰ型导管减振器减振试验

铝合金Ⅰ型导管减振器在钢结构导管减振器外形设计的基础上,改变了结构材料,并增加了活动单元。铝合金Ⅰ型导管减振器单元可变结构如图 5-49 所示,通过在腔体内部插入铝合金薄片灵活地改变导管减振器的单元结构。

图 5-48 不同粒径的颗粒减振效果折线对比图

1) 单单元结构减振试验

采取扫频试验方法,扫频范围为 300～440 Hz,加速度激励为 1g。在测量点和减振器位置不变化的情况下,对比不同质量填充率下、不同粒径、不同结构单元颗粒阻尼器所表现的减振效果。

(a) 单单元结构　　　　　(b) 多单元结构

图 5-49 铝合金Ⅰ型导管减振器单元可变结构

图 5-50 所示为不同粒径随质量填充率变化时试验频段振动加速度最大幅值变化情况。填充 1 mm 粒径颗粒减振器的最优填充率为 93.9%;填充 2 mm 粒径颗粒减振器的最优填充率为 95.5%;填充 3 mm 粒径颗粒减振器的最优填充率为 96.9%。试验记录数据如表 5-9～表 5-11 所列。

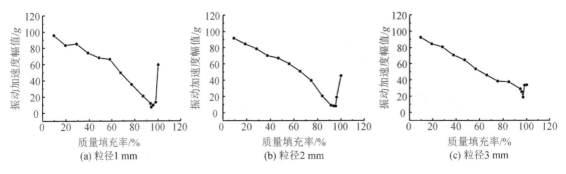

(a) 粒径1 mm　　　　(b) 粒径2 mm　　　　(c) 粒径3 mm

图 5-50 铝合金Ⅰ型单单元减振试验

表 5 - 9　Ⅰ型单单元粒径 1 mm 试验统计数据

填充颗粒质量 m/g	质量填充率 $\lambda/\%$	振动加速度最大幅值 a/g
10.4	9.701 5	95.726 4
20.8	19.403 0	83.404 2
31.0	28.917 9	85.078 9
41.4	38.619 4	73.980 7
51.8	48.320 9	67.891 7
62.2	58.022 4	66.145 9
72.6	67.723 9	49.421 5
82.8	77.238 8	35.104 8
93.2	86.940 3	20.752 7
99.9	93.190 3	11.700 0
100.7	93.936 6	7.150 6
102.5	95.615 7	9.617 8
104.9	97.854 5	13.140 2
107.2	100	59.115 4

表 5 - 10　Ⅰ型单单元粒径 2 mm 试验统计数据

填充颗粒质量 m/g	质量填充率 $\lambda/\%$	振动加速度最大幅值 a/g
9.8	9.254 0	91.659 4
19.8	18.696 9	84.638 3
29.6	27.950 9	78.648 4
39.4	37.204 9	70.159 2
49.4	46.647 8	67.025 4
59.2	55.901 8	60.043 3
69	65.155 8	50.776 6
78.8	74.409 8	39.409 2
88.8	83.852 7	20.489 5
96.7	91.312 6	9.022 9
99.2	93.673 3	8.089 2
101.1	95.467 4	8.038 8
101.9	96.222 9	18.917 3
105.9	100	45.263 8

表 5 - 11　Ⅰ型单单元粒径 3 mm 试验统计数据

填充颗粒质量 m/g	质量填充率 λ/%	振动加速度最大幅值 a/g
9.6	9.467 5	92.572 8
19.2	18.934 9	84.467 3
28.6	28.205 1	80.757 8
38.2	37.672 6	70.529 5
47.8	47.140 0	64.506 6
57.4	56.607 5	53.429 2
67.0	66.075 0	45.734 1
76.4	75.345 2	38.311 5
86.0	84.812 6	37.375 1
95.8	94.477 3	28.733 0
97.1	95.759 4	25.237 6
98.3	96.942 8	18.607 9
99.5	98.126 2	33.192 2
101.4	100	33.614 6

对比填充不同粒径的颗粒阻尼器减振效果发现，粒径 1 mm 和 2 mm 的颗粒减振效果相当，且要优于粒径 3 mm 颗粒，如图 5 - 51 所示。

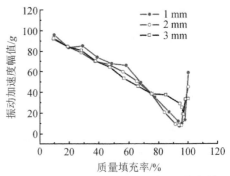

图 5 - 51　铝合金Ⅰ型单单元不同粒径的颗粒阻尼器减振效果对比

2）多单元结构减振试验

在此颗粒阻尼器基础上将铝合金薄片插入腔体内的卡槽中，将每个腔体分隔成三个单元，利用此多单元颗粒阻尼器进行如上所述的导管减振试验。图 5 - 52 为多单元不同粒径随质量填充率变化时试验频段振动加速度最大幅值变化情况比较图。从图中可看出正向加速度最大幅值一般大于反向加速度最大幅值，在最优质量填充率附近，正反向加速度最大幅值

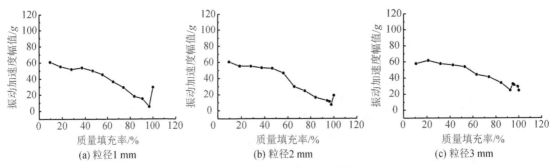

(a) 粒径1 mm　　　(b) 粒径2 mm　　　(c) 粒径3 mm

图 5 - 52　铝合金Ⅰ型多单元减振试验

基本一致。填充 1 mm 粒径颗粒减振器的最优填充率为 96.6%；填充 2 mm 粒径颗粒减振器的最优填充率为 97.8%；填充 3 mm 粒径颗粒减振器的最优填充率在 94% 以上。试验数据如表 5-12~表 5-14 所列。

表 5-12　Ⅰ型多单元粒径 1mm 试验统计数据

填充颗粒质量 m/g	质量填充率 $\lambda/\%$	振动加速度最大幅值 a/g
9.80	9.477 8	60.788 3
19.2	18.568 7	55.268 6
29.0	28.046 4	51.785 6
38.4	37.137 3	53.637 9
48.2	46.615 1	50.119 4
57.4	55.512 6	45.284 6
67.2	64.990 3	36.391 1
76.6	74.081 2	29.283 5
86.4	83.559 0	18.023 1
93.7	90.619 0	15.051 0
99.9	96.615 1	5.261 6
103.4	100	29.449 1

表 5-13　Ⅰ型多单元粒径 2 mm 试验统计数据

填充颗粒质量 m/g	质量填充率 $\lambda/\%$	振动加速度最大幅值 a/g
9.20	9.573 4	60.776 2
17.8	18.522 4	55.446 9
27.0	28.095 7	55.244 8
36.0	37.461 0	53.289 0
44.8	46.618 1	52.563 4
54.0	56.191 5	46.705 9
63.0	65.556 7	29.858 0
71.8	74.713 8	24.628 6
80.8	84.079 1	16.472 6
90.5	94.172 7	12.248 8
92.5	96.253 9	11.080 9
94.0	97.814 8	7.080 2
96.1	100	18.926 5

表 5 - 14 Ⅰ型多单元粒径 3mm 试验统计数据

填充颗粒质量 m/g	质量填充率 $\lambda/\%$	振动加速度最大幅值 a/g
9.60	10.549 5	57.850 5
19.2	21.098 9	61.641 7
28.8	31.648 4	57.624 4
38.6	42.417 6	55.985 5
48.0	52.747 3	53.804 9
57.4	63.076 9	44.186 6
67.2	73.846 2	41.265 7
76.8	84.395 6	33.869 6
84.1	92.417 6	24.671 8
86.2	94.725 3	32.451 4
87.2	95.824 2	31.404 8
90.2	99.120 9	29.151 3
91.0	100	24.353 7

比较填充不同粒径的颗粒阻尼器减振效果发现,粒径 1 mm 和 2 mm 的颗粒减振效果要优于粒径 3 mm 颗粒。就最优减振效果而言,粒径 1 mm 颗粒阻尼器又稍优于粒径 2 mm 颗粒的,如图 5-53 所示。

如图 5-54 所示,对比多单元和单单元试验结果发现:多单元结构振动加速度幅值最大值较单单元结构小很多;就减振效果而言,多单元结构的最优填充率都要大于单单元结构的最优填充率。

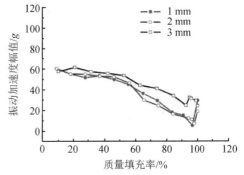

图 5 - 53 铝合金Ⅰ型多单元不同粒径的颗粒阻尼器减振效果对比

(5)铝合金Ⅱ型导管减振器减振试验

铝合金Ⅱ型导管减振器在铝合金Ⅰ型导管减振器的基础上,优化了结构设计,将圆外安装

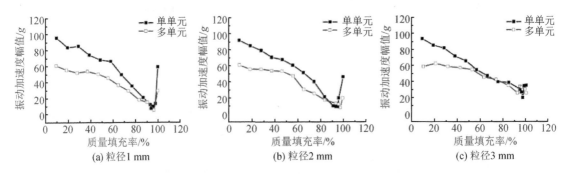

(a)粒径1 mm (b)粒径2 mm (c)粒径3 mm

图 5 - 54 铝合金Ⅰ型不同单元结构减振效果比较

固定方式改为圆内安装固定方式,进一步减小了导管减振器的质量和安装半径。铝合金Ⅱ型导管减振器单元可变结构如图 5-55 所示。

(a) 单单元结构

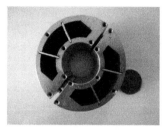
(b) 多单元结构

图 5-55　铝合金Ⅱ型导管减振器单元可变结构

1) 单单元结构减振试验

Ⅱ型减振器在Ⅰ型颗粒减振器整体设计结构基础上,将圆柱外沿的螺栓孔改成圆柱内开楔形槽,在槽内设置螺栓孔,大大缩小了减振器的安装半径。本文依照铝合金结构外固定的试验方案,对改良后的减振器重新进行了高频减振试验。

图 5-56 为单单元不同粒径随质量填充率变化时试验频段振动加速度最大幅值变化情况比较图。填充 1 mm 粒径颗粒减振器的最优填充率为 94.9%;填充 2 mm 粒径颗粒减振器的最优填充率为 94.9%;填充 3 mm 粒径颗粒减振器的最优填充率为 97.9%。试验数据如表 5-15～表 5-17 所列。

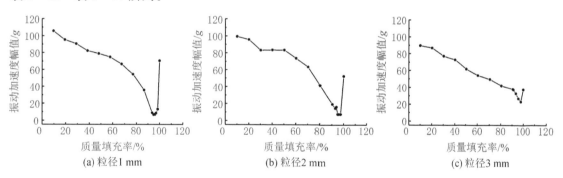

(a) 粒径1 mm　　　　　　(b) 粒径2 mm　　　　　　(c) 粒径3 mm

图 5-56　铝合金Ⅱ型单单元减振试验

表 5-15　Ⅱ型单单元粒径 1 mm 试验统计数据

填充颗粒质量 m/g	质量填充率 λ/%	振动加速度最大幅值 a/g
9.20	9.623 4	105.485 5
18.4	19.246 9	95.206 2
27.6	28.870 3	90.401 6
36.8	38.493 7	82.273 6
46.0	48.117 2	78.809 8
55.2	57.740 6	74.796 8
64.4	67.364 0	66.457 9

续表 5－15

填充颗粒质量 m/g	质量填充率 $\lambda(\%)$	振动加速度最大幅值 a/g
73.6	76.987 4	54.288 7
82.8	86.610 9	35.609 3
89.5	93.619 2	8.823 3
90.7	94.874 5	6.646 8
91.8	96.025 1	6.819 8
92.8	97.071 1	8.418 2
94.2	98.535 6	13.133 8
95.6	100	70.488 4

表 5－16　Ⅱ型单单元粒径 2 mm 试验统计数据

填充颗粒质量 m/g	质量填充率 $\lambda/\%$	振动加速度最大幅值 a/g
9.40	10.140 2	99.387 4
18.6	20.064 7	95.636 4
28.0	30.205 0	83.107 0
37.2	40.129 4	83.436 3
46.6	50.269 7	83.342 6
55.8	60.194 2	73.697 1
65.2	70.334 4	63.292 7
74.4	80.258 9	41.658 1
83.8	90.399 1	19.669 6
86.1	92.880 3	14.748 2
87.0	93.851 1	16.323 2
88.0	94.929 9	7.714 7
88.9	95.900 8	7.655 7
90.3	97.411 0	7.728 9
92.7	100	52.556 7

表 5－17　Ⅱ型单单元粒径 3 mm 试验统计数据

填充颗粒质量 m/g	质量填充率 $\lambda/\%$	振动加速度最大幅值 a/g
9.00	10.181 0	89.560 1
17.8	20.135 7	86.835 7
26.8	30.316 7	77.038 1
35.6	40.271 5	72.650 3
44.6	50.452 5	61.721 8

续表 5 - 17

填充颗粒质量 m/g	质量填充率 λ/%	振动加速度最大幅值 a/g
53.4	60.407 2	54.082 2
62.4	70.588 2	49.312 9
71.2	80.543 0	41.788 4
80.2	90.724 0	37.893 3
80.6	91.176 5	37.310 1
82.6	93.438 9	32.818 5
84.6	95.701 4	26.776 7
86.5	97.850 7	23.081 7
88.4	100	37.391 1

比较填充不同粒径的颗粒阻尼器减振效果发现,粒径 1 mm 和 2 mm 的颗粒减振效果相当,且要优于粒径 3 mm 颗粒,如图 5 - 57 所示。

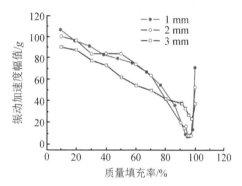

图 5 - 57　铝合金 Ⅱ 型单单元不同粒径的颗粒阻尼器减振效果对比

2）多单元结构减振试验

在此颗粒阻尼器基础上,将铝合金薄片插入腔体内的卡槽中,将每个腔体分隔成三个单元,利用此多单元颗粒阻尼器进行如上所述的导管减振试验。图 5 - 58 所示为多单元不同粒径随质量填充率变化时试验频段振动加速度最大幅值的变化情况。填充 1 mm 粒径颗粒减振器的最优填充率为 96.0%;填充 2 mm 粒径颗粒减振器的最优填充率为 96.7%;填充 3 mm 粒径颗粒减振器的最优填充率在 97.2%。试验数据如表 5 - 18~表 5 - 20 所列。

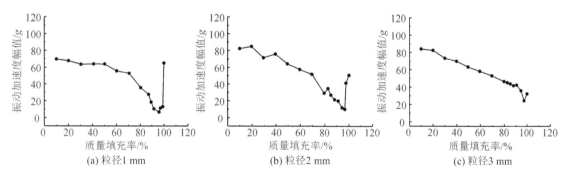

(a) 粒径 1 mm　　(b) 粒径 2 mm　　(c) 粒径 3 mm

图 5 - 58　铝合金 Ⅱ 型多单元减振试验

表 5 - 18 Ⅱ型多单元粒径 1 mm 试验统计数据

填充颗粒质量 m/g	质量填充率 $\lambda/\%$	振动加速度最大幅值 a/g
9.2	10.010 9	69.673 3
18.4	20.021 8	67.685 1
27.8	30.250 3	63.397 2
37.6	40.914 0	63.837 7
46.1	50.163 2	63.754 5
55.3	60.174 1	55.557 7
64.8	70.511 4	52.572 2
73.8	80.304 7	35.459 0
80.1	87.160 0	27.524 9
82.1	89.336 2	18.287 7
84.2	91.621 3	10.317 2
88.2	95.973 9	6.508 2
89.2	97.062 0	11.174 7
91.1	99.129 5	12.807 6
91.9	100	64.945 0

表 5 - 19 Ⅱ型多单元粒径 2 mm 试验统计数据

填充颗粒质量 m/g	质量填充率 $\lambda/\%$	振动加速度最大幅值 a/g
8.50	9.781 4	82.292 0
17.0	19.562 7	84.834 4
25.6	29.459 1	71.368 7
34.3	39.470 7	75.781 4
42.9	49.367 1	64.030 9
51.8	59.608 7	57.230 1
60.4	69.505 2	51.496 4
69.1	79.516 7	29.322 4
71.9	82.738 8	34.723 3
73.9	85.040 3	27.042 4
76.6	88.147 3	21.479 6
79.2	91.139 2	19.784 1
84.0	96.662 8	9.984 5
84.8	97.583 4	41.235 9
86.9	100	50.476 9

表 5 - 20 Ⅱ型多单元粒径 3 mm 试验统计数据

填充颗粒质量 m/g	质量填充率 $\lambda/\%$	振动加速度最大幅值 a/g
8.00	9.888 8	84.013 5
16.1	19.901 1	82.435 7
24.1	29.789 9	73.348 4
32.1	39.678 6	69.674 0
40.1	49.567 4	63.097 1
48.2	59.579 7	58.202 0
56.2	69.468 5	53.071 2
64.5	79.728 1	46.503 2
66.7	82.447 5	45.225 9
68.9	85.166 9	43.820 8
71.1	87.886 6	41.692 2
73.4	90.729 3	42.380 5
76.5	94.561 1	35.963 4
78.7	97.280 6	24.482 8
80.9	100	32.383 3

比较填充不同粒径的颗粒阻尼器减振效果发现,粒径 1 mm 和 2 mm 的颗粒减振效果相当,且要优于粒径 3 mm 颗粒,如图 5 - 59 所示。

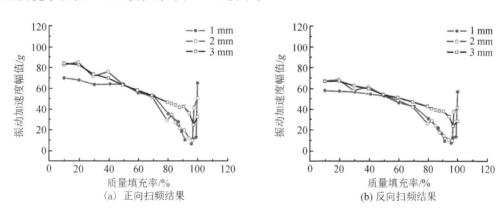

(a) 正向扫频结果   (b) 反向扫频结果

图 5 - 59 铝合金Ⅱ型多单元不同粒径的颗粒阻尼器减振效果对比

如图 5 - 60 所示,对比多单元和单单元试验结果发现:多单元结构振动加速度幅值最大值较单单元结构的小很多;就减振效果而言,多单元结构的最优填充率都要大于单单元结构的最优填充率。

2. 基于液压动力源的实际管道减振试验

针对飞机液压导管故障频发的状况,前文已研究了基于颗粒碰撞阻尼的导管减振器,目的在于能够真实应用在飞机液压导管减振过程中。然而应用在飞机液压导管上之前仍须进行很多必要性的验证研究,由此设计了在地面设备上的应用研究试验,以验证导管颗粒阻尼器在工程实际中的可发展性。

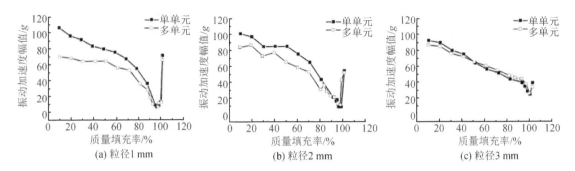

图 5 - 60　铝合金 Ⅱ 型不同单元结构减振效果比较

(1) 液压动力源简介

飞机液压导管经常受到油液压力脉动作用,当导管固有频率与压力脉动频率一致时就容易发生共振,进而危害导管的使用安全,这一点与液压动力源导管工况相符。本节将实验室液压动力源导管作为研究对象,其转速频率为 25 Hz,泵站有 7 个柱塞头,压力脉动频率是 175 Hz。其结构如图 5 - 61 所示。

(a) 后面

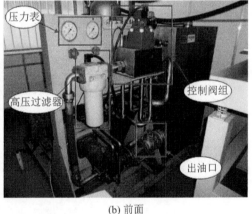

(b) 前面

图 5 - 61　液压动力源结构

(2) 试验现场

被试验导管是直接连接着泵站的回油导管,且此导管因受压力脉动作用发生过破裂泄漏事故。图 5 - 62 所示为试验中导管夹装减振器的三种状态。在压力脉动作用下的导管减振试验,将导管夹装减振器的状态分为三种,分别为在水平方向单独夹装减振器、在垂直方向单独夹装减振器、在两个方向同时夹装减振器。通过测量并对比分析三个方向上的振动加速响应来证明导管颗粒碰撞减振器的有效性及实用性。试验现场如图 5 - 63 所示,加速度测点分别为 1_X、1_Y、1_Z。

(3) 试验结果

试验测得,在工作压力为 15 MPa 时,试验导管未加减振器及夹装减振器后三个方向的振动加速度时域信号如图 5 - 64 ~ 图 5 - 66 所示。三图中,(a)图是未加减振器时测得的液压动力源回油导管振动加速度时域信号,(b)图是在水平方向(见图 5 - 62(a))夹装颗粒碰撞阻尼导管减振器后测得的振动加速度时域信号,(c)图是在垂直方向(见图 5 - 62(b))夹装颗粒碰撞

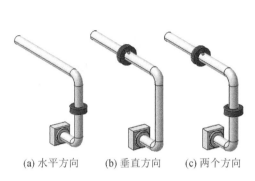

(a) 水平方向　(b) 垂直方向　(c) 两个方向

图 5 - 62　试验中导管夹装减振器的三种状态

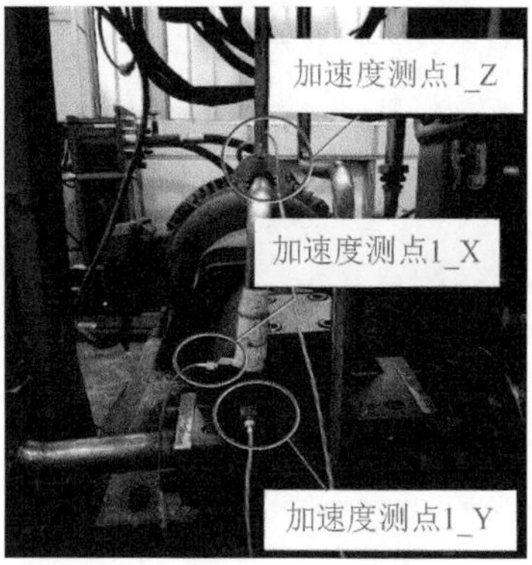

图 5 - 63　油液压力脉动作用下的导管减振试验现场

阻尼导管减振器后测得的振动加速度时域信号,(d)图是同时在水平方向和垂直方向(见图 5 - 62
(c))夹装颗粒碰撞阻尼导管减振器后测得的振动加速度时域信号。

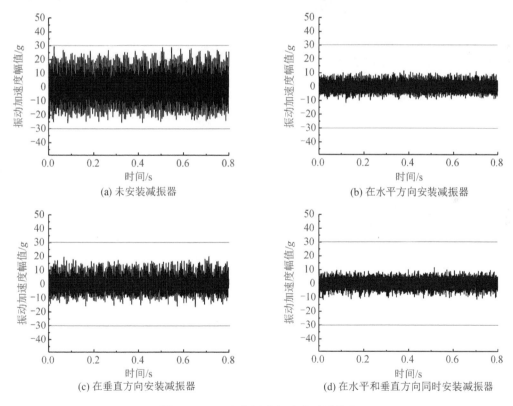

(a) 未安装减振器

(b) 在水平方向安装减振器

(c) 在垂直方向安装减振器

(d) 在水平和垂直方向同时安装减振器

图 5 - 64　X 方向振动加速度时域信号

从振动加速度的时域信号分析,在 15 MPa 压力下于水平和垂直两个方向同时夹装导管
减振器能够达到更好的减振效果。如图 5 - 67 所示,在压力脉动频率 175 Hz 左右,黑色方形
线条表示未加颗粒碰撞阻尼导管减振器时导管的振动加速度幅值,红色圆形线条表示水平方
向夹装颗粒碰撞阻尼导管减振器时导管的振动加速度幅值,蓝色上三角线条表示垂直方向夹
装颗粒碰撞阻尼导管减振器时导管的振动加速度幅值,紫色下三角线条表示水平与垂直方向

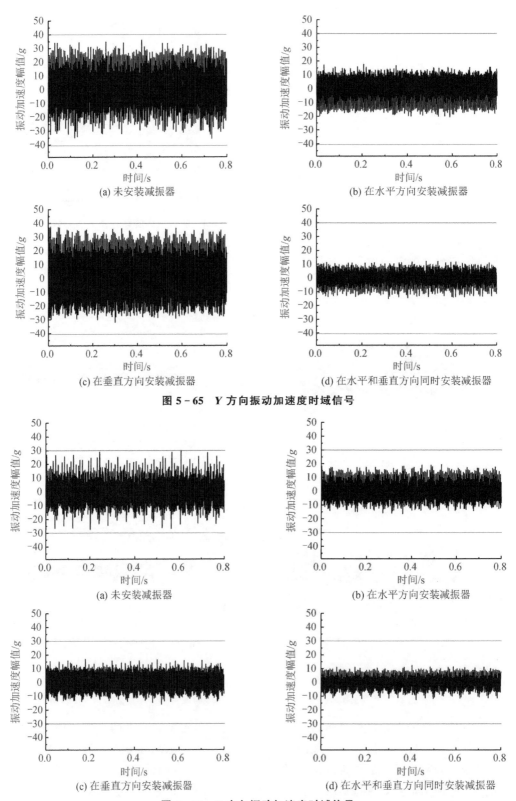

(a) 未安装减振器

(b) 在水平方向安装减振器

(c) 在垂直方向安装减振器

(d) 在水平和垂直方向同时安装减振器

图 5 - 65 Y 方向振动加速度时域信号

(a) 未安装减振器

(b) 在水平方向安装减振器

(c) 在垂直方向安装减振器

(d) 在水平和垂直方向同时安装减振器

图 5 - 66 Z 方向振动加速度时域信号

同时夹装颗粒碰撞阻尼导管减振器时导管的振动加速度幅值。X 和 Y 方向的测试结果显示，在水平与垂直方向同时夹装颗粒碰撞阻尼导管减振器时减振效果更好。Z 方向的测试结果显示，只在垂直方向夹装颗粒碰撞阻尼导管减振器时效果更好。原因是 Z 方向在没有夹装导管减振器时振动加速度幅值较小，颗粒在空腔内运动时伴有对结构体的冲击作用，这种冲击作用反而可能导致导管垂直方向的振动加速度幅值略微地增大。综合考虑整根导管的振动状态，认为在水平和垂直方向同时夹装导管减振器能够更好地抑制导管振动。

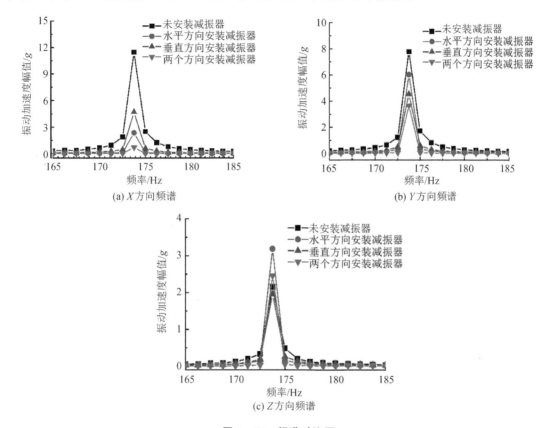

图 5 - 67　频谱对比图

将测得的振动加速度数据看成是一个实物整体在三个方向上的振动加速度，求得不同情况导管压力脉动频率下振动加速度的合加速度：未安装减振器时合振动加速度是 14.03g；在水平方向单独安装减振器时合振动加速度是 7.2g；在垂直方向单独安装减振器时合加速度是 6.81g；在两个方向同时安装减振器时合振动加速度是 4.45g。由此说明，同时安装两个减振器更有助于导管在压力脉动作用下的减振。

3. 基于某型飞机真实管道减振试验

为验证颗粒阻尼器的工程实用性，在发动机处于地面运行状态时，对真实飞机液压管路进行了减振试验，考察了所设计的颗粒阻尼器的减振效果。如图 5 - 68 所示，将颗粒阻尼器安装在位置 1 和位置 2，试验检测点位置选择在测点 3、测点 4 和测点 5。测点 3、测点 4、测点 5 在不同发动机功率下的减振效果分别如图 5 - 69、图 5 - 70、图 5 - 71 所示，图中的振动加速度点由加速度采集器采集，表示最大振动加速度。可以清楚地发现，安装减振器后，三个测点处的振动加速度都得到了明显的抑制。振动加速度越大，减振器的减振效果越明显。上述结果验证了颗粒阻尼器具有实际的工程减振效果。

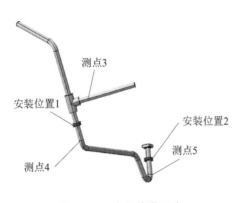

图 5-68　真实管道系统

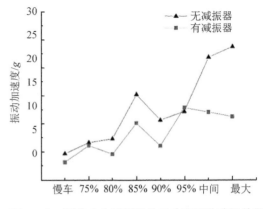

图 5-69　测点 3 在不同发动机功率下的减振效果

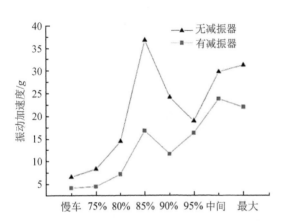

图 5-70　测点 4 在不同发动机功率下的减振效果

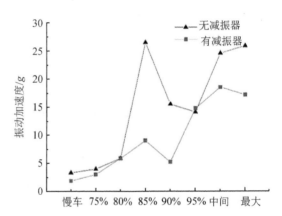

图 5-71　测点 5 在不同发动机功率下的减振效果

5.3　高阻尼低成本绿色减振涂层

5.3.1　概　述

　　现有的飞机管道减振技术主要是优化管形和施加卡箍。优化管形主要应用在最初的设计阶段,大多数情况只能凭借经验设计管道而没有一套成熟的设计规范,这使得如果在实际飞行中发现振动过大,需要消耗极大的人力物力来重新设计生产;而施加卡箍是当前管道系统振动抑制技术中运用最广泛的方式,其主要应用于装配阶段。但是在某型飞机的使用中,多次发现了燃油系统管道使用的卡箍出现疲劳裂纹,甚至箍带断裂的现象,造成管道系统出现漏油故障。目前只能选择使用更多卡箍固定的方式,但是这不可避免地造成管道系统重量的增加,从而导致经济性的降低,更重要的是,在某些狭窄空间中难以找到卡箍适合的位置。

　　基于此种情况,提出了一种高阻尼低成本绿色减振涂层材料,此材料与原有飞机管道减振技术相比,优点如下:

① 此材料属于新型高分子黏弹性材料,重量远低于金属材料,具有较好的经济性,且容易采购,生产成本低廉;

② 若制得的高阻尼低成本绿色减振涂层由于外因被破坏,可视情况重新喷涂阻尼层、防水层或者重新缠绕隔离层,具有战场抢修方便的优点;

③ 制得的高阻尼低成本绿色减振涂层为薄阻尼层,适用于飞机内部错综复杂且间隙很小的管道系统;

④ 此方法不需要重新设计管道系统,对其他成品影响较小,且可以与现有减振技术搭配使用;

⑤ 此方法对施工条件要求不高,且所用原料均无有机溶剂添加,材料自身 VOC 含量较低,符合当前环保安全的发展要求;

⑥ 制得的高阻尼低成本绿色减振涂层具有与基底管材复合后损耗因子高、阻尼效果好、有效减振等优点。

5.3.2　减振涂层材料制备

制得的阻尼减振涂层材料由聚合物黏合剂、填料以及功能助剂组成,填料作为减振涂层材料的重要组成部分,不仅可以提升其力学性能,对制得的涂层的阻尼性能也有重要的影响。其成分、固体含量以及颗粒的粒径大小均是影响减振涂层材料性能的重要参数。

1. 试验设备

制得阻尼减振涂层材料的试验设备主要包括:① 电动升降立式分散机;② 电热鼓风干燥机;③ 电子天平;④ 烧杯、玻璃棒、胶头滴管若干。

(1)电动升降立式分散机

实验室高速分散机是根据国际先进分散设备的发展趋势新开发的高性能产品,如图 5 - 72 所示。该设备集分散功能和搅拌功能为一体,将分散、均质两种工序由一个机器、一个容器完成。本机的分散头在电机的高速驱动下,产生旋转切向高线速度,物料在巨大的离心力作用下,产生强大的液体剪切和高频机械效应,使流体物料每分钟承受上千次的剪切和高频机械效应,从而达到效率混合、分散、均质的效果。

(2)电热鼓风干燥机

DHG - 202 鼓风干燥箱(以下简称干燥箱)如图 5 - 73 所示。干燥箱由箱体、电加热鼓风系统、控温系统三部分组成。箱体由工作室内腔和外箱壳组成,其箱体外壳均采用优质钢板,表面喷塑处理;室内采用不锈钢钢丝制成的搁板,高度可调。箱门上有大面积的双层钢化玻璃观察窗,能清晰地观察到箱内加热、干燥的物品。工作室与箱门的接合部位装有耐热硅橡胶密封圈,以保证工作室的密封性。电源开关、温度显示器、温度控制器、风机开关等均安装在箱体左侧以便操作维修。

2. 原材料配比参数

阻尼减振涂层材料制备原材料如表 5 - 21 所列,阻尼减振涂层材料制备基础配方如表 5 - 22 所列。

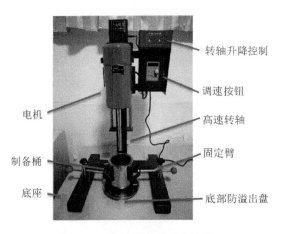

图 5 - 72 电动升降立式分散机

图 5 - 73 DHG - 202 鼓风干燥箱

表 5 - 21 阻尼减振涂层材料制备原材料

项　目	原材料名称	主要技术参数	生产厂家
乳液	具有核壳型互穿网络结构的水性聚氨酯丙烯酸复合乳液	外观:乳白色液体;黏度:450~700 mPa·s;pH:7.0~8.5;最低成膜温度:10 ℃	山东淄博君武化工有限公司
去离子水	工业蒸馏水	蒸馏方法制备的纯水,电阻率约18 Ω	浙江温州红荒化工有限公司
填料	云母粉	细度分为:10目、40目、80目、400目	南京江宁石粉厂
水性消泡剂	硅聚醚 GM - 25	外观:乳白色黏稠液体;pH:6.5~8.5;固体含量:(24.0±1.0)%;黏度:800~2 000 mPa·s	广州润宏化工有限公司
多功能助剂	非离子聚氨酯流变改性剂 RM2020	外观:浑浊液体;固体含量:(19.0~21.0)%;具有优良的流平性、涂膜丰满和抗水性	罗门哈斯 OROTAN
分散剂	聚羧酸钠盐 731A	外观:淡黄色透明液体;固体量:24.0%~26.0%;pH:10.0~10.5	罗门哈斯 OROTAN
成膜助剂	醇酯十二	外观:无色透明液体;最低初沸点:255 ℃;冰点:−50 ℃	TEXANOL

表 5 - 22 阻尼减振涂层材料制备基础配方

原材料	质量 m/g	原材料	质量 m/g
乳液	500	多功能助剂	40
去离子水	100	分散剂	30
填料	450	成膜助剂	40
水性消泡剂	20		

3. 材料成型工艺

如图 5 - 74 所示,为制得减振阻尼涂层材料须进行四步。

(1) 配制水性混合乳液

在常温下,将丙烯酸乳液与去离子水按表 5 - 22 所列的质量称量好后进行混合并加入分散桶中,从 500～1 000 r/min 的转速开动分散机进行 10～20 min 分散,将所得水性混合乳液分散均匀。

(2) 填料、助剂的加入

将填料、水性消泡剂、水性分散剂按照表 5 - 23 所列称量加入所得水性混合乳液中,开启分散机,调速逐渐增高至 7 000～8 000 r/min,进行分散 30～45 min。

(3) 成膜及调漆

根据涂料状态加入多功能助剂及成膜助剂,降低转速至500～1 000 r/min,继续搅拌 10～15 min,最后出料,即制得阻尼减振涂层材料。

(4) 喷涂及烘干

将制得的阻尼减振涂层材料喷涂在基底金属片上后,放入干燥箱中进行烘干固化 6～12 h,最后取出,即制得喷涂有阻尼减振涂层的试验件。

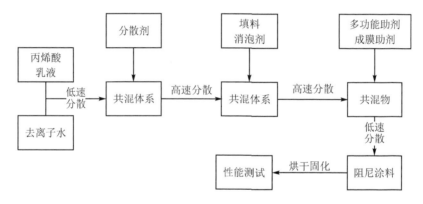

图 5 - 74　阻尼减振涂层材料制备流程

4. 阻尼减振涂层材料制备样品

由上述设备及方法制得的喷涂阻尼减振涂层的试验件如图 5 - 75 所示,具体可分为两类。

① 喷涂阻尼减振涂层的试验件,如图 5 - 75(a)所示。由于加入填料不同,该类试验件的减振涂层分别为填料 10 目、40 目、80 目、400 目云母粉制得的阻尼减振涂层。

② 喷涂阻尼减振涂层附约束层的试验件,如图 5 - 75(b)所示。由于加入填料不同,该类试验件的减振涂层分别为填料 10 目、40 目云母粉制得的阻尼减振涂层附约束层。

(a) 无约束层　　　　　　　　(b) 附约束层

图 5 - 75　喷涂阻尼减振涂层的试验件

5.3.3 减振涂层材料的减振试验

针对所设计制造的阻尼减振涂层材料,通过试验测得试验件加速度的变化,验证阻尼减振涂层材料的有效性和工程实用性。

1. 试验原理

简谐激励是激励形式中最简单的一种,设质量块质量为 m,质量块上作用有简谐激振力

$$P(t) = P_0 \sin \omega t \tag{5-40}$$

式中,P_0 为激振力幅;ω 为激振频率。则可得到运动微分方程为

$$m\ddot{x} + c\dot{x} + kx = P_0 \sin \omega t \tag{5-41}$$

将式(5-41)两端同除以质量 m,并令

$$\begin{cases} \dfrac{c}{m} = 2\zeta\omega_n \\ \dfrac{k}{m} = \omega_n^2 \end{cases} \tag{5-42}$$

式中,ζ 为相对阻尼系数;ω_n 为固有频率。则式(5-41)变为

$$\ddot{x} + 2\xi\omega_n\dot{x} + \omega_n^2 x = \frac{P_0}{m}\sin \omega t \tag{5-43}$$

将式(5-43)改写为复数形式

$$\ddot{x} + 2\xi\omega_n\dot{x} + \omega_n^2 x = \frac{P_0}{m}\mathrm{e}^{i\omega t} \tag{5-44}$$

设

$$x = \bar{x}\mathrm{e}^{i\omega t} \tag{5-45}$$

式中,$\bar{x}$ 为稳态响应的复振幅。

将式(5-45)代入式(5-44)得

$$\bar{x} = \frac{P_0}{m} \cdot \frac{1}{\omega_n^2 - \omega^2 + i2\xi\omega_n\omega} \tag{5-46}$$

记 λ 为频率比,为

$$\lambda = \frac{\omega}{\omega_n} \tag{5-47}$$

将式(5-47)代入式(5-46)可得

$$\bar{x} = \frac{P_0}{k} \cdot \frac{1}{1 - \lambda^2 + i2\xi\lambda} = \frac{P_0}{k} \cdot \frac{1}{\sqrt{(1-\lambda^2)^2 + (2\xi\lambda)^2}}\mathrm{e}^{-i\varphi} = x\mathrm{e}^{-i\varphi} \tag{5-48}$$

式中

$$\begin{cases} x = \dfrac{P_0}{k}\dfrac{1}{\sqrt{(1-\lambda^2)^2 + (2\xi\lambda)^2}} \\ \varphi = \arctan\dfrac{2\zeta\lambda}{1-\lambda^2} \end{cases} \tag{5-49}$$

记 x_0 为质量块在简谐激振力作用下的最大位移,为

$$x_0 = \frac{P_0}{k} \tag{5-50}$$

再引入无量纲的振幅放大因子 β,定义为

$$\beta = \frac{x}{x_0} = \frac{1}{\sqrt{(1-\lambda^2)^2 + (2\xi\lambda)^2}} \qquad (5-51)$$

由此可得如下结论。

① 当 $\lambda \ll 1$ 时,$\beta \approx 1$,这说明激振频率相对于系统固有频率 ω_n 很低时,响应的振幅 x 与静位移 x_0 大小相当;而当 $\lambda \gg 1$ 时,$\beta \approx 0$,说明激振频率相对于固有频率 ω_n 很高时,响应的振幅很小。这说明在上述两种情况下,阻尼的影响不显著。

② 当 $\lambda \approx 1$ 时,较小的 ξ 值会使振幅放大因子 β 迅速增大,但这种增大对于来自阻尼的影响非常敏感,在 $\lambda = 1$ 附近的区域内,增加阻尼使振幅明显下降。

这种响应振幅急剧增大的现象称为共振,共振时的振幅放大因子也称品质因子,记为 Q^{def},即

$$Q^{\text{def}} = \frac{1}{2\zeta} \qquad (5-52)$$

设共振区有两个端点 A 和 B,其加速度振幅放大系数为

$$\beta = \frac{Q^{\text{def}}}{\sqrt{2}} \qquad (5-53)$$

由于它们对应的系统功率恰好是共振频率对应功率的一半,故称点 A 和点 B 为半功率点。半功率点处速度振幅放大系数的平方为

$$\beta_v^2 = \frac{\lambda^2}{(1-\lambda^2) + (2\zeta\lambda)^2} = \frac{Q^2}{2} = \frac{1}{8\zeta^2} \qquad (5-54)$$

式中,β_v 为速度振幅放大系数。由 β_v 可解得两个半功率点所对应的频率比为

$$\begin{cases} \lambda_A = \sqrt{1+\zeta^2} - \zeta \\ \lambda_B = \sqrt{1+\zeta^2} + \zeta \end{cases} \qquad (5-55)$$

于是共振区的带宽又称半功率带宽 $\Delta\lambda^{\text{def}}$,即

$$\Delta\lambda^{\text{def}} = \lambda_B - \lambda_A = 2\zeta = \frac{1}{Q^{\text{def}}} \qquad (5-56)$$

由于共振时系统呈阻尼特性,因此可利用共振现象实测系统阻尼。通常可在幅频特性曲线上确定半功率带宽,由式(5-56)可得

$$\zeta = \frac{\Delta\lambda^{\text{def}}}{2} \qquad (5-57)$$

故在共振曲线上共振峰幅值的 0.707 处,做一平行于频率轴的直线与共振曲线交于两点,这两点对应的横坐标处的频率数值分别为 f_1 和 f_2,则可得相对阻尼比 ζ 为

$$\zeta = \frac{f_2 - f_1}{2f} \times 100\% = \frac{\Delta f}{2f} \times 100\% \qquad (5-58)$$

2. 试验方案

（1）振动试验系统

振动试验现场如图 5-76 所示,其试验原理如图 5-77 所示。本振动试验系统主要包括振动信号分析系统、RC-2000-2 控制软件、DC-300 型振动台、振动台功率放大器、B&K 压电式 ICP 加速度传感器、NI 采集器和夹具。其中,夹具为试验件夹持装置,其主要分为 3 个部

分,包括上端盖、夹具主体和底部连接圆盘。夹具主体顶部以及根部采用焊接方式,具有较强的结构刚度。上端盖与夹具主体采用螺栓连接,夹紧后可达到夹持试验件并施加基础激励的试验要求。试验件夹具外形如图 5－78 所示。

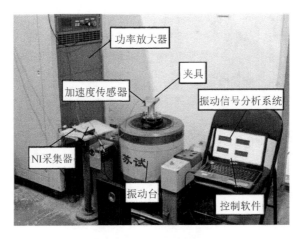

图 5－76   振动试验现场

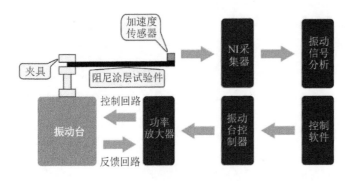

图 5－77   振动试验原理

图 5－78   试验件夹具外形

（2）试验步骤

该试验采用正弦激励法进行扫频,扫频范围为 0～80 Hz,频率间隔为 1 Hz。由计算机中的数字式振动控制系统控制振动台施加基础激励,采用夹具夹持试验件,再通过加速度传感器监测试验件前端的反馈加速度,以达到主动控制振动幅值的目的。试验激励力加速度统一设定为 $1g$,且试验件夹持长度为 44 mm。

3. 试验结果

（1）无减振涂层试验件

试验件所用的铝片均采用统一规格,该铝片经委托加工,尺寸为 150 mm×60 mm×1 mm,质量为 25.2 g。采用前文所述的振动试验系统,通过振动信号分析系统测得无减振涂层试验件振动加速度最大幅值为 38.224 36g,振动加速度最大有效值为 24.660 32g。测得试验件加速度幅频响应函数如图 5－79 所示,其中图 5－79(a)所示为幅值,图 5－79(b)所示为有效值。

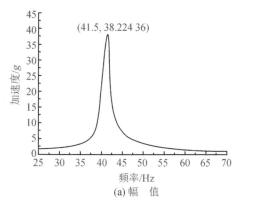
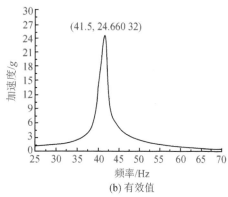

(a) 幅　值　　　　　　　　　　　　(b) 有效值

图 5 - 79　试验件加速度幅频响应函数

（2）振动试验系统

通过前文所述的工艺流程，将 60 g 的 80 目云母粉与 300 ml 丙烯酸乳液混合，其余原料均按照前文所述的参数配比，制备出填料为 80 目且固体含量为 20％的阻尼减振涂料。将阻尼减振涂料分别喷涂在 4 片试验件上，再将其放置在干燥箱中持续烘干 6 h，制得涂有阻尼减振涂层的试验件。经测试其涂层厚度分别为：0.3 mm、0.8 mm、1.3 mm 和 1.8 mm。

1）减振涂层厚度为 0.3 mm 的试验件振动试验

经电子天平称量得到阻尼减振涂层厚度为 0.3 mm 的试验件的质量为 27.8 g，传感器测试面分为涂层面和金属面，如图 5 - 80(a) 和图 5 - 80(b) 所示，两个测试面采用前文所述的振动试验系统，通过振动信号分析系统分析所得的结果如图 5 - 80(c) 和图 5 - 80(d) 所示。

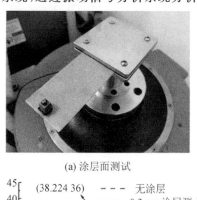

(a) 涂层面测试　　　　　　　　　　(b) 金属面测试

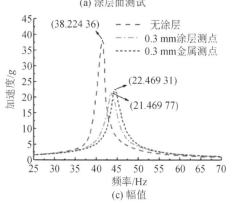
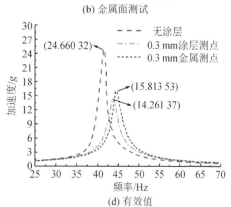

(c) 幅值　　　　　　　　　　　　　(d) 有效值

图 5 - 80　减振涂层厚度为 0.3 mm 的试验件振动试验

2) 减振涂层厚度为 0.8 mm 的试验件振动试验

经电子天平称量得到减振涂层厚度为 0.8 mm 的试验件的质量为 30.7 g，传感器测试面分为涂层面和金属面，如图 5-81(a)和图 5-81(b)所示，两个测试面采用前文所述的振动试验系统，通过振动信号分析系统分析所得的结果如图 5-81(c)和图 5-81(d)所示。

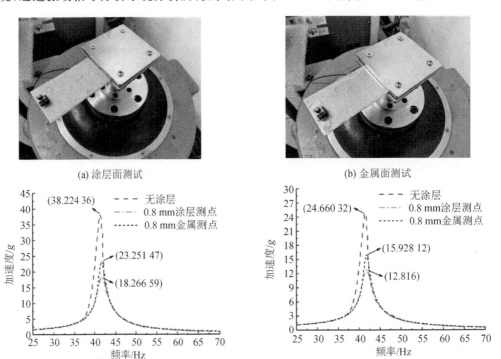

(a) 涂层面测试　　　　　　　　　　　　(b) 金属面测试

(c) 幅值　　　　　　　　　　　　(d) 有效值

图 5-81　减振涂层厚度为 0.8 mm 的试验件振动试验

3) 减振涂层厚度为 1.3 mm 的试验件振动试验

经电子天平称量得到减振涂层厚度为 1.3 mm 的试验件的质量为 32.9 g，传感器测试面分为涂层面和金属面，如图 5-82(a)和图 5-82(b)所示，两个测试面采用前文所述的振动试验系统，通过振动信号分析系统分析所得的结果如图 5-82(c)和图 5-82(d)所示。

4) 减振涂层厚度为 1.8 mm 的试验件振动试验

经电子天平称量得到减振涂层厚度为 1.8 mm 的试验件的质量为 38.9 g，传感器测试面分为涂层面和金属面，如图 5-83(a)和图 5-83(b)所示，两个测试面采用前文所述的振动试验系统，通过振动信号分析系统分析所得的结果如图 5-83(c)和图 5-83(d)所示。

5) 试验小结

不管是测试传感器涂层面还是金属面，随着涂层厚度的增加，该水性阻尼减振涂层的阻尼性能均得到增强。然而金属面测得的振动加速度最大幅值和最大有效值均大于涂层面测得的数值，且随着涂层厚度的增加，其差值不断增大。这可能是由于该水性阻尼减振涂层材料黏弹性过大而导致测量误差，因此为降低误差，保证试验结果的准确性，试验均应采用金属测点进行测量。

(a) 涂层面测试

(b) 金属面测试

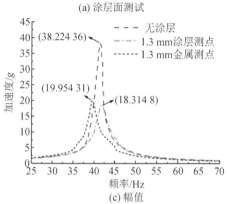

(c) 幅值

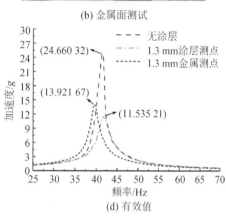

(d) 有效值

图 5-82　减振涂层厚度为 1.3 mm 的试验件振动试验

(a) 涂层面测试

(b) 金属面测试

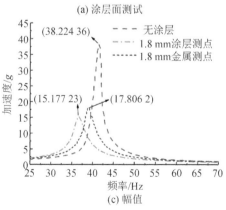

(c) 幅值

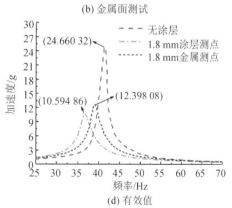

(d) 有效值

图 5-83　减振涂层厚度为 1.8 mm 的试验件振动试验

5.3.4　减振涂层材料的减振机理研究

迟滞回线反映阻尼材料减振性能的基本特性,由于阻尼较强的非线性特性导致其本构关系较复杂,因此基于应变能法,通过有限元仿真,对不同厚度的阻尼涂层新材料分别建立迟滞模型,通过有限元仿真得到不同减振力学性能,并进行了试验以验证仿真结果的准确性。

1. 应变能法的基本理论

(1) 应变能

对于理想弹性体,假设外力作用过程中没有能量损失,外力所做的功将以一种能的形式积累在弹性体内,一般把这种能称为弹性变形势能。以位移或应变为基本变量的变形能称为应变能。应变能应包含两个部分:对应于正应力与正应变的应变能,以及对应于剪应力与剪应变的应变能。由叠加原理,将弹性体沿坐标轴各个方向的正应力与正应变、剪应力与剪应变所产生的应变能相加,可得整体应变能为

$$U = \frac{1}{2} \int_{\Omega} (\sigma_x \varepsilon_x + \sigma_y \varepsilon_y + \sigma_z \varepsilon_z + \tau_{xy} \gamma_{xy} + \tau_{yz} \gamma_{yz} + \tau_{zx} \gamma_{zx}) \, \mathrm{d}\Omega \qquad (5-59)$$

式中,σ_x、σ_y、σ_z 表示弹性体所受的正应力;τ_{xy}、τ_{yz}、τ_{zx} 表示剪应力;ε_x、ε_y、ε_z 表示正应变;γ_{xy}、γ_{yz}、γ_{zx} 表示剪应变;Ω 表示弹性体的求解区间范围。

受到外力作用而处于平衡状态的弹性体,在其变形过程中,外力将做功。对于完全弹性体,当外力移去时,弹性体将会完全恢复到原来的状态。在恢复过程中,弹性体可以将加载过程中外力所做的功全部还原出来,也可对外做功。这就说明,在产生变形时外力所做的功以一种能的形式积累在弹性体内,即为应变能。

(2) 基于应变能的损耗因子计算

通过测试已得到阻尼结构的损耗因子、试件的共振频率、阻尼涂料的密度、试验件尺寸及厚度等数据。基于应变能法,根据式(5-60)、式(5-61)、式(5-62),可计算得出阻尼涂料的损耗因子。

$$E_1 = \left[(\alpha - \beta) + \sqrt{(\alpha - \beta)^2 - 4T_1^2(1-\alpha)} \right] E/(2T_1^3) \qquad (5-60)$$

$$\eta_1 = \frac{(1 + MT_1)(1 + 4T_1 + 6T_1^2 + 4MT_1^3 + M^2 T_1^4) \eta_{si}}{MT_1(3 + 6T_1 + 4T_1^2 + 2MT_1^3 + M^2 T_1^4)} \qquad (5-61)$$

$$\begin{cases} \alpha = (f_{si}/f_{oi})^2(1 + DT_1) \\ \beta = 4 + 6T_1 + 4T_1^2 \\ T_1 = H_1/H \\ M = E_1/E \\ D = \rho_1/\rho \\ \eta_{si} = \Delta f_{si}/f_{si} \end{cases} \qquad (5-62)$$

式中,M 为弹性模量比,无量纲;E_1 为阻尼材料的储能弯曲模量,Pa;E 为金属基板的储能弯曲模量,Pa;f_{si} 为复合结构第 i 阶共振频率,Hz;f_{oi} 为金属基板第 i 阶共振频率,Hz;Δf_{si} 为复合板第 i 阶模态的半峰宽,Hz;η_{si} 为复合结构的损耗因子,无量纲;η_1 为阻尼材料的损耗因子,无量纲;H_1 为阻尼涂层的厚度,mm;H 为金属基板的厚度,mm;ρ_1 为阻尼材料的密度,kg/m³;ρ 为金属基板的密度,kg/m³。

2. 阻尼涂层迟滞回线的 ANSYS 瞬态分析

（1）仿真分析流程

如图 5-84 所示，首先在 Hypermesh 中进行有限元建模，管体所用材料为 2A12，其密度为 2.8×10^{-9} t/mm³，弹性模量为 66 GPa，泊松比为 0.33，管体长为 150 mm，内径为 8 mm，外径为 10 mm，管道壁厚为 1 mm。管道外部涂层在正常承载时不可能出现塑性变形，试验中更是远离塑性区域。管体顶端的加速度传感器所用材料为 1Cr18Ni9Ti，其密度为 7.8×10^{-9} t/mm³，弹性模量为 210 GPa，泊松比为 0.3，试验金属片、涂层材料以及加速度传感器均采用 SOLID185 单元。此外，将金属片以及制备阻尼涂层做整体刚性处理，忽略之间的连接面；金属片以及加速度传感器也做整体刚性处理，忽略其间的连接面。

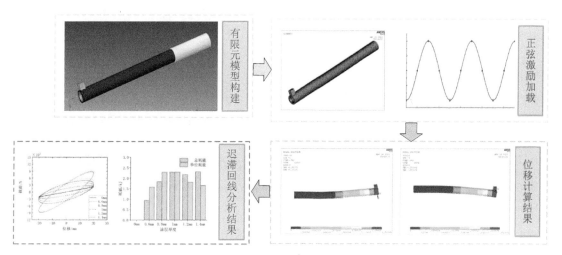

图 5-84　航空管道阻尼涂层迟滞回线分析流程

约束为图中白色区域，加载域为管道远离约束的端面所有节点，将加载域耦合于结构外一点，动态模拟时对该点施加强制位移从而驱动整个结构并产生加载反力。加载域耦合点的强制位移与钢板弹簧的加载反力构成水性阻尼试验件的位移-载荷曲线。动态加载的激励为正弦激励，阻尼涂层在正弦激励的作用下会表现出迟滞现象，即阻尼涂层对正弦激励存在滞后，表现在信号上即系统输入信号与输出信号之间存在相位差。对阻尼涂层施加正弦激励

$$\varepsilon(t) = \varepsilon_0 \sin \omega t \tag{5-63}$$

则阻尼涂层的响应力为

$$\sigma(t) = \sigma_0 \sin(\omega t + \phi) \tag{5-64}$$

将式（5-64）展开得到

$$\sigma(t) = \sigma_0 \sin \omega t \cos \phi + \sigma_0 \cos \omega t \sin \phi \tag{5-65}$$

令

$$\begin{cases} E' = \dfrac{\sigma_0}{\varepsilon_0} \cos \phi \\ E'' = \dfrac{\sigma_0}{\varepsilon_0} \sin \phi \end{cases} \tag{5-66}$$

将式（5-66）代入式（5-65）得

$$\sigma(t) = \varepsilon_0 (E' \sin \omega t + E'' \cos \omega t) \tag{5-67}$$

式中,E'为储能模型,是阻尼涂层在变形过程中储存能量的能力,这部分能量使阻尼涂层恢复弹性变形;E''为耗能模型,是阻尼涂层在变形过程中耗散能量的能力,这部分能量体现了阻尼涂层的减振能力,而耗能模型与储能模型的比值为损耗因子 $\eta = E''/E'$。

将阻尼涂层的正弦激励力式(5-63)与式(5-67)联立,可得

$$\cos \omega t = \frac{\sigma(t) - E'\varepsilon(t)}{\varepsilon_0 E''} \tag{5-68}$$

又由 $\sin^2 \omega t + \cos^2 \omega t = 1$,将式(5-63)、式(5-68)代入得

$$\left[\frac{\sigma(t) - E'\varepsilon(t)}{\varepsilon_0 E''}\right]^2 + \left[\frac{\varepsilon(t)}{\varepsilon_0}\right]^2 = 1 \tag{5-69}$$

由式(5-69)可看出阻尼涂层的激励与响应的关系曲线为椭圆,其面积为一个周期内阻尼涂层消耗的能量。

(2)仿真分析结果

在保证加载、约束边界、填料目数和固体含量等条件不变的情况下,建立了不同厚度涂层的模型,以研究涂层厚度对迟滞特性的影响,其中涂层厚度分别取 0 mm、0.6 mm、0.8 mm、1 mm、1.2 mm、1.4 mm,瞬态分析结果如图 5-85 所示。从图中可看出涂层厚度对阻尼涂层模型的迟滞特性有着较为明显的影响:随着厚度的增加,迟滞环的面积向外扩展,且加载和卸载段的外包络线的斜率随着其改变而改变。但考虑到经济性,厚度无法一直增加,因此其整体耗能和单位厚度耗能如图 5-86 所示,可以看出 0.8 mm 时单位耗能效率最高,表明厚度在 0.8 mm 时,涂层材料的减振效果最优。

3. 试验验证

制得水性阻尼涂层后喷涂于试验件上,控制涂层厚度分别为 0 mm、0.6 mm、0.8 mm、1 mm、1.2 mm、1.4 mm,与仿真建模相一致。将试验件分别进行振动测试,试验进行 3 次,结果取平均值。测得不同厚度涂层试验件的幅频响应曲线如图 5-87 所示,每一个试验件的最大振动响应幅值如图 5-88 所示。经计算所得,0 mm、0.6 mm、0.8 mm、1 mm、1.2 mm、1.4 mm 厚度涂层的减振效果分别为 0%、27.32%、35.71%、39.95%、37.78%、44.13%,该减振效果的增长趋势与迟滞回线仿真出的阻尼涂层耗能的增加相吻合,证明了仿真方法的正确性。

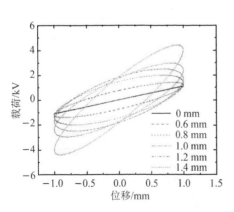

图 5-85 不同厚度涂层的迟滞环仿真

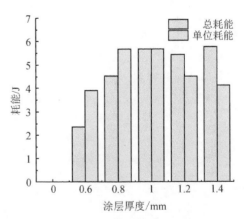

图 5-86 不同厚度涂层耗能对比

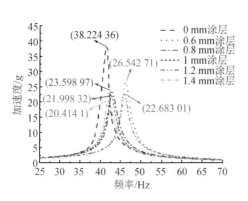

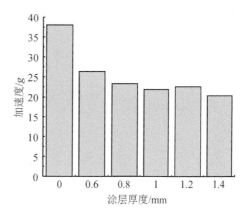

图 5 - 87　不同厚度涂层试验件的幅频响应曲线　　图 5 - 88　不同厚度涂层试验件的最大振动响应幅值

5.4　本章小结

在本章中,首先介绍了一种弹簧片式 DVA 并将其应用到管道系统减振设计中,该吸振器在结构上采用螺栓与管路进行连接,采用弹簧片-质量块构成弹簧-质量系统对振动进行吸收,具有结构简单、调频和安装方便的优点。可在满足对管道周向进行减振的同时,达到多个阻尼器同时对管路系统进行减振的效果,使得振动得到更大的抑制。而后进行了仿真实验,振动测试实验和模态实验,表明该动力吸振器对管路系统振动有良好的减振效果,可以有效地应用于实际管路系统减振设计中。

然后介绍了第二种管道减振方式——颗粒减振器,讨论了颗粒碰撞阻尼耗散能量的机理,阐述了颗粒碰撞作用的力学模型,说明了利用离散元素法分析颗粒间能量耗散的过程,并解释了对颗粒碰撞阻尼耗能的影响因素。基于振动导管,设计并实施了导管减振器的减振试验。试验发现:① 较高频率时,导管减振器的降振幅度更大。在频率范围 5～100 Hz 时最优的降振幅度为 75%,而在频率范围 250～500 Hz 时最优的降振幅度为 91%;② 颗粒减振器存在最优填充率,不同粒径的填充颗粒的最优填充率均为 80%。

最后介绍了第三种利用新型涂层减振的方式,介绍了减振涂层材料的制备过程,并通过试验测试证明了该减振涂层的有效性和工程实用性。基于应变能法,通过仿真软件对减振涂层的减振机理进行了研究,并通过试验证明了仿真的准确性。

参考文献

[1] 伍良生,顾仲权,张阿舟. 阻尼动力吸振器减振问题的进一步研究[J]. 振动与冲击,1994(1):1-7.

[2] 胡海岩,孙久厚,陈怀海. 机械振动与冲击[M]. 北京:航空工业出版社,2002.

[3] 同长虹,张小栋. 调谐质量阻尼器参数优化及其应用[J]. 振动、测试与诊断,2007(2):146-149,173.

[4] PAGET A L. Vibration in steam turbine buckets and damping by impacts[J]. Engineering, 1937,143: 305-307.

[5] PANOSSIAN H V. Structural damping enhancement via non-obstructive panicle damping technique[J]. Journal of vibration and acoustics,1992,114:101-105.

[6] LIEBER P, JENSEN D P. An acceleration damper:development, design and some applications[J]. Transactions of the ASME,1945,67(7):523-530.

[7] MASRI S F. Analytical and experimental studies of multiple-unit impact dampers[J]. Journal of the Acoustical Society of America,1969,45(5):1111-1117.

[8] PAPALOU A, MASRI S F. Performance of particle dampers under random excitation[J]. Journal of Vibration and Acoustics-transactions of the Asme,1996,118(4):614-621.

[9] SAEKI M. Analytical study of multi-particle damping[J]. Journal of Sound and Vibration,2005,281(3-5): 1133-1144.

[10] CHEN L A, SEMERCIGIL S E. A beam like damper for attenuating transient vibrations of light strucvtures[J]. Journal of Sound and Vibration,1993,164(1):53-65.

[11] LI W, ZHU D M, HU X L, et al. Study on the damping characteristics of bean bag damper[J]. Journal of Aeronautics, 1999,20(2):168-170.

[12] LI K,DARBY A. A buffered impact damper for multi-degree-of-freedom structural control[J]. Earthquake Engineering&structural Dynamics,2008,37(13):1491-1510.

[13] 杜妍辰,王树林,朱岩,等.带颗粒减振剂碰撞阻尼的减振特性[J].机械工程学报,2008,44(7):186-189.

[14] KERWIN E M. Macromechanisms of damping in composite structures[A]. Internal Friction Damping and Cyclic Plasticity[C]//Baltimore,Md:ASTM-STP,1965:125-147.

[15] LENZI A. The use of damping material in industrial machine[D]. England:University of Southampton, Institute of Sound and Vibration Research,1985.

[16] SUN J C,SUN H B. Predictions of total loss factors of structures Part Ⅱ:loss factors of sand flied structure[J]. Journal of Sound and Vibration,1986,104(2):243-257.

[17] 屈维德.机械加工中的振动问题[M].北京:高等教育出版社,1959.

[18] 邓危梧.冲击减振器的效应及其基本参数的确定[J].机械工程学报,1964,12(4):83-94.

[19] POPPLEWELL N,SEMERCIGIL S E. Performance of the bean bag impact damper for a sinusoidal external force[J]. Journal of Sound and Vibration,1989,133(2):193-223.

[20] 张济生,何康渝.关于冲击减振机理的讨论[C]//中国机械工程学会机械动力学会第四届学术年会论文集.天津:天津大学出版社,1990:316-321.

[21] 鲁正,吕西林,闫维明.颗粒阻尼技术研究综述[J].振动与冲击,2013,32(7):1-7.

[22] GRUBIN C. On the theory of the acceleration damper [J]. Journal of Applied Mechanics,1956,23(8):373-378.

[23] FRIEND R D,KINRA V K. Measurement and analysis of particle impact damping[C]//Proceedings of SPIE Conference:Passive Damping and Isolation. San Jose,CA:SPIE,1999:20-31.

[24] FRIEND R D,KINRA V K. Particle impacting damping[J]. Journal of Sound and Vibration,2000,233 (1):93-118.

[25] GIBSON B W. Usefulness of Impact Dampers for Space Applications[R]. AFIT/GA/AA/83M-2,147. Wright-Patterson AFB,OH:Air force institute of technoligy,1983.

[26] TORVIK P J,GIBSON W. Design and effectiveness of impact dampers for space applications[J]. Design Engineering Division ASME,1987,5:65-74.

[27] OLEDZKI A. New kind of impact damper-from simulation to real design [J]. Mechanism&machine theory,1981,16(3):247-253.

[28] SKIPOR E, BAIN L J. Application of impact damping to rotary printing equipment[J]. Journal of Mechanical Design,1980,102(2):338-343.

[29] MOORE JJ,PALAZZOLO A B,GADANGI R,et al. Forced response analysis and application of impact dampers to rotor-dynamic vibration suppression in a cryogenic environment[J]. Joumal of Vibration and

Acoustics,1995,117(3A):300-310.

[30] SATO T,TAKASE M,KAIHO N,et al. Vibration reduction of pantograph-support system using an impact damper: influence of curve track[C]//Proceeding of International Conference on Noise&-Vibration engineering,ISMA. Leuven,Belgium:2002:1669-1676.

[31] SIMS N D, AMARASINGHE A,RIDGWAY K. Particle dampers for workpiece chatter mitigation[J]. Manufacturing Engineering Division ASME,2005,16(1):825-832.

[32] 江旭昌. 管磨机[M]. 北京:中国建材工业出版社,1992.

[33] CUNDALL P A. The measurement and analysis of accelerations in rock slopes[J]. University of London,1971:1-8.

[34] MINDLIN R D. Compliance of elastic bodies in contact[J]. Journal of Applied Mechanics,1949,71:259-268.

[35] POTYONDY D O, CUNDALL P A. A bonded-particle model for rock[J]. International Journal of Rock Mechanics&-Mining Sciences, 2004,41(8):1329-1364.

[36] NAMIKO M, FRANCO N. Wet granular materials[J]. Advances in Physics,2006,55(1-2):1-45.

[37] CUNDALL P A,STRACK O D L. A discrete numerical model for granular assemblies [J]. Géotechnique, 2015, 30(30):331-336.

[38] GREASON W D. Investigation of a test methodology for triboelectrification[J]. Journal of Electrostatics, 2000, 49(3):245-256.

[39] 段勇,陈前. 软内壁颗粒阻尼器阻尼特性试验研究[J]. 振动工程学报, 2011, 24(2):215-220.

[40] 李伟,胡选利. 豆包阻尼器的减振特性研究[J]. 航空学报, 1999, 20(2):168-170.

[41] 李立青,蒋明镜,吴晓峰. 椭圆形颗粒堆积体模拟颗粒材料力学性能的离散元数值方法[J]. 岩土力学, 2011(s1):713-718.

[42] 杜妍辰,张铭命. 带颗粒减振剂的碰撞阻尼的理论与实验[J]. 航空动力学报, 2012, 27(4):789-794.

[43] 叶扬,王树林. 铜微颗粒碰撞阻尼特性[J]. 物理学报, 2014, 63(22):224-230.

[44] 李海超,王树林,李生娟,等. 活性炭碰撞阻尼性能试验研究[J]. 中国粉体技术, 2012, 18(1):57-60.

[45] 王树林. 一种带有润滑颗粒的碰撞阻尼器:CN, CN1525081[P]. 2004-09-01.

[46] 李伟,陈天宁. 单冲体冲击减振器的计算机模拟[J]. 西安交通大学学报, 1998(2):32-35.

[47] PANOSSIAN H, KOVAC B. Optimal non-obstructive particle damping(NOPD) treatment configuration [C]//Aiaa/asme/asce/ahs/asc Structures:Structural Dynamics and Materials Conference,2006.

[48] 赵紫豪,陈果,朱林峰,等. 飞机燃油管道卡箍有限元建模及疲劳寿命研究[J]. 航空计算技术,2021,51(4):81-85.

[49] ZHANG X T, LIU W, ZHANG Y M, et al. Experimental investigation and optimization design of multi-support pipeline system[J]. Chinese Journal of Mechanical Engineering, 2021, 34(1):10-21.

[50] 李天夫. 高性能阻尼浆的研制及成型工艺研究[D]. 成都:西南交通大学,2016.

[51] WANG F, GUO L H, QIU T, et al. A direct polymerization approach toward hindered phenol/polymer composite latex and its application for waterborne damping coating[J]. Progress in Organic Coatings, 2019, 130(1):1-7.

[52] 孙世威. 粘弹性自由层阻尼薄板减振有限元研究[J]. 科技资讯,2015,13(24):68-70,72.

第 **6** 章
管道装配应力检测技术研究

管道在实际安装中通常存在一定的初始安装应力,安装应力过大会使管路连接件超过其承载极限,破坏结构的完整性,导致出现泄漏问题。本章针对导管装配偏差问题构建了管道安装应力检测试验台,模拟了管道的初始安装应力,并利用锤击法进行了管道模态试验,得到了安装应力对管道固有特性的影响规律;在此基础上,研究了管道安装应力智能检测技术,基于 Visual C++6.0 开发了管道安装应力检测系统,并利用安装应力试验台试验和实际飞机管道试验进行了方法验证。

6.1 带安装应力的管道模态分析

根据结构动力学理论,装配应力的存在会改变导管的物理特性(质量、阻尼和刚度),从而对其动力响应特性产生影响,如频响函数、固有频率、模态振型等都会受装配应力影响而发生变化。如果能准确识别结构物理特性和动力响应的内在联系,便可以结合实验模态技术有效地判断结构的安装状态。对于多自由度线性系统,设 $[M]$ 为质量矩阵,$[C]$ 为阻尼矩阵,$[K]$ 为刚度矩阵,$\{x(t)\}$ 为位移矢量,此时结构的自由振动微分方程可写成矩阵形式:

$$[M]\{\ddot{x}(t)\} + [C]\{\dot{x}(t)\} + [K]\{x(t)\} = \{0\} \tag{6-1}$$

设系统第 i 阶固有振动为

$$x(t) = \{\phi_i\}\sin\omega_i t \tag{6-2}$$

式中,ω_i 为第 i 阶固有频率;$\{\phi_i\}$ 为第 i 阶固有振型,$i=1,2,\cdots,N$。由于管道结构阻尼影响较小,可暂时忽略,将式(6-2)代入式(6-1)得

$$(-\omega_i^2[M] + [K])\{\phi_i\} = 0 \tag{6-3}$$

将式(6-3)两边同乘以 $\{\phi_i\}^{\mathrm{T}}$,整理可得

$$\omega_i^2 = \frac{\{\phi_i\}^{\mathrm{T}}[K]\{\phi_i\}}{\{\phi_i\}^{\mathrm{T}}[M]\{\phi_i\}} \tag{6-4}$$

式(6-4)即为无安装应力时第 i 阶的固有角频率 ω_i。

对于有安装应力作用下的管道结构,其质量矩阵 $[M]$ 基本不受影响,刚度矩阵 $[K]$ 受影响较大。设 $[K]$ 在安装应力影响下产生的变化量为 $[\Delta K]$,则其在安装应力作用下的第 i 阶固有频率 ω_i' 可表示为

$$\omega_i'^2 = \frac{\{\phi_i\}^{\mathrm{T}}([K] + [\Delta K])\{\phi_i\}}{\{\phi_i\}^{\mathrm{T}}[M]\{\phi_i\}} = \omega_i^2 + \frac{\{\phi_i\}^{\mathrm{T}}[\Delta K]\{\phi_i\}}{\{\phi_i\}^{\mathrm{T}}[M]\{\phi_i\}} = \omega_i^2 + \Delta\omega_i^2 \tag{6-5}$$

式中,$\Delta\omega_i$ 即为安装应力下的模态频率变化。

6.2　管道试验台安装应力检测

6.2.1　管道安装应力检测试验台

为了模拟导管的实际安装情况,设计搭建了管道安装应力检测试验台,如图 6-1 所示。该试验台主要由导管、管接头、三爪卡盘等组成,三爪卡盘固定竖直导管两端,并由地脚螺栓锁定在试验平台的滑道上。在进行安装应力检测时,将右侧三爪卡盘使用地脚螺栓完全锁死,左侧三爪卡盘可以沿着滑道横向平移不同距离,管接头附近将随之产生不同的安装应力。试验主要通过对导管施加强迫位移来模拟安装过程中存在的装配偏差和装配应力问题。

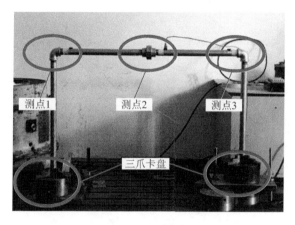

图 6-1　管道安装应力检测试验台现场

6.2.2　试验测试设备介绍

管道安装应力检测系统主要包括试验测试设备与数据采集系统,如图 6-2 所示。其中,试验测试设备包括力锤、加速度传感器、应变片及连接桥路、应变放大器等,主要完成应力测试与模态敲击;数据采集系统包括计算机、NI 数据采集器、模态分析系统等,主要完成力和加速度信号的采集和分析,获取试验台敲击的频响函数。

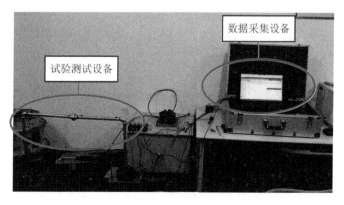

图 6-2　管道安装应力测试系统现场

　　试验台传感器的具体布置如图6-3所示,从左到右3个管接头附近都布置了应力测点,用于测试管接头在不同装配条件下的应力变化;同时将3个加速度传感器也分别安装在管接头附近,利用锤击法进行导管模态试验,获取测试点的原点频响函数。

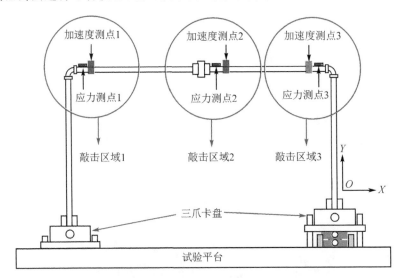

图6-3　试验台传感器具体布置

1. 美国 ENDEVCO 公司 30927 型力锤

　　试验采用的力锤为美国 ENDEVCO 公司的 30927 型力锤,其主要由锤头和力传感器构成,如图6-4所示。通过力锤敲击被测结构部件,可迅速获得该部件的谐振频率和模态参数,也可以配合不同的锤头得到不同的脉宽和频响。力传感器适用于测量动态、准静态的振动和冲击力、机械结构的拉伸和压缩力;与激振器配合,能够测量激振力;与加速度传感器、速度传感器配合可测量机械阻抗。30927 型力锤的主要性能参数如表6-1所列。

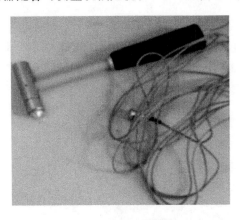

图6-4　30927 型力锤

表6-1　30927 型力锤的主要性能参数

参　数	数　值
测量范围/N	0～5 000
灵敏度/(mV·N^{-1})	22.7
力传感器固有频率/kHz	50
最大响应频率/kHz	10
最大冲击力/N	1 000
输出	IEPE

2. B&K4508 型 ICP 加速度传感器

　　试验采用的加速度传感器如图6-5所示。实际测试中通常使用加速度传感器来获取振动信号,因为加速度参量相比于位移和速度更加方便高效,同时对加速度信号进行数值积分也可以得到速度和位移信号。B&K4508 型加速度传感器的主要性能参数如表 6 - 2 所列。

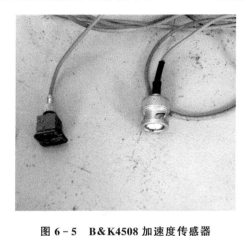

图 6 - 5　B&K4508 加速度传感器

表 6 - 2　B&K4508 加速度传感器的主要性能参数

参　数	数　值
参考灵敏度	97.82 mV/g
频率范围	0.1～8 kHz（±10%）
量程	714 g
最大横向灵敏度比	≤5%
重量	4.8 g
使用温度范围	−54～121 ℃

3. BX120 - 3AA 箔式应变片及 JM3860 应变放大器

试验采用箔式电阻应变片和应变放大器对管道进行应力应变测量。通过黏合剂将应变片黏合在管道上，当管道应力发生变化时，电阻应变片的阻值将随着结构的形变发生改变，电阻两端的电压也将发生变化。然而，这种应变片受力时的阻值变化通常较小，一般需要组成应变电桥并通过应变放大器进行放大，再传输给数据采集系统显示应力应变值。本试验主要采用BX120 - 3AA 箔式电阻应变片和 JM3860 应变放大器。其中，BX120 - 3AA 箔式电阻应变片如图 6 - 6 所示，其主要性能参数如表 6 - 3 所列。

图 6 - 6　BX120 - 3AA 箔式电阻应变片

表 6 - 3　BX120 - 3AA 箔式电阻应变片主要性能参数

参　数	数　值
电阻值	（120±1）Ω 以内
对平均值的偏差	≤0.3Ω
供电电压	3～10 V
灵敏系数	2.0（±1%）
引线规格	镀银线或漆包线 3 cm
应变极限	20 000 μm/m
适用温度常温	−30～60 ℃
室温绝缘电阻	10 000 MΩ
机械滞后	1.2 μm/m

JM3860 应变放大器主要有以下 4 种接线方式，本试验采用的接入方式为（3），按 1/4 桥（120 Ω 应变片）接入，如图 6 - 7 所示。

① 全桥。开关都置于关状态；按全桥接法分别接入 A，B，C，D。

② 半桥。RQC：关；RCD：开；RAD：开。按半桥接法分别接入 A，B，C。

③ 1/4 桥（120 Ω 应变片）。RQC：开；RCD：开；RAD：开。工作片接入 A，Q。

④ 1/4 桥（三线制：120 Ω 应变片）。RQC：关；RCD：开；RAD：关。工作片单线接入 A；双

线分别接入 B,Q。

4. NI 数据采集卡

试验采用的数据采集卡是 NI 公司的 USB-9234 采集卡,如图 6-8 所示。该采集卡共有 4 条输入通道,每条通道可同时以 51.2 kHz 对信号进行数字化处理。因此可以将其与力锤与加速度传感器相连接,进行高精度的信号采集,通过对力信号与加速度信号的数字处理,可以获得管道模态敲击的频率响应函数。

图 6-7　JM3860 应变放大器

图 6-8　NI 公司的 USB-9234 采集卡

6.2.3　管道安装应力测试

1. 试验台测试结果

调节左侧三爪卡盘的横向位移,测试管接头附近 3 个测点的应力变化,如表 6-4 所列。可以发现每个测点的应力都会随着三爪卡盘横向位移的增加而变大,基本符合强迫位移作用下安装应力的变化规律。为了直观地判断安装应力随装配偏差(强迫位移)的变化趋势,做出图 6-9 所示的安装应力变化曲线。可以看出,随着左侧三爪卡盘横向位移的增加,测点 1 应力呈负向升高趋势,且相同装配情形下应力值都大于其他两测点,导管最左侧管接头上部受挤压作用明显;测点 2 应力也呈负向升高趋势,但应力值均小于测点 1 且变化趋势逐渐平缓,主要是因为导管中间管接头连接处间隙过大,部分的弹性变形引起管接头附近应力变化趋缓;测点 3 应力也呈负向升高趋势,但总体幅值变化较前两个测点偏小,说明导管左侧的横向强迫位移对最右侧管接头的应力影响相对较小。

表 6-4　试验台 3 个测点的安装应力变化表

装配情形	三爪卡盘横向位移/mm	应力测点 1/MPa	应力测点 2/MPa	应力测点 3/MPa
1	0	0	0	0
2	3	-9.2	-6.2	-1.9
3	6	-20.8	-16.7	-7.1
4	9	-29.5	-19.8	-13.4
5	12	-40	-26.5	-16.2

2. ANSYS 仿真结果

为了验证管道安装应力随装配偏差的变化规律是否正确,选择通过 ANSYS 软件建立管道试验台有限元模型进行仿真对比,仿真结果如表 6-5 所列,导管安装应力仿真变化趋势如

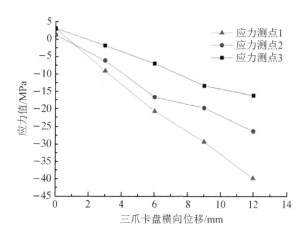

图 6 - 9　导管安装应力变化曲线

图 6 - 10 所示。可以发现随着三爪卡盘横向位移的增加,3 个应力测点的安装应力都呈现逐渐变大的趋势,并且同一装配情形下测点 1、测点 2、测点 3 的应力值递减,最左侧管接头处应力最大,受横向强迫位移的影响最为明显。通过对比发现仿真与试验的安装应力变化趋势基本一致,证明了试验台安装应力模拟的准确性与有效性。

表 6 - 5　管道试验台有限元模型仿真对比结果

装配情形	三爪卡盘横向位移/mm	应力测点 1/MPa	应力测点 2/MPa	应力测点 3/MPa
1	0	0	0	0
2	1	—10	—8	—7
3	2	—20	—16	—14
4	3	—33	—25	—21
5	4	—38	—32	—27
6	5	—47	—41	—35

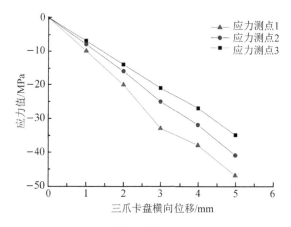

图 6 - 10　导管安装应力仿真变化趋势

6.2.4 基于锤击法的导管模态试验

采用锤击法进行导管模态试验主要是通过力锤敲击导管的激振点来实现的。首先锤头通过瞬时敲击把宽频脉冲施加给被测导管,然后对力锤获得的激励信号和导管上的加速度响应信号进行放大、采样和 FFT 处理,获得与 $u_i(t)$、$f_j(t)$ 成比例的离散形式的 Fourier 谱 $U_i(\omega_k)$ 和 $F_j(\omega_k)$,最后可以得到被测导管的频率响应函数:

$$H_{ij}(\omega_k) = \frac{U_i(\omega_k)}{F_j(\omega_k)}, \quad k = 1, 2, \cdots \tag{6-6}$$

锤击法只需要一次敲击便可以获得导管的一个原点频响函数,效率非常高。但是敲击质量受人为因素影响较大,得到的频响函数相比于正弦慢扫法误差要高,因此通常采用多次敲击取平均值的方法来减小误差。

在正常安装状态和预加安装应力状态下分别进行模态试验,如图 6-3 所示。在管接头处安装 B&K 加速度传感器,使用 30927 型力锤敲击管接头附近,然后利用 NI 数据采集器获取加速度响应信号和锤击力信号,通过自行开发的管道安装应力检测软件 PASTS 进行信号处理,从而获得敲击点的原点频响函数。分别在三处管接头附近进行模态敲击试验,每个测点进行 15 次敲击,测取三个测点的原点频响函数。

6.2.5 试验结果分析

以测点 1 的装配应力作为标准分为 4 种情况:0 MPa、10 MPa、20 MPa、30 MPa,其中 0 MPa 为正常安装情形,其余即为带预应力安装情形。每种情况下都对 3 个测点分别进行 15 次模态敲击试验,现选取某次典型试验,分析比较不同装配应力下管道频响函数的差异。

图 6-11、图 6-13、图 6-15 分别为测点 1、测点 2 和测点 3 在不同装配应力下多次敲击得到的原点频响函数;图 6-12、图 6-14、图 6-16 分别为测点 1、测点 2 和测点 3 在不同装配应力下频响函数的分频段对比。从图中的频响函数变化规律可以看出:在同一装配应力下三次敲击导管得出的频响函数曲线基本一致,可以验证本次模态试验的有效性和可靠性;在不同的装配应力下频响函数存在明显差别,主要表现在函数共振峰位置和大小的不同。如果能够发现导管装配应力对频响函数的影响规律,识别出带装配应力下的频响函数与正常装配时(无装配应力)的差别,则能够对导管装配应力的异常情况进行检测。

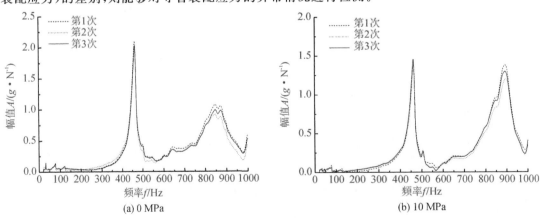

图 6-11 测点 1 在不同装配应力下多次敲击得到的原点频响函数

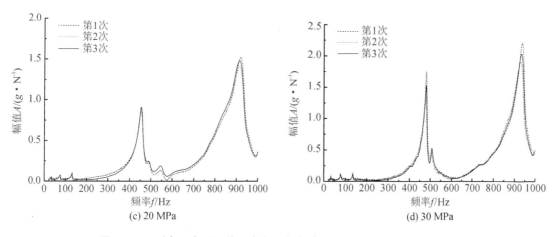

(c) 20 MPa　　　　　　　(d) 30 MPa

图 6 - 11　测点 1 在不同装配应力下多次敲击得到的原点频响函数(续)

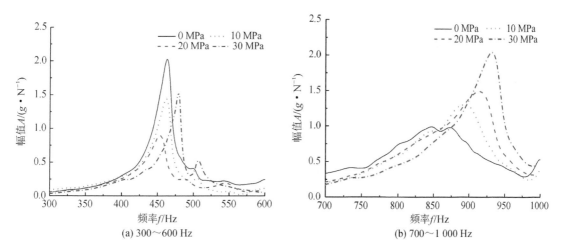

(a) 300～600 Hz　　　　　　　(b) 700～1 000 Hz

图 6 - 12　测点 1 在不同装配应力下的频响函数的分频段比较

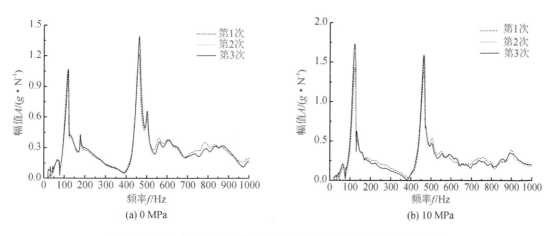

(a) 0 MPa　　　　　　　(b) 10 MPa

图 6 - 13　测点 2 在不同装配应力下多次敲击得到的原点频响函数

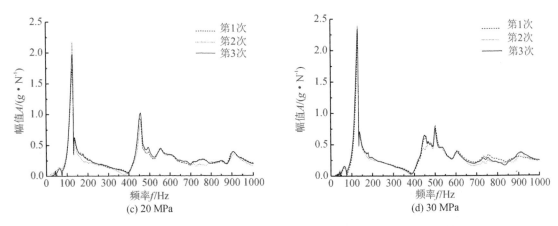

(c) 20 MPa　　　　　　　　　　(d) 30 MPa

图 6 - 13　测点 2 在不同装配应力下多次敲击得到的原点频响函数(续)

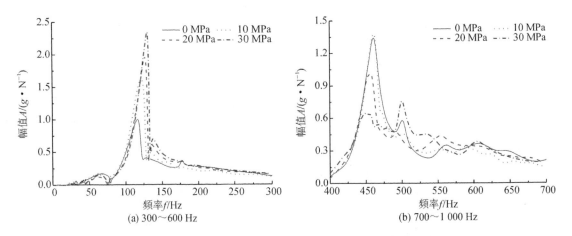

(a) 300～600 Hz　　　　　　　　(b) 700～1 000 Hz

图 6 - 14　测点 2 在不同装配应力下的频响函数分频段比较

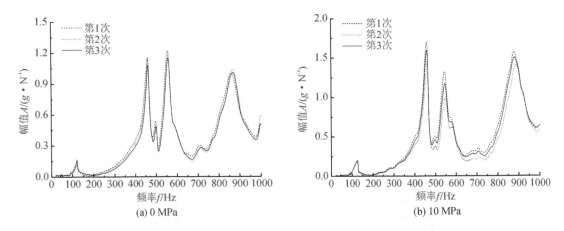

(a) 0 MPa　　　　　　　　　　(b) 10 MPa

图 6 - 15　测点 3 在不同装配应力下多次敲击得到的原点频响函数

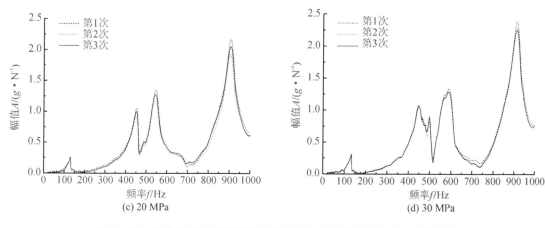

图 6-15　测点 3 在不同装配应力下多次敲击得到的原点频响函数(续)

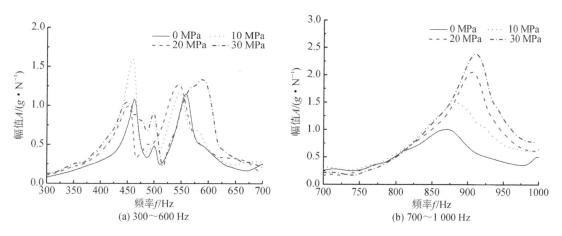

图 6-16　测点 3 在不同装配应力下的频响函数分频段比较

6.3　管道安装应力检测系统开发

6.3.1　系统开发构想

　　根据上述管道安装应力对频响函数影响规律的研究,发现不同安装应力下管道频响函数共振峰的大小和位置存在明显差异,如果能有效识别出频响函数在不同安装应力下的差别,则能够对管道的装配质量进行检测与控制,这对于指导管道安装具有极高的工程应用价值。本文基于模态测试技术与 Visual C++6.0 软件自主开发了管道安装应力检测系统(pipe assembly stress test system,PASTS)。该系统以某型管道作为测试对象,将正常安装情况下的频响函数作为标准样本,建立标准样本数据库。然后将其他待测样本的频响函数与标准样本进行分析对比,确定该样本是否满足要求:若该样本匹配度较低,则认为安装质量较差;若匹配度较高,则认为安装质量较高,并将其导入标准样本数据库。通过多次对比和判断可以对标准数据库进行补充与更新,逐步提高标准数据库的准确性与通用性。管道安装应力检测系统的开发构想如图 6 - 17 所示。

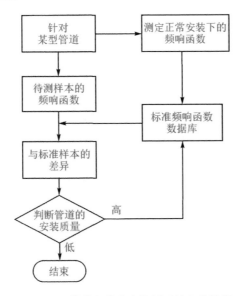

图 6 - 17 管道安装应力检测系统开发构想

6.3.2 系统模块设计

为了实现管道安装应力检测系统的开发构想,需要完成相关功能模块的设计,主要包括系统设置、数据采集、模态分析、标准样本设置、安装应力检测等。系统以 Windows XP 操作系统作为开发平台,以 Visual C++6.0 作为开发工具,以 Microsoft Access 2000 作为数据库基础,总体的框架设计如图 6 - 18 所示。

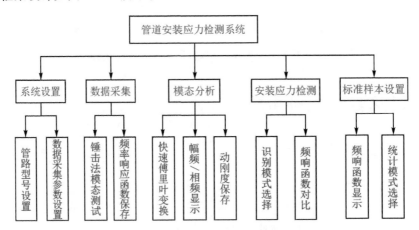

图 6 - 18 安装应力检测系统总体框架设计

6.3.3 系统部分功能介绍

1. 系统设置与数据采集

系统设置主要包括管路型号设置与数据采集参数设置,系统主界面如图 6 - 19 所示。管路型号设置主要是根据实际安装情况保存管道的安装位置、具体编号等信息;数据采集参数设置主要包括数据采集通道、传感器参数、数值显示范围等的设置。

数据采集主要通过数据采集器接口 NI-9234 完成对锤击法模态试验的数据采集工作,具体包括力锤的激振力、振动加速度等。其中,使用 NI CAQ-9162 采集模块可以实现 4 通道数据采集,使用 NI CAQ-9178 采集模块可以实现 8 通道数据采集。系统可以直接显示敲击时的冲击力激励曲线和加速度响应曲线,同时对试验采集的数据进行模态分析,保存得到的频率响应函数,并将其用于标准样本数据库的建立。

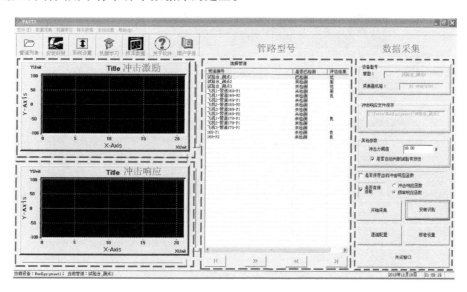

图 6-19 管道安装应力检测系统主界面

2. 标准样本设置

通过模态分析可得到大量的频响函数样本,为了建立标准样本数据库,需要对大量样本进行数值统计与分析。本文采用了两种不同的标准样本建立方法,一种是基于数值统计的平均值法,如图 6-20(a)所示,该方法主要是对大量的频响函数样本进行平均,将得到的平均频响函数作为标准样本。另一种是基于一类支持向量机的标准频响函数方法,如图 6-20(b)所示,本方法对正常安装的频响函数进行训练并作为标准样本,对待测样本进行检测与识别,通过识别结果进行安装质量判定。对于质量较好的样本可导入标准样本数据库,完成数据库的更新。

3. 安装应力检测

建立标准样本数据库后,便可以针对具体管路进行安装应力检测。安装应力检测系统对于管道现场测试或者之前保存的模态敲击结果都具有较好的识别效果。某次管道装配完成后得到的检测结果如图 6-21 所示,它采用的是第一种平均值法。首先对大量的数据样本进行平均得到标准样本数据库,再通过将单次敲击结果与标准样本进行比对,以"匹配度"结果来判断管道安装质量的优劣和安装应力的大小。也可以选择第二种检测模式,即基于一类支持向量机建立标准样本数据库,然后通过对比频响函数判断管道的安装质量。

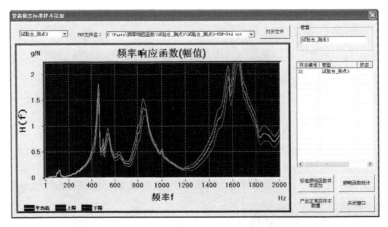

(a) 基于数值统计的平均值法得到平均频响函数方法

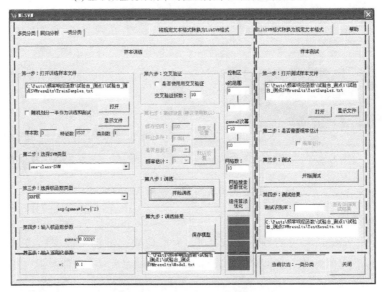

(b) 基于一类支持向量机的标准频响函数方法

图 6 - 20   两种标准样本建立方法

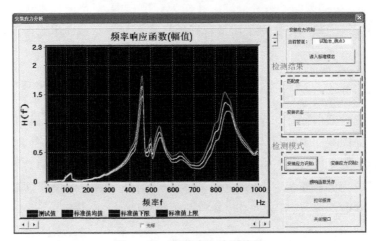

图 6 - 21   安装应力检测结果

6.4　基于一类支持向量机的装配应力异常检测

一类分类法属于单值分类,在对管道装配应力进行状态评估时,仅仅利用了正常状态的样本数据进行学习,再对未知状态的样本进行分类。在实际的工程应用中,容易获得正常装配下的频率响应函数,而一般异常装配的原因很多,难以统计,仅仅需要对异常装配状态进行判别,而不必进行分类。因此,只需要通过正常状态数据就能够识别出管道装配是否异常,尽管异常的具体原因无法确定,但识别出装配异常就可以预防管道故障的发生,这对于在飞机管道装配期间有效地控制管道故障具有极高的工程应用价值。

6.4.1　一类分类原理

一类分类法,也称单分类问题,实际上是对作为学习样本的目标样本的分布 A 做出正确的描述,对未知样本 x 的分类就是检验该未知样本是否服从 A 分布。如果该未知样本服从 A 分布,则接受该未知样本为目标样本,否则拒绝接受,即将该未知样本分类为非目标样本,所以单分类问题也称为数据描述。

设训练数据集 $x_k \in R^n (k = 1, 2, \cdots, n)$,Scholkopf 提出的一类支持向量机(one - class SVM,1C - SVM)的基本算法为

$$\min_{\omega, b, \xi, \rho} \frac{1}{2} \omega^{\mathrm{T}} \omega - \rho + \frac{1}{\nu n} \sum_{i=1}^{n} \xi_i, \quad \begin{cases} \omega^{\mathrm{T}} \phi(x_i) \geqslant \rho - \xi_i \\ \xi_i \geqslant 0, i = 1, 2, \cdots, n_i \end{cases} \tag{6-7}$$

其中,ω 是超平面的法向量;$\phi(x_i)$ 是数据点 x_i 在特征空间中的映射;ξ_i 是松弛变量;ν 是一个用户定义的参数用于控制正类数据点的拟合程度;ρ 是超平面的偏置项。

式(6-7)可转化为求解

$$\min_{\alpha} \frac{1}{2} \alpha^{\mathrm{T}} Q_{ij} \alpha, \quad \begin{cases} 0 \leqslant \alpha_i \leqslant \frac{1}{\nu n}, i = 1, 2, \cdots, n \\ e^{\mathrm{T}} \alpha = 1 \end{cases} \tag{6-8}$$

其中

$$Q_{ij} = K(x_i, x_j) = \varphi(x_k)^{\mathrm{T}} \varphi(x_l) \tag{6-9}$$

决策函数为

$$f(x) = \mathrm{sign} \left\{ \sum_{i=1}^{n} \alpha_i K(x, x_i) - \rho \right\} \tag{6-10}$$

$$g(x) = \sum_{i=1}^{n} \alpha_i K(x, x_i) - \rho \tag{6-11}$$

$$h(x) = \left[\sum_{i=1}^{n} \alpha_i K(x, x_i) - \rho \right] + 0.95 \tag{6-12}$$

1C - SVM 用超平面来描述数据,当只有正常数据样本进行机器学习时,利用正常样本对支持向量机进行训练,得到学习后的数据边界,如图 6 - 22 所示。

其中,式(6 - 10)为符号函数,可对测试数据进行分类,结果为 +1 表示该数据为正常类,结果为 -1 表示为异常类。式(6 - 11)可得到具体的数值,能够判别测试数据是否正常以及偏离正常的程度。以"0"为分界点,当 $g(x)$ 为正数时,可判断其为正常状态;当 $g(x)$ 为负数时,其值越小,即绝对值越大,表明数据偏离正常类越远,如图 6 - 23 所示。

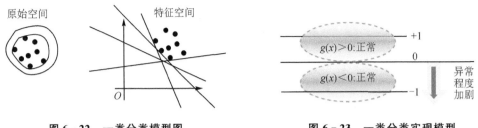

图 6-22　一类分类模型图　　　　图 6-23　一类分类实现模型

　　因此,可根据式(6-11)建立式(6-12)所示的管道装配质量函数 $h(x)$。$h(x)$ 数值越大,表明管道装配越接近正常情况;$h(x)$ 数值越小,表明管道装配应力越大,装配质量越偏离正常情况。$h(x)$ 函数能够定量地描述管道的装配质量。

6.4.2　管道装配应力检测流程

　　在管道装配应力检测中,正常装配管道的频响函数容易得到,可以确定其为检测目标,通过正常装配下的频响函数来识别异常装配下的频响函数。本文拟定采用 1C-SVM 来实现对管道异常装配情况的在线检测,具体的检测流程如图 6-24 所示。在检测过程中,首先对采集到的正常装配下的频响函数通过特征提取形成训练样本集,然后对正常样本集进行 1C-SVM 学习,得到管道装配应力检测器,形成正常域。接下来,将待检样本的频响函数输入管道装配应力检测器中,通过运算得到故障检测判据,判断出该检测样本是否在正常域内。如果在,则判断为正常样本,对标准样本数据库进行补充与更新;如果不在,则判断为装配状态异常。

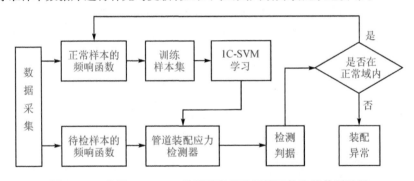

图 6-24　基于 1C-SVM 的管道异常装配情况的在线检测流程

6.4.3　检测结果分析

　　按照管道装配应力检测流程对试验台的频响函数数据样本进行检测。在机器学习中,输入 1C-SVM 的数据为敲击得到的原点频响函数样本,样本的一列为频率,另一列为各频率点下的频响函数幅值,即从 60 Hz 到 1 000 Hz 共计 1 537 维的高维向量。表 6-6~表 6-8 分别为测点 1、测点 2 和测点 3 的装配应力检测结果。其中,利用无装配应力(0 MPa)下的多组频响函数进行 1C-SVM 学习,对其他装配应力下的频响函数进行测试和分类。

表 6-6　测点 1 的管道装配应力检测结果

样本序号	0 MPa	10 MPa	20 MPa	30 MPa
1	0.952 3	0.923 6	0.884 8	0.828 4
2	0.951 9	0.921 2	0.862 4	0.832 1
3	0.950 4	0.920 6	0.887 4	0.837 9
4	0.949 9	0.915 3	0.883 1	0.823
5	0.950 2	0.923 4	0.88	0.824 8
6	0.948 7	0.921 2	0.883 5	0.833 2
7	0.95	0.917 8	0.884 8	0.827 2
8	0.95	0.918 9	0.887 5	0.828 4
9	0.952 5	0.921 7	0.874 6	0.842 1
10	0.944 8	0.921 3	0.890 8	0.812 5

表 6-7　测点 2 管道装配应力检测结果

样本序号	0 MPa	10 MPa	20 MPa	30 MPa
1	0.951 3	0.905 2	0.867 3	0.820 9
2	0.950 9	0.912 4	0.875 6	0.820 1
3	0.944 9	0.923 1	0.860 6	0.821 6
4	0.949 7	0.917 2	0.877 6	0.839 4
5	0.950 1	0.910 1	0.856	0.837 2
6	0.952 6	0.924 5	0.867 5	0.829 8
7	0.951 5	0.910 7	0.874 7	0.829 1
8	0.950 2	0.920 4	0.861 4	0.834 3
9	0.950 1	0.924 6	0.859	0.831
10	0.949	0.903 3	0.867 5	0.825 2

表 6-8　测点 3 的管道装配应力检测结果

样本序号	0 MPa	10 MPa	20 MPa	30 MPa
1	0.95	0.927 8	0.877	0.845 4
2	0.949 7	0.922 2	0.880 3	0.849 9
3	0.951 1	0.920 2	0.876 7	0.852 8
4	0.951	0.924 5	0.874 4	0.816 3
5	0.951 2	0.898 3	0.862 1	0.836
6	0.950 9	0.910 6	0.883 9	0.843 1
7	0.95	0.916 5	0.867 4	0.825 9
8	0.95	0.928 3	0.868 3	0.819 4
9	0.950 8	0.900 8	0.879 6	0.801
10	0.951 2	0.919 4	0.876 4	0.801 2

图 6-25 给出了三个测点的管道装配应力检测结果,可以看出各个测点在不同装配应力下的检测结果都存在明显差别,且随着装配应力的增加,检测结果偏离正常状态的程度也逐步增大,充分验证了一类分类检测方法的有效性。

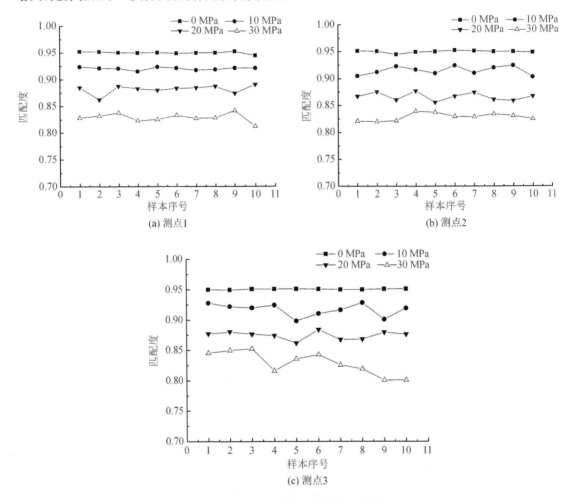

图 6-25　不同测点装配应力检测结果

6.5　基于频响函数相似度的装配应力异常检测

以不同安装应力下的幅频响应函数为基础,基于频响函数的相似度可以进行管道装配应力异常检测。通过对大量的频响函数样本进行平均得到标准频响函数样本,再利用向量的角度相似法比较得出其他样本与标准样本的区别,最终判断出导管装配的异常状态。

6.5.1　相似度检测原理

向量相似度法一般是通过计算系统各性能指标向量与综合指标向量的相似度来确定系统的指标权重,该方法主要是以系统性能指标的抽样参数作为基础,具有较强的客观性与实用性。首先介绍一下向量相似度的相关定义,假设存在两向量 $X=(x_1,x_2,\cdots,x_n)$,$Y=(y_1,y_2,\cdots,y_n)$,则

（1）向量的内积为

$$[\boldsymbol{X},\boldsymbol{Y}] = x_1 y_1 + x_2 y_2 + \cdots + x_n y_n \tag{6-13}$$

（2）向量的范数（长度）为

$$\|\boldsymbol{X}\| = \sqrt{[\boldsymbol{X},\boldsymbol{X}]} = \sqrt{x_1^2 + x_2^2 + \cdots + x_n^2} \tag{6-14}$$

（3）向量的夹角为

$$\theta = \arccos \frac{[\boldsymbol{X},\boldsymbol{Y}]}{\|\boldsymbol{X}\| \cdot \|\boldsymbol{Y}\|}, \quad 0 \leqslant \theta \leqslant 180° \tag{6-15}$$

（4）向量的正交：当 $\theta = 90°$ 时（即 $[\boldsymbol{X},\boldsymbol{Y}] = 0$），称向量 $\boldsymbol{X},\boldsymbol{Y}$ 为正交向量。

由于向量包括方向和大小两个要素，故可用它们来综合表征两向量的相似度，设 $\boldsymbol{X} = (x_1, x_2, \cdots, x_n)$ 为参考向量，$\boldsymbol{Y} = (y_1, y_2, \cdots, y_n)$ 为比较向量，则可定义如下。

定义 1：向量 $\boldsymbol{X}$ 与 $\boldsymbol{Y}$ 的范数（长度）相似度 α 为

$$\alpha = \begin{cases} 1 - \dfrac{|\|\boldsymbol{X}\| - \|\boldsymbol{Y}\||}{\|\boldsymbol{X}\|}, & \|\boldsymbol{Y}\| \leqslant 2\|\boldsymbol{X}\| \\ 0, & \|\boldsymbol{Y}\| \geqslant 2\|\boldsymbol{X}\| \end{cases} \tag{6-16}$$

定义 2：向量 $\boldsymbol{X}$ 与 $\boldsymbol{Y}$ 的方向相似度 β 为

$$\beta = 1 - \frac{\theta}{90°} \tag{6-17}$$

定义 3：向量 $\boldsymbol{X}$ 与 $\boldsymbol{Y}$ 的向量相似度 γ 为向量范数相似度 α 与方向相似度 β 的乘积

$$\gamma = \alpha \cdot \beta \tag{6-18}$$

根据上述定义，通常把向量相似度 γ 分解为范数相似度 α 与方向相似度 β，从而使向量相似度得以准确表达。

由定义可知：

① $\alpha \in [0,1]$，当 $\|\boldsymbol{Y}\| \leqslant \|\boldsymbol{X}\|$ 时，$\alpha = \dfrac{\|\boldsymbol{Y}\|}{\|\boldsymbol{X}\|}$，当 $\|\boldsymbol{X}\| \leqslant \|\boldsymbol{Y}\| \leqslant 2\|\boldsymbol{X}\|$ 时，$\alpha = 1 - \dfrac{\|\boldsymbol{Y}\| - \|\boldsymbol{X}\|}{\|\boldsymbol{X}\|}$，当 $\|\boldsymbol{Y}\| \geqslant 2\|\boldsymbol{X}\|$ 时，$\alpha = 0$。

② $\beta \in [-1,1]$，当 $0 \leqslant \theta \leqslant 90°$ 时，$\beta \in [0,1]$，当 $90° \leqslant \theta \leqslant 180°$ 时，$\beta \in [-1,0]$。

③ $\gamma \in [-1,1]$，当 $0 \leqslant \theta \leqslant 90°$ 时，$\gamma \in [0,1]$，当 $90° \leqslant \theta \leqslant 180°$ 时，$\gamma \in [-1,0]$。

④ 正交向量（$\theta = 90°$）的相似度为 $\gamma = 0$。

⑤ 范数（长度）相同的两向量，若夹角 $\theta = 0$，则 $\gamma = 1$；$\theta = 180°$，则 $\gamma = -1$。

6.5.2　管道装配应力检测流程

本文拟定采用频响函数的角度相似法来实现对管道异常装配情况的在线检测，具体的检测流程如图 6-26 所示。在检测过程中，首先获取正常安装条件下测得的幅频响应函数，然后对大量的频响函数曲线进行平均，得到平均幅频响应函数，以此作为标准的频响函数样本。最后，在进行安装应力检测时，将待识别的频响函数与标准频响函数样本进行对比，从而判别出安装应力是否存在并判断其大小。其中，频响函数的比较方法为向量的角度相似法，设标准的幅频响应函数向量为 $\boldsymbol{X}$，待测的幅频响应函数向量为 $\boldsymbol{Z}$，角度相似性指标（余弦度量）的定义为

$$S_c = \frac{\sum\limits_{i=1}^{n} \boldsymbol{X}_i \boldsymbol{Z}_i}{\sqrt{\sum\limits_{i=1}^{n} X_i^2 \sum\limits_{i=1}^{n} Z_i^2}} \qquad (6-19)$$

显然，S_c 是特征矢量 $\boldsymbol{X}$ 和 $\boldsymbol{Z}$ 之间夹角的余弦，夹角为 0 时 S_c 取值为 1，即两向量的角度相似达到最大，待测频响函数与标准频响函数基本一致，说明本次检测的样本与正常装配情况十分接近；如果 S_c 小于 1，则随着 S_c 的减小，检测样本偏离正常情况越严重，装配应力越大。

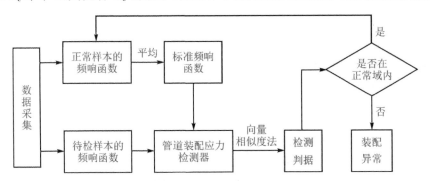

图 6-26　基于频响函数的角度相似法对管道异常装配情况的在线检测流程

6.5.3　检测结果分析

对不同装配应力下的管道频响函数进行相似度检测分析，表 6-9、表 6-10 和表 6-11 分别为测点 1、测点 2 和测点 3 的检测结果。其中，以无安装应力（0 MPa）下的多组频响函数作为样本进行平均，得到标准频响函数样本，然后对其他安装应力下的频响函数进行测试。从图 6-27 中可以看出，随着装配应力的增加，检测结果偏离正常状态的程度也逐步增大，充分表明了相似度检测方法的有效性。

表 6-9　测点 1 的管道装配应力检测结果

样本序号	0 MPa	10 MPa	20 MPa	30 MPa
1	0.999 4	0.944 7	0.858 6	0.776 8
2	0.998 8	0.937 5	0.869 2	0.746 5
3	0.996	0.945 4	0.856 1	0.749 3
4	0.997	0.934 8	0.858 6	0.752 3
5	0.996 8	0.943 6	0.845 6	0.775
6	0.996 5	0.944 8	0.849 3	0.722 6
7	0.998 5	0.935 5	0.839 2	0.778 6
8	0.999	0.947 2	0.833 1	0.745 7
9	0.999 1	0.927 3	0.843 4	0.743
10	0.995 9	0.942 5	0.847 5	0.761 8

表 6 - 10　测点 2 的管道装配应力检测结果

样本序号	0 MPa	10 MPa	20 MPa	30 MPa
1	0.990 6	0.949	0.874	0.811
2	0.995 5	0.950 5	0.877 8	0.820 2
3	0.990 6	0.946 2	0.875 8	0.821 1
4	0.998	0.938 3	0.883 7	0.820 7
5	0.995 3	0.939 8	0.860 4	0.827 6
6	0.997 8	0.934 1	0.884 7	0.790 5
7	0.993	0.943 3	0.893 4	0.830 1
8	0.997 4	0.952 3	0.866 7	0.825
9	0.997	0.94	0.864 9	0.826 8
10	0.996	0.938 3	0.870 3	0.819 2

表 6 - 11　测点 3 的管道装配应力检测结果

样本序号	0 MPa	10 MPa	20 MPa	30 MPa
1	0.996 3	0.965 1	0.889 4	0.721 7
2	0.996 7	0.960 6	0.887 5	0.732
3	0.995 5	0.941 9	0.905 7	0.745
4	0.995 1	0.937 6	0.870 9	0.763 8
5	0.998 5	0.926 9	0.882 8	0.726 3
6	0.996 5	0.950 7	0.900 3	0.748 4
7	0.998 2	0.952 1	0.902 4	0.734 9
8	0.997 2	0.952 8	0.895 4	0.728 5
9	0.996 5	0.957 4	0.903 3	0.731 8
10	0.998 6	0.920 5	0.895	0.723

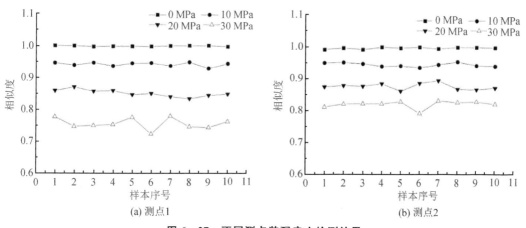

图 6 - 27　不同测点装配应力检测结果

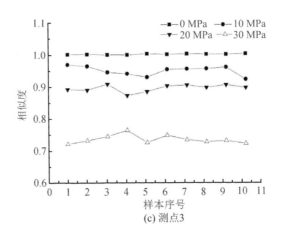

(c) 测点3

图 6 - 27　不同测点装配应力检测结果(续)

6.6　实际飞机管道装配应力检测实例

6.6.1　测试内容

对某机型的 3 架飞机上的 208 管道、169 管道、170 管道分别进行了管道系统频率响应函数的测试,从中得出管道的安装应力状态的变化。

6.6.2　208 管道频率响应函数试验

208 管道如图 6 - 28 所示,加速度传感器位置在图 6 - 28 中 1 处,力锤一共敲击了 P1、P2、P3 三个点。将三架飞机分别标号为飞机 1、飞机 2、飞机 3。在飞机 1 上的 208 管道 P1、P2、P3 三点分别敲击了 3 次。

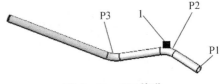

图 6 - 28　208 管道

图 6 - 29 所示为对飞机 1 上 208 管道不同测点多次敲击得到的幅频响应曲线比较结果。其中,图 6 - 29(a)所示为 3 次敲击 P1 的频响函数曲线,图 6 - 29(b)所示为 3 次结果统计得到的平均幅频响应曲线、下限幅频响应曲线和上限幅频响应曲线;图 6 - 29(c)所示为 3 次敲击 P2 的频响函数曲线,图 6 - 29(d)所示为 3 次结果统计得到的平均幅频响应曲线、下限幅频响应曲线和上限幅频响应曲线;图 6 - 29(e)所示为 3 次敲击 P3 的频响函数曲线,图 6 - 29(f)所示为 3 次结果统计得到的平均幅频响应曲线、下限幅频响应曲线和上限幅频响应曲线。从图中可以看出,对于同一测点,多次敲击的结果非常一致,表明了测试结果的有效性。

以飞机 1 为标准,用 3 次敲击结果建立标准,依据两种检测方法(即相似度法和 1C - SVM 方法)来进行安装应力识别。表 6 - 12 和表 6 - 13 所列分别为相似度方法和 1C - SVM 方法对 3 架飞机的 208 管道的检测结果。图 6 - 30～图 6 - 32 所示为不同飞机不同测点下的频响函数与标准频响函数的比较。从计算结果和频响函数的比较来看,飞机 1、飞机 2 和飞机 3 的 208 管道安装状态基本接近。

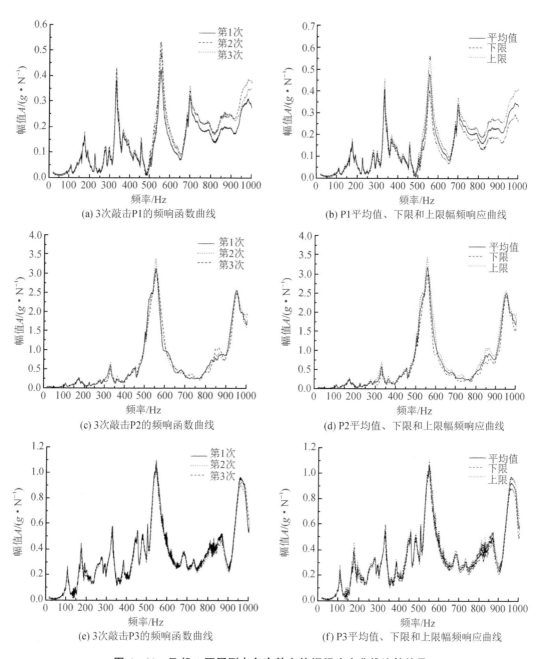

图 6 - 29　飞机 1 不同测点多次敲击的幅频响应曲线比较结果

表 6 - 12　相似度法对 3 架飞机的 208 管道的检测结果

检测飞机	敲击次数	敲击 P1	敲击 P2	敲击 P3
飞机 1	1	0.998 6	0.998	0.999 5
	2	0.999 4	0.998 3	0.999 2
	3	0.999 3	0.997 4	0.999 2
飞机 2	1	0.884	0.929	0.929 2
	2	0.876	0.937 7	0.929 3
	3	0.865 8	0.964 7	0.924
飞机 3	1	0.911 7	0.961 2	0.952
	2	0.952	0.963 6	0.954 6
	3	0.924 9	0.977 3	0.943 5

表 6 - 13　1C - SVM 方法对 3 架飞机的 208 管道检测结果

检测飞机	敲击次数	敲击 P1	敲击 P2	敲击 P3
飞机 1	1	0.950 4	0.95	0.95
	2	0.95	0.949	0.949 6
	3	0.950 8	0.947 6	0.949 7
飞机 2	1	0.930 1	0.922 2	0.939 1
	2	0.929 7	0.923 3	0.939
	3	0.927 6	0.933 6	0.938 3
飞机 3	1	0.932 6	0.936 2	0.941 5
	2	0.937 7	0.905 1	0.938 8
	3	0.935 5	0.903 2	0.939

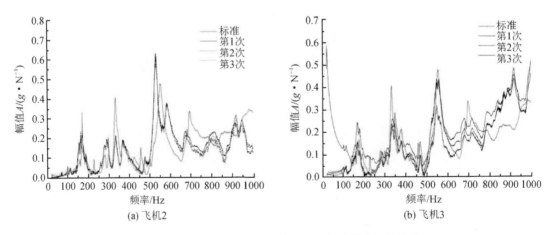

(a) 飞机 2 　　　　　　　　(b) 飞机 3

图 6 - 30　不同飞机测点 1 频响函数与标准频响函数比较

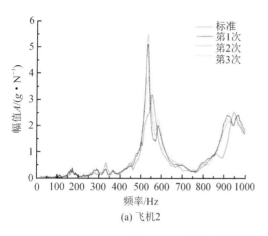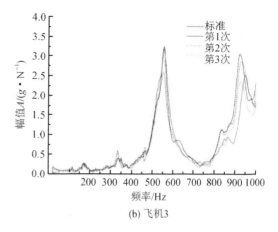

(a) 飞机2　　　　　　　　　　　　　(b) 飞机3

图 6-31　不同飞机测点 2 频响函数与标准频响函数比较

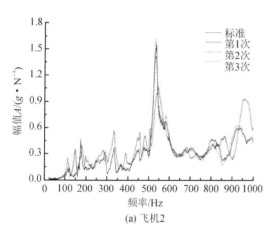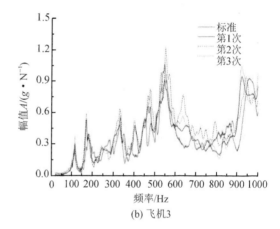

(a) 飞机2　　　　　　　　　　　　　(b) 飞机3

图 6-32　不同飞机测点 3 频响函数与标准频响函数比较

6.6.3　169 管道频率响应函数试验

　　169 管道如图 6-33 所示,加速度传感器位置在图 6-33 中的 1 处,力锤一共敲击了 P1、P2 两个测点。将 3 架飞机分别标号为飞机 1、飞机 2、飞机 3。在飞机 1 上的 169 管道 P1、P2 两点分别敲击了 3 次。

　　图 6-34 所示为对飞机 1 上 169 管道不同测点多次敲击得到的幅频响应曲线比较结果。其中,图 6-34(a)所示为 3 次敲击 P1 的频响函数曲线,图 6-34(b)所示为 3 次结果统计得到的平均幅频响应曲线、下限幅频响应曲线和上限幅频响应曲

图 6-33　169 管道

线、下限幅频响应曲线和上限幅频响应曲线;图 6-34(c)所示为 3 次敲击 P2 的频响函数曲线,图 6-34(d)所示为 3 次结果统计得到的平均幅频响应曲线、下限幅频响应曲线和上限幅频响应曲线。从图中可以看出,对于同一测点,多次敲击的结果非常一致,表明了测试结果的有效性。

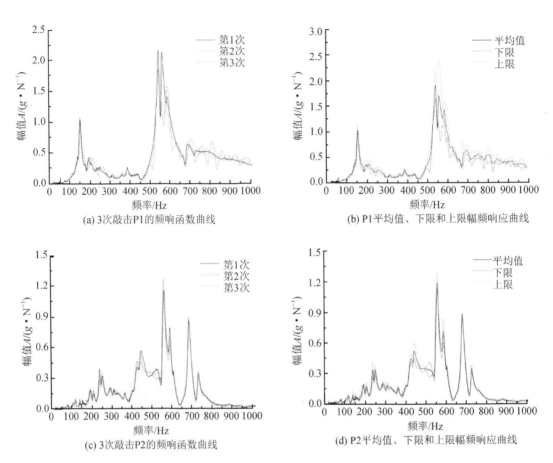

(a) 3次敲击P1的频响函数曲线

(b) P1平均值、下限和上限幅频响应曲线

(c) 3次敲击P2的频响函数曲线

(d) P2平均值、下限和上限幅频响应曲线

图6-34　飞机1不同测点多次敲击的幅频响应曲线比较结果

以飞机1为标准,用3次敲击结果建立标准,依据两种检测方法(即相似度法和1C-SVM方法)来进行安装应力识别。表6-14和表6-15所列分别为相似度方法和1C-SVM方法对3架飞机的169管道的检测结果。图6-35、图6-36所示为不同飞机不同测点下的频响函数与标准频响函数的比较。从计算结果和频响函数的比较来看,飞机1、飞机2和飞机3的169管道安装状态基本接近。

表6-14　相似度法对3架飞机的169管道检测结果

检测飞机	敲击次数	敲击 P1	敲击 P2
飞机 1	1	0.996 9	0.997 7
	2	0.981 9	0.997
	3	0.995 6	0.999 2
飞机 2	1	0.93	0.827 6
	2	0.930 7	0.815 2
	3	0.776 2	0.839 4
飞机 3	1	0.913 1	0.818 3
	2	0.931 6	0.822 2
	3	0.871 4	0.827 6

表 6 - 15　1C - SVM 方法对 3 架飞机的 169 管道检测结果

检测飞机	敲击次数	敲击 P1	敲击 P2
飞机 1	1	0.915 6	0.922 5
	2	0.920 9	0.923 2
	3	0.919 9	0.922 8
飞机 2	1	0.927 8	0.934 3
	2	0.924 3	0.931
	3	0.945 5	0.932 6
飞机 3	1	0.904 4	0.926 5
	2	0.903 9	0.929 9
	3	0.904 8	0.929

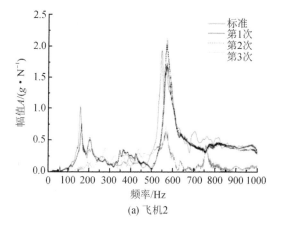
(a) 飞机2

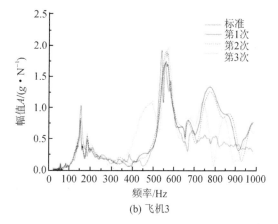
(b) 飞机3

图 6 - 35　不同飞机测点 1 的频响函数与标准频响函数比较

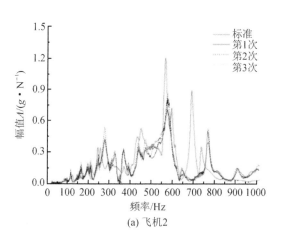
(a) 飞机2

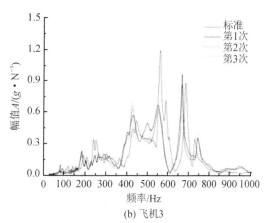
(b) 飞机3

图 6 - 36　不同飞机测点 2 频响函数与标准频响函数比较

6.6.4 170 管道频率响应函数试验

170 管道如图 6-37 所示,加速度传感器位置在图 6-37 中的 1 处,力锤敲击 P1 测点。将 3 架飞机分别标号为飞机 1、飞机 2、飞机 3。在飞机 1 上的 170 管道 P1 测点先后敲击了 3 次。

图 6-38 所示为对飞机 1 上 170 管道不同测点多次敲击得到的幅频响应曲线比较结果。其中,图 6-38(a)所示为 3 次敲击 P1 的频响函数曲线,图 6-38(b)所示为 3 次结果统计得到的平均幅频响应曲线、下限幅频响应曲线和上限幅频

图 6-37 170 管道

响应曲线。从图中可以看出,对于同一测点,多次敲击的结果非常一致,表明了测试结果的有效性。

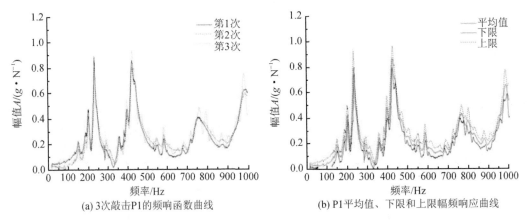

(a) 3次敲击P1的频响函数曲线　　　　(b) P1平均值、下限和上限幅频响应曲线

图 6-38 飞机 1 不同测点多次敲击的幅频响应曲线结果比较

以飞机 1 为标准,用 3 次敲击结果建立标准,依据两种检测方法(即相似度法和 1C-SVM 方法)来进行安装应力识别。表 6-16 和表 6-17 所列分别为相似度方法和 1C-SVM 方法对 3 架飞机的 170 管道检测结果。图 6-39 所示为不同飞机不同测点下的频响函数与标准频响函数的比较。从计算结果和频响函数的比较来看,飞机 1、飞机 2 和飞机 3 的 170 管道安装状态基本接近。

表 6-16 相似度方法对 3 架飞机的 170 管道检测结果

检测飞机	敲击次数	敲击 P1
飞机 1	1	0.994 4
	2	0.996 7
	3	0.993 8
飞机 2	1	0.86
	2	0.882
	3	0.880 2
飞机 3	1	0.914 4
	2	0.910 9
	3	0.891 6

表 6-17 1C-SVM 方法对 3 架飞机的 170 管道检测结果

检测飞机	敲击次数	敲击 P1
飞机 1	1	0.925 1
	2	0.926
	3	0.924 2
飞机 2	1	0.935 3
	2	0.932 5
	3	0.933 5
飞机 3	1	0.923
	2	0.925
	3	0.918 8

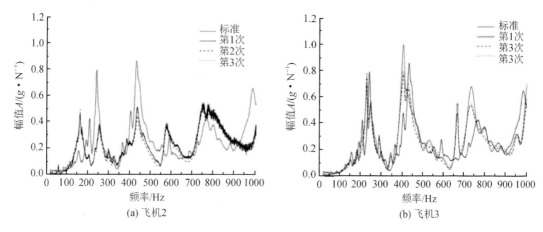

图 6 - 39　不同飞机测点 1 频响函数与标准频响函数比较

6.7　本章小结

本章构建了管道安装应力检测试验台,研究了安装应力对管道固有特性的影响规律;在此基础上,基于 Visiual C++6.0 开发了管道安装应力检测系统,提出了两种不同的检测方法,并利用试验台测试数据进行了方法验证,得出如下结论。

① 在实验室内建立了安装应力检测试验装置,针对实际管道,利用锤击法分别在正常安装情况与带初始安装应力的情况下进行了模态试验,比较了不同装配应力下管道的原点频响函数,发现装配应力对管道固有特性具有一定的影响,主要表现在共振峰峰值大小与位置的差异。

② 基于安装应力对管道固有特性的影响规律开发了管道安装应力检测系统,研究了基于 1C - SVM 的装配应力在线检测技术,通过试验发现随着装配应力的增加,检测结果偏离正常状态的程度也逐步增加,充分验证了该检测方法的有效性。

③ 根据不同装配应力下测得的频响函数,研究了基于向量角度相似法的管道装配应力在线检测技术,通过试验台数据验证了该检测方法的有效性。

④ 对实际装配好的 3 架飞机上的 3 根管道进行了装配应力检测,对所提出的两种安装应力检测方法进行了验证,结果表明了 3 架飞机上的管道安装状态比较接近。

参考文献

[1] 程小勇,陈果,刘明华,等. 初始安装应力对管道固有频率的影响分析及试验验证[J]. 中国机械工程,2015,26(4):512-517.

[2] 李晓雷. 机械振动基础[M]. 北京:北京理工大学出版社,2010.

[3] 陈果,罗云,郑其辉,等. 复杂空间载流管道系统流固耦合动力学模型及其验证[J]. 航空学报,2013,34(03):597-609.

[4] 於为刚. 装配应力对飞机管路密封性能的影响分析及其检测方法研究[D]. 南京:南京航空航天大学,2019.

[5] 於为刚,陈果,寸文渊,等. 基于一类支持向量机的管道安装应力智能检测技术[J].管道技术与设备, 2019(2):28-33.

[6] 刘丽娟,陈果. 基于最大树聚类的多超球体一类分类算法及其应用研究[J]. 中国机械工程,2012,23(3): 264-269.

[7] RATSCH G, MIKA S , SCHOLKOPF B ,et al. Constructing boosting algorithms from SVMS: an application to one-class classification[J/OL]. Pattern Analysis&Machine intelligence IEEE Transactions, 2002, 24. DOI:10. 1109/TPAMI. 2002. 1033211.

[8] 焦利明,杨建立. 一种确定指标权重的新方法[J]. 指挥控制与仿真,2006(1):94-97,101.